江苏省社会科学基金青年项目:"5G 安全技术标准体系的法治化研究"
(批准号:21FXC001)

U0176795

5G 安全技术的规制与发展

董宏伟　邓炜辉 ◎著

东南大学出版社
SOUTHEAST UNIVERSITY PRESS
·南京·

图书在版编目(CIP)数据

5G 安全技术的规制与发展 / 董宏伟,邓炜辉著. —
南京：东南大学出版社,2024.4
ISBN 978-7-5766-0957-8

Ⅰ.①5… Ⅱ.①董… ②邓… Ⅲ.①第五代移动通信
系统－网络安全－研究－中国 Ⅳ.①TN915.08

中国国家版本馆 CIP 数据核字(2023)第 216770 号

责任编辑:陈 淑 责任校对:韩小亮 封面设计:顾晓阳 责任印制:周荣虎

5G 安全技术的规制与发展

著 者	董宏伟 邓炜辉
出版发行	东南大学出版社
出 版 人	白云飞
社 址	南京市四牌楼 2 号(邮编:210096)
经 销	全国各地新华书店
印 刷	广东虎彩云印刷有限公司
开 本	700 mm×1000 mm 1/16
印 张	14.25
字 数	240 千字
版 次	2024 年 4 月第 1 版
印 次	2024 年 4 月第 1 次印刷
书 号	ISBN 978-7-5766-0957-8
定 价	75.00 元

本社图书若有印装质量问题,请直接与营销部联系,电话:025-83791830。

序

当今世界已进入数字化发展的激烈变革期,在谈及信息发展的变革特征时,"5G"一词不禁浮现于人们的脑海中,但是不同于 3G 时代过渡到 4G 时代为日常生活带来的明显变化,5G 似乎"低调"了许多。然而这个沉默的变革者已经悄然改变了科技发力点与国家安全建设重心,甚至改变了我们未来生活的走向。近十年来,5G 不仅带来了高速率传输、超低时延处理、高精度时间同步、低成本组网的通信体验,更带来了轻量化、集成化产业升级。大数据、云计算、人工智能、区块链等词对人们而言已不再陌生,甚至成为人们工作生活的重要组成部分。但是 5G 由何而来,因何而变,又将去往何方,仍然存在不少争议。

5G 时代,发展仍是第一要义,然而在百年未有之大变局背景下,由于地缘政治环境、经济发展水平和科技创新能力存在差异,数字领域也迎来新的合作与冲突,危机、风险、挑战仍然是国家、区域间交往的议题,和平与发展依旧是人类社会追求的共同目标与人民由衷的期盼。5G 的发展水平是现代国家电子信息科技水平的集中体现,但也因此进发了数字战场上看不见的硝烟,国际市场不停涌现部分国家、区域间不协调与不友善信号。面对来势汹汹占领全球主导地位的欧美和正在急速追赶的东盟国家,我国又该如何在不确定的竞赛之海中寻找航向与坐标,滚滚而来的升级浪潮将奔涌向怎样的终点,是当下不能回避也急需回答的问题,而守住安全的底线仍然是应对这一问题的最优解。

在数字化生存转型过程中,我国稳步前进、站稳脚跟,逐渐成为技术研发创新主力军和国际化规则制定的重要参与者,甚至跃然成为 5G 技术的领跑者。目前我国已建成全球规模最大、技术最先进的 5G 网络,截至 2023 年 3 月底,我国累计建成 5G 基站超过 264 万个,实现了全国所有地级市、县城城区的网络全覆盖,5G 移动电话用户达到 6.2 亿户,5G 共建共享基站超过 150 万个。如此强大的数据背后体现了我国在数字时代的建设取得的卓越成效与后发实力,蓬勃发展之势显示出 5G 是推动科技进步与社会发展的重要力量,智能交通组网、远程医疗服务、政府服务数字转型、智慧城市建设都切实让人感受到 5G 发展带来的便利。目前,我国的 5G 已进入重要发展期,技术应用与推广过程中却仍然存在很多问题和阻碍,国际化交流与合作过程中仍然存在矛盾与冲突,而其源头和核心仍在于安全问题与规制争议。

5G 技术日新月异的实践进步,尤其是其中的安全规制与发展,需要结合实际进行理论研究的总结与升华,并加以更深度的阐释与指引。本书作者在网信实务及理论领域从业十余年,有着丰富的经验,并长期深耕于互联网技术、应用方案、产业合作、最新发展动态的研究。本书反映了国内外 5G 安全规制与发展的重要成果与经验,对于数字法治研究者与学习者、数字产业管理者与其他从业人员都具有重要的参考价值。

目　录

第一章
5G 安全的基础理论

第一节　5G 与 5G 安全

一、5G

（一）5G 的概念

1. 5G 的内涵

5G 的中文全称是第五代移动通信技术。5G 有别于前几代移动通信技术，它将带来技术和网络架构的重大变化，并产生了用户如何通过维护网络安全来保障其网络技术和网络架构这一新的课题。下一代移动通信的规则在很大程度上是由 3GPP（3rd Generation Partnership Project，第三代合作伙伴计划）制定的。5G 不仅是速度的再次提升，它的最终目的是让网络具备新的功能，比如网络切片（网络切片为流量创建独立的场域，然后可以为用户分配具有可自定义带宽和服务质量的切片）。5G 最终还将具有支持数百万终端设备的能力，这种密度将使大规模物联网（IoT）部署能够以超低延迟连接成为可能。5G 与前几代移动通信技术不同，它正在设计内置的安全功能。增强的无线加密是 3GPP 5G 标准的一部分，网络供应商将能够使用最新的加密方案来增强安全性。用户身份隐私保护将有助于确保 5G 设备连接到正确的网络，从而降低国际移动用户识别码（IMSI）被盗的风险。然而，仅靠 5G 还不足以满足所有业务安全需求，用户必须继续保持安全意识，并采取行动保护其网络。

2. 5G 的特征与益处

根据德国波恩大学全球研究中心（The Center for Global Studies，CGS）发布的《5G 的地缘政治与全球竞赛》研究报告，目前全球各国家和地区对 5G 的特征和价值理解不一致，整体呈现共性与差异性并存的局面。在共性方面，各国家和地区普遍认可 5G 具有便利性、连通性和机遇性等特征,以及促进经济增长和增加就业机会等作用。例如,从用户角度考虑,5G 带来的益处主要有数据传送速度更快、视频内容更清晰、视频流更加流畅、可穿戴设备连接性更好更快、通话稳定性更高等。在差异性方面,各国家和地区对 5G 是否以及能否从网络威胁和国家安全、数字军备竞赛、忠诚等角度进行描述和解读,存在较大分歧。这在 5G 技术优先发展的国家之间表现得尤为突出。最近,从网络威胁和国家安全、忠诚等角度理解 5G,已经获得"牵引力"。理由是:美国以"科技网络安全"为由将华为等一些中国企业列入制裁清单,在此基础上,美国采取多种措施和途径拉拢甚至胁迫其盟国和合作伙伴禁止中国涉 5G 企业进入其市场,5G 俨然已成为美国盟友和合作伙伴对美国忠诚度的"试金石"。

(二)5G 标准

2019 年 5 月,德国波恩大学全球研究中心发布《5G 的地缘政治与全球竞赛》研究报告。该研究报告指出标准组织 3GPP(第三代合作伙伴计划)和 ITU(国际电信联盟)是争夺 5G 标准的主要政治舞台,"5G 标准"已逐渐成为 5G 地缘政治的核心焦点。

从世界范围看,美国、欧盟和中国在 5G 标准制定过程中扮演着非常重要的角色,其关于 5G 标准制定的竞争,侧面反映出 5G 地缘政治斗争的多极化倾向。在美国,高通公司作为一家科技巨头公司,近半个世纪以来一直稳居全球电信标准制定主导地位。不过,近几年来,中国已经逐步发展成为 5G 标准组织中的重要参与者,特别是华为公司已经成为对 5G 标准制定影响力最大的公司,日益显露出取代高通成为主导者的趋势,但整体上看中国距离主导国际 5G 标准的制定过程还很远。从发展趋势看,我们注意到,尽管 5G 标准制定过程会受到独立公司、企业联盟甚至国家的控制,但试想出现一个国家或者一个公司通过地缘政治力量对 5G 标准制定发挥变革性影响力的概率几乎为零。

今后,确定 5G 标准的考量因素,最为重要的是其技术的先进性和对 3GPP 和 ITU 的大多数成员的市场吸引力。3GPP 制定的 5G 标准,经由 ITU 认定成为终结多标准时代的唯一标准,其历经 Release 15(R15)、Release 16(R16)版本冻结向 Release 17(R17)版本演进,标志着 5G 标准从可用标准向实用标准的转变,并将不断促进 5G 潜能的释放。

1. 5G 的现有技术标准

目前有关 5G 的国际标准,包括 R15 和 R16,主要由 3GPP 研究制定。其中,R15 是 5G 标准的基础版本,重点支持增强型移动宽带(eMBB)业务和基础的超可靠低延迟通信(uRLLC)业务;R16 为 5G 标准的增强版本,将支持更多类型的业务。5G 安全相关的主要国际标准包括:5G 系统安全架构和流程(3GPP TS 33.501)、3GPP 系统架构演进(SAE)安全架构(3GPP TS 33.401)、安全保障要求(3GPP TS 33.117)、5G 安全保障规范 NR NodeB(gNB)(3GPP TS 33.511)、5G 安全保障规范接入与移动管理功能(AMF)、用户平面功能(UPF)、统一数据管理(UDM)、会话管理功能(SMF)、认证服务器功能(AUSF)、安全边界保护代理(SEPP)、网络存储功能(NRF)、网络开放功能(NEF)(3GPP TS 33.512—519)等。[①]

在我国,5G 安全标准分为国家标准和行业标准两大类,内容主要涉及 5G 安全关键技术、架构和流程,以及虚拟化安全技术、设备安全保障等。国家标准由国家标准化管理委员会负责制定,目前正在陆续立项。我国正在研究制定的国家标准,主要有:5G 移动通信网络设备安全保障要求核心网网络功能(H-2018008666)、NFV 环境下移动通信核心网安全需求研究(B-2018008682)、5G 网络切片安全技术要求(B-2017006541)、5G 边缘计算安全技术研究(B-2019008981)、5G 移动通信网通信安全技术要求(G-2019009101)、5G 移动通信网络设备安全保障要求核心网网络功能(G-2019009031)等。行业标准由中国通信标准化协会(CCSA)制定,目前也已完成大部分标准。[②]

2. 5G 标准构建中的组织主体

5G 标准化构建工作,需要由具有国际视野和参与度的 5G 标准化组织来统筹进行。标准化组织在 5G 标准构建中承担着明确制定目标、筛选 5G 标准和发布最终决策等任务。在当前的 5G 标准构建过程中,最主要的标准化组织为第三代合作伙伴计划(3GPP)和国际电信联盟(ITU)。

(1) 第三代合作伙伴计划(3GPP)

在第二代移动通信系统(GSM)的应用后期,2G 的功能不能满足移动通信的现实需求,3GPP 在此背景下应需而生。3GPP 的目的,是为第三代移动通信

---

① 参见杨红梅、赵勇:《5G 安全风险分析及标准进展》,《中兴通讯技术》2019 年第 4 期。
② 参见杨红梅、赵勇:《5G 安全风险分析及标准进展》,《中兴通讯技术》2019 年第 4 期。

系统(UMTS)制定可全球适用的技术规范,为移动网络的发展带去全球视野。经过3G时代的技术积累,3GPP逐渐成为标准制定的主要组织,并将这种优势地位经过4G时代带到5G时代。而在5G标准制定上,3GPP标准成为终止多标准时代的唯一标准。

3GPP成立于1998年12月,建立在《第三代合作伙伴计划协议》的基础之上。《第三代合作伙伴计划协议》是由欧洲电信标准协会(ETSI)发起,联合美国电信行业解决方案联盟(ATIS)、日本电信技术委员会(TTC)、日本无线工业及商贸联合会(ARIB)和韩国电信技术协会(TTA)共同签署,我国的无线通信标准研究组(CWTS)于1999年6月加入,后来随着CWTS合并到中国通信标准化协会(CCSA)中,CCSA成为3GPP的组织合作伙伴,再随着印度电信标准发展协会(TSDSI)的成立和加入,3GPP形成目前框架中的7个标准制定组织组织伙伴(OP)。除了上述组织合作伙伴,3GPP的合作伙伴还包括20个市场代表合作伙伴(MRP)和2个观察员。

3GPP有项目协调组(PCG)和技术规范组(TSG)两大职能部门,PCG作为3GPP的最高管理和决策机构,受OP委托进行协调工作,内容包括时间计划、工作分配、事务协调、人事任免等,并决定TSG工作项目的最终采用和实现向3GPP承诺的资源。TSG则在PCG领导下具体负责技术规范制定方面的工作。3GPP中目前有3个TSG,分别是无线接入网络组(TSG RAN)、业务与系统组(TSG SA)、核心网络与终端组(TSG CT)。各组项下各有多个工作组(WG),具体承担技术任务。3GPP的标准制定有其规范流程,需要经过研究阶段(SI)和工作阶段(WI),从而得到研究报告和技术规范,再交由具体的WG完成。

3GPP在5G网络安全领域重点标准包括:第一,在安全基础共性方面,发布了《5G系统的安全架构和流程》(3GPP TS33.501)、《256位算法对5G的支持研究》(3GPP TR 33.841)、《长期密钥更新程序(LTKUP)的研究》(3GPP TR 33.834)3项基础共性类标准,分别对5G系统的安全架构和流程、256 bit密钥长度和密码算法、长期密钥更新等进行了规定。第二,在IT化网络设施方面,《虚拟化对安全性的影响研究》(3GPP TR 33.848)分析了虚拟化对网络架构的影响,安全威胁和相应的安全需求。《适用于3GPP虚拟网络产品的安全保证方法(SECAM)和安全保证规范(SCAS)》(3GPP TR 33.818)针对虚拟化网络产品的安全保障方法展开研究和分析。第三,在应用与服务安全方面,《在5G中基于 3GPP 凭证的应用程序的身份验证和密钥管理》(3GPP TS 33.535),以 5G 物联网场景下的应用层接入认证和安全通道建立为切入点,研究了利用 5G 网络安全凭证为上层应用提供认证和会话密钥管理能力的解决方案。第四,在通信网络方面,《网络切片增强的安全性研究》(3GPP TR 33.813)针对 5G 网络设备的安全保障、5G 网络引入服务化接口安全、5G 网络中伪基站安全、5G 切片安全等问题,研究了 5G 移动通信网络切片的安全增强技术,包括网络切片安全特性、关键问题、安全需求及解决方案。①

(2) 国际电信联盟

与 3GPP 的"行业协会"性质不同,ITU 属于联合国下设的负责信息通信技术的政府间国际组织,是国际电信标准制定的权威机构。如果说 3GPP 是 5G 标准制定的执行者,那么 ITU 则是认可标准的最终决策者,3GPP 标准成为 5G 时代的唯一标准即是由 ITU 认定的。

ITU 历史悠久,其前身国际电报联盟于 1865 年成立,后于 1934 年变更为现名。在成员构成上,ITU 目前有 193 个成员国以及包括公司、大学、国际组织及区域性组织在内的约 900 个成员,有 20 000 多名专业人士。且随着电信技术的具体应用场景的丰富与完善,汽车、金融、卫生、工业和公用事业部门等重要参与方也在加入 ITU。

在组织架构上,ITU 的职能部门主要有电信标准化部门(ITU-T)、无线电通信部门(ITU-R)和电信发展部门(ITU-D)。其中,ITU-T 负责制定 ITU-T 建议书的国际标准,ITU-R 负责无线电频谱和外星轨道的管理,ITU-D 承担联合国专门机构以及在联合国开发系统或其他融资安排下实施项目的执行机构的双重职责,提供、组织和协调技术援助和开展援助活动。在职能工作上,标准制定是 ITU 众多工作中最早开展的一项。移动通信技术的迅猛发展,需要具有统一性和标准化的技术规范来保障其开发和应用,ITU-T 的标准即是适用于全球参与者的"游戏规则"。如今所说的 5G,就来源于 ITU 权威发布的《国际移动通信 2020》(IMT-2020),其标准最终也由 ITU 认可。

国际电信联盟电信标准化部门(ITU-T)已发布的标准聚焦于 IT 化网络设施安全领域,主要围绕基于 SDN 的业务链安全、SDN/NFV 网络中软件定义安

---

① 参见张祺祺、韩晓露、段伟伦:《5G 供应链安全现状及标准化建议》,《信息安全研究》2022 年第 2 期。

全。ITU 正在针对 5G 网络安全基础、IT 化网络设施安全、网络安全、数据安全和安全运营管控展开标准研究。ITU-T 在 5G 网络安全领域的重点标准包括：第一,《基于软件定义网络的服务功能链的安全框架和要求》(ITU-T X. 1043)和《软件定义网络/网络功能虚拟化网络中的软件定义安全框架》(ITU-T X. 1046)两项标准。其中,ITU-T X. 1043 对基于 SDN 的业务链安全、网元安全、接口安全、业务链策略管理及相关安全机制进行了规定;ITU-T X. 1046 提出了 SDN/NFV 网络的软件定义安全框架,并对框架中组件功能、接口功能以及流程等进行了规定,同时提出了部署实践参考。第二,《基于 ITU-T X. 805 的 5G通信系统安全导则》(ITU-T X. 5gsec-guide)主要针对基于 ITU-T X. 805 的 5G 通信系统展开安全研究,通过结合该系统在运用边缘计算、网络虚拟化、网络切片等技术时所产生的特点,研究其在 3GPP 网络架构和非 3GPP 网络架构下的安全威胁和安全能力。第三,《5G 边缘计算服务的安全框架》(ITU-T X. 5gsec-ecs)通过分析 5G 边缘计算的安全威胁、安全需求,提出 5G 边缘计算服务安全框架。第四,《5G 生态系统中基于信任关系的安全框架》(ITU-T X. 5gsec-t)通过研究 5G 生态系统中的信任关系、安全边界,制定 5G 生态系统的安全框架。[①]

3. 5G 标准构建中的技术标准

在市场需求和技术发展的推动下,3GPP 标准不断新增功能以进行技术迭代,并以并行版本体制来提供稳定的实施平台,作为经认定的唯一 5G 标准。3GPP 标准历经三段演进,分别由 R15、R16、R17 组成。

(1) R15:实现 5G 的"可用"标准

R15 作为 5G 的第一个版本,主要针对 eMBB 和基础的 uRLLC 场景。R15于 2017 年正式启动,2017 年 12 月完成非独立组网(NSA)标准,2018 年 6 月完成独立组网(SA)标准,2019 年 3 月完成最终方案的冻结。移动宽带是 3G 和4G 移动通信系统的主要驱动力,在 5G 的第一阶段,同样是最重要的应用和发展场景。R15 在旧有基础上不断优化用户体验,使得增强型移动宽带(eMBB)标准化产品可以正式下线,满足以人为中心更加极致的通信体验和市场上相对急迫的商用需求,实现 5G 的"可用"标准。

---

① 参见张祺祺、韩晓露、段伟伦:《5G 供应链安全现状及标准化建议》,《信息安全研究》2022 年第2 期。

（2）R16：推动5G的"实用"标准

R16于2018年启动标准化工作，由于R15比原计划推迟3个月和新冠肺炎疫情因素的影响，导致R16的完成时间比原计划大大推迟，直到2020年7月才得以宣布冻结，这也标志着5G第一个演进版本标准正式完成。R16在兼容R15的基础上继续改进eMBB，不断降低运营成本和增加效能，并侧重于增强uRLLC、网络切片、毫米波通信功能，关注新能力拓展，强调5G在垂直产业上的应用。具体而言，在车联网领域，R16不断对LTE-V2X技术进行升级以达成5G-V2X标准，促使车联网成为率先落地的5G应用场景；在工业物联网领域，R16努力确保无线技术涵盖所有垂直领域内工业自动化所需的所有功能。通过重点关注车联网、工业物联网等领域，R16得以推动5G标准从"可用"标准向"实用"标准演进。

（3）R17：5G潜能的全面释放

2019年12月，3GPP对5G的第三个版本R17进行了规划布局与标准立项。2020年，R17正式启动进程，本来计划于2021年9月完成标准冻结，但因R16的延期，3GPP已决定对R17进行延期。R17在R15和R16版本上进一步延展5G能力，将大规模（海量）机器类通信（mMTC）作为这一阶段5G场景的侧重方向，持续增强边缘计算、网络切片等基础能力，并实现天地空一体化网络能力建设，全面完成5G对物联网的支持，释放5G的全部潜能。[①]

（三）5G数据垄断

1. 数据垄断的内涵与特征

数字经济时代，数据作为经济发展的新兴生产要素，其所呈现的急剧增长和大量聚集的特征，引发人们对数据垄断的忧思。不过，何为"数据垄断"，目前学界并未形成通说，主要有"对象说"和"方法说"两种代表性观点。其中，"对象说"将数据作为垄断对象，指针对数据形成垄断；"方法说"将数据作为垄断的方法，指通过数据进行垄断。在笔者看来，无论是在公共数据领域还是私人数据领域，想要形成数据垄断都并非易事。在公共数据领域，数据收集、储存和使用的排他性较弱，本质上任何人都可进行，因此难以形成垄断，即便被单一主体独占，也难以排除他人对数据的收集来维持占有。而对于私人数据，它由数据主

---

① 参见董宏伟、苗运卫：《5G标准构建中的技术演进与问题剖析》，《中国电信业》2020年第10期。

体自我生产得来,本身并不存在垄断的问题。因此,数据垄断实际上是因对数据的不当使用从而使得主体排除、限制竞争并获取、巩固垄断地位的行为。在《国务院反垄断委员会关于平台经济领域的反垄断指南》中,对数据垄断采取了"方法说",即数据垄断是平台经营者利用数据以达成垄断协议、滥用市场支配地位或经营者集中的垄断行为。

2. 5G数据垄断的成因与特征

5G依靠多种技术配合发挥高速率、低时延、大容量等功能,为重塑传统行业和助力新兴产业奠定数字化基础。在5G环境下,数据具有以下特征:第一,数据体量呈井喷式增长与聚集。在4G时代,得益于网络速率的提升,数据体量已出现较大增长,而5G时代的到来,更高带宽和更低时延等让数据暴增,增长速度也更为迅猛。第二,数据处理能力大幅提高。5G环境下海量数据及对数据的低功耗与低延迟等要求呼吁着数据处理技术的进步,从而也催生了专门的数据处理平台,推动数据处理能力的提高。第三,数据应用价值显著提升。5G技术的快速发展和应用的不断落地,在带来数据体量增长的同时,也提升了数据的自身价值。5G作为基础设施产业,其意义与核心在于实现技术与具体应用场景的融合,而数据在获取、分析和运用的过程中不断为5G的万物互联目标赋能,在5G应用背景下发挥重要作用。

5G技术发展和应用推广环境下呈现的数据特点,也为数据垄断提供了可能,而5G数据垄断则展现出隐蔽性强和覆盖面广等特征。相较于传统垄断,数据垄断的隐蔽性强特征,主要体现在5G数据的聚集让数据垄断在不经意间形成,尤其是在平台经济时代基于互联网平台所实现的数据垄断,让用户自愿让渡数据权属,从而迅速实现对数据的收集和使用继而巩固数据优势地位。数据垄断的覆盖面广特征,则是因为在5G的广泛应用场景下数据的可获取途径和方式增多,数量庞大的5G终端在方便生产生活的同时也在大量收集并储存个人信息,企业易于对诸多数据终端的碎片化数据加以汇聚、集中与利用,并形成垄断优势。

3. 5G数据垄断的类型

5G数据垄断是5G环境中的主体基于数据而实施的垄断行为。5G数据垄断符合传统垄断和数据垄断的类型特征,但也具备新的解读内容。在《中华人民共和国反垄断法》(简称《反垄断法》)和国家市场监督管理总局官网发布的《国务院反垄断委员会关于平台经济领域的反垄断指南》的框架下,5G垄断数据可分为与 5G 数据相关的垄断协议、滥用市场支配地位和经营者集中三种类型。其中，垄断协议，包括具有竞争关系的经营者通过借助 5G 环境下数据的输入、分析和反馈等达成的固定价格、分割市场等横向垄断协议与固定转售价格、限定最低转售价格等纵向垄断协议。滥用市场支配地位，是指具有市场优势主体借助数据进行不公平的交易或排斥竞争对手以实现效益最大化，体现为"大数据杀熟"中的价格歧视与差别对待、通过强制选择协议获取用户数据、信息设障后的交易障碍等。经营者集中，则是通过数据优势形成对其他经营者的控制或能够施加决定性影响，这种数据驱动下的集中可以基于数据优势的控制与影响形成实质垄断并抑制市场公平竞争。

（四）6G：5G 技术的延伸与新发展

6G 是 5G 技术的延伸，是 5G 技术的新发展。我们未来的社会将日益数字化和高度互联，包括自动驾驶汽车在内的许多被广泛期待的未来服务，都将严重依赖于几乎无限制的即时无线连接。在 5G 发展如火如荼的当下，6G 已逐渐进入人们的视野，这需要我们尽早给予关注。

1. 从 5G 到 6G：是异想天开还是势在必行？

2015 年，联合国为 2030 年可持续发展制定了 17 个可持续发展目标。这些目标是在全球人口日益增长和老龄化、城市化进程日益加快以及世界气候变化的背景下制定的。据联合国发布的《世界人口展望：2015 年修订版》报告统计，2019 年世界人口为 76 亿，到 2030 年将增至 85 亿，到 2050 年将增至 97 亿，到本世纪末将增至 112 亿。截至 2018 年，全球 55％的人口居住在城市地区，预计到 2050 年，这一比例将增至 68％。到 2030 年，预计全球将有 43 个人口超过 1 000 万的特大城市，其中大部分位于发展中国家。然而，一些增长最快的城市群是人口不足 100 万的城市，其中许多位于亚洲和非洲。城市化要求全社会的信息和通信技术服务具有极高的效率，各部门将越来越自动化。未来的社会服务必须全天候、无所不在，以实现联合国的可持续发展目标，而具有高速率、高承载的网络通信技术则成为关键。

6G 是在 5G 基础上的进一步发展，5G 为 6G 的发展提供了技术支撑。5G 的开发主要是为了满足消费者对网络容量的增长需求，以及社会对生产效能日益提升的需求。5G 技术的成功依赖于许多领域的新发展，并将为更广泛的设备和用户提供更高速的数据速率。而在这个基础上，6G 则是 5G 的一个延伸与发展。从技术上来看,6G技术目前虽没有一个统一的标准,但可以确定的是,即便是6G技术实现了对5G的变革性超越,但在一定程度上仍是对5G的继承和发展。

2. 6G泛在无线智能的驱动

从历史看,移动通信大约每十年就会更新换代一次。目前我们已进入5G时代,预计6G将在2030年左右出现。在全球5G诞生伊始,研究机构就已把目光投向6G技术。例如,2019年,芬兰奥卢大学基于在芬兰拉普兰举行的首届6G无线峰会特别研讨会上70位受邀专家分享的观点,发布了全球首个6G白皮书——《6G无线智能无处不在的关键驱动和研究挑战》。该白皮书涵盖6G的技术趋势、关键驱动因素、研究要求、挑战和研究问题等。

6G愿景是"泛在无线智能"。"泛在",是指6G服务将无缝覆盖全球用户;"无线",是指无线连接是关键基础架构的组成部分;"智能"是指全人类和万物提供情景感知的智能服务和应用。

(1)6G的驱动力来源

5G的驱动力,源自商业需求,即来源于消费者不断增长的流量需求和垂直行业的生产力需求。相比5G,6G具有更广、更强的包容性和延展性。6G的驱动力,在源自商业需求的同时,也源于政治、经济、社会、技术、法律和环境等方面的社会需求。比如,让全球贫困人口、弱势群体、偏远农村居民都能公平地享受到教育、健康等便捷和优质的服务。

为了确保城市服务和城市化利益得到充分共享,实现城市发展的各项政策需要确保所有人都能获得基础设施和社会服务,并重点关注城市贫困人口和其他弱势群体在住房、教育、医疗、就业和安全环境方面的需求,信息技术的发展程度将成为一个重要的考量因素。6G技术的发展,为社会提供无处不在、即时连接的数字化服务,减少农村与城市在数字服务方面的差异。此外,基于卫星服务的6G网络覆盖,降低了整个6G产品生命周期中原材料的使用、回收利用的成本,推动网络连接扩展到偏远地区,并提供源源不断的网络访问。此外,由于不依托于地面基站进行信号覆盖,可节省大量的土地及基础设施资源,尤其是偏远地区及环境恶劣区域,6G发展将更具优势,可持续发展的理念将得到更深入的贯彻和落实。所以,从整体上看,6G将不只是传统运营商的,而且会在传统运营商之外产生新的生态系统。比如,由于引入频段越来越高,网络越来越密集,针对垂直市场的本地网络将越来越普遍,这些本地网络将由不同的利益相关者部署,从而驱动"本地运营商"模式,繁衍出新的生态系统。[①]

（2）6G 驱动性能指标的提升

全球首个 6G 白皮书认为,与从 1G 到 5G 移动通信技术换代类似,6G 多数性能指标尤其是关键指标参数将大幅提升,相较 5G,提升比例可以达到 10 到 100 倍。比如,6G 峰值传输速度,将达到 100 Gb/s～1 Tb/s,而 5G 仅为 10 Gb/s;定位精度将达到室内 10 cm、室外 1 m,通信时延 0.1 ms。此外,6G 还具有超高可靠性、超高密度等特点,中断概率小于百万分之一,连接设备密度达到每立方米过百个。同时,6G 还可以与人工智能、机器学习深度融合,智能传感、定位、资源分配、接口切换等都将成为现实,智能程度将大幅提升。

3. 6G 发展可能带来的社会变化[②]

在 5G 发展初见端倪的当下,畅想 6G 发展给我们的生活所带来的变化,这需要一定的想象力,未来充满着未知,但可以预见的是,XR(扩展现实)体验、虚拟场景远程呈现及无人驾驶等或将成为可能。全球首个 6G 白皮书展望到 2030 年,随着 6G 技术的到来,许多当前仍是幻想的场景都将成为现实,人类生活将出现巨大变革。2030 年以后,世界将有数以百万计接入网络的自动驾驶车辆,运输和物流都将更为高效。这些车辆,既包括在家、学校、工作场所之间运行的无人驾驶汽车,也包括运送货物的自动卡车或无人机。每一辆车都将配备许多传感器,包括摄像机、激光扫描仪、里程计和太赫兹雷达等。算法必须快速融合生成周围环境地图,包括其可能碰撞的其他车辆、行人、动物等信息。

（1）智能手机可能会被 XR 体验所取代

XR 体验很可能是由眼镜提供的,它能以前所未有的分辨率、帧速率和动态感知将图像投射到视野范围之内,并通过耳机等其他设备来感知相关要素,让使用者有身临其境之感。XR 体验所需要的技术至少包括:一是深度传感的高速成像设备;二是能够监测健康状况如心率、血压和神经活动的生物传感器;三是用于计算机图形、计算机视觉、传感器融合、机器学习和人工智能的专用处理器;四是用于定位和传感的无线技术。传感和成像设备可以捕捉我们的动作以及详细的周边环境,加上数字传播保真技术在不断提高,使得使用智能终端进行沟通的体验感进一步提升,而这均有赖

---

① 参见董宏伟、刘志敏:《5G 商用后,6G 还有多远?》,《中国电信业》2019 年第 12 期。
② 参见董宏伟、刘志敏:《5G 商用后,6G 还有多远?》,《中国电信业》2019 年第 12 期。

于无线网络性能的进一步提升。目前的 4G 和 5G 技术,在实现这一期待上,仍有一定的差距。

(2)虚拟场景远程呈现或成为可能

几个世纪以来,人们一直在寻找远距离沟通的方法。从邮政服务到电报、电话再到视频聊天,我们对远程通信和沟通的期望在不断提升。随着高分辨率成像和传感、可穿戴显示器、移动机器人和无人机、专用处理器以及下一代无线网络等辅助技术以前所未有的速度发展,作为实际操作替代品的网络仿真最终成为现实。现场信息可以通过实时捕获、传输进而向每个参与者传递,并通过传感器来实现对现场信息的真实感知。感知错觉是由 XR 设备产生的,它使地理上分散的一群人汇集到一个虚拟的位置,这可以被称作是一个真实的虚拟环境。借助高速的 6G 互联网,人们可以实现远程对现实世界的干预,典型的应用包括远程教育、协同设计、远程医疗、远程办公、先进的 3D 模拟、远程培训,这些甚至可以运用到国防领域,做一些军事仿真技术的研究。

(3)无人驾驶将进入人们的生活

2030 年及以后的世界,将会有数百万辆联网的自动驾驶汽车,以不同程度的协调运作,使运输和物流尽可能高效。这些交通工具可能包括在家庭、工作场所或学校之间移动的自动驾驶汽车,以及送货的自动卡车或无人机。到 2030 年,在线购物预计将在发达国家占据主导地位,这意味着数百万个包裹需要从仓库被运送到各个家庭。效率不仅对提高全球生产力很重要,而且对通过减少化石燃料消耗实现可持续性目标也很重要。更为重要的是,比效率更紧迫的是安全。随着自动驾驶汽车的使用率的提升,其所带来的安全隐患亦逐步增加。事实上,我们的目标应该是降低目前全球交通和物流网络的伤亡率。而传感器、传感器融合和控制系统的技术进步将不断提高安全性,但这需要更为强大的网络技术。在网络技术方面,为了车辆网络的高效和安全运行,除了对网速有低延迟和高带宽的要求以外,无线网络还必须具备超高的可靠性。

二、5G 安全 [①]

在科技革命和产业变革的时代背景下,5G 作为信息通信技术迭代的新一

[①] 本部分内容详见董宏伟、苗运卫、袁艺:《〈个人信息保护法(草案)〉视角下 5G 数据安全的挑战及应对》,《中国电信业》2021 年第 1 期;张冰、董宏伟、程晨:《5G 安全如何实现从监管到技术的系统性保障?》,《通信世界》2019 年第 4 期。

代产物,对实现万物互联和推进数字经济具有重要意义。然而,在给经济和社会带来深刻变革的同时,5G 也面临着诸多数据安全挑战。

(一) 5G 安全的场景区分

5G 相较前代移动通信技术而言进步巨大,无论是速度还是功耗、时延都有全面的提升。因此,基于 5G 的应用也将更为广泛。根据应用业务和信息交互对象等区别,5G 划分为三大应用场景:增强型移动宽带(eMBB)、大规模(海量)机器类通信(mMTC)、超可靠低延迟通信(uRLLC)。不同的应用场景划分,将移动通信带入了场景定制的时代,但也出现了侧重点不同的 5G 数据安全挑战。

一是增强型移动宽带(eMBB)场景下的数据安全挑战。5G 的 eMBB 场景是前代移动通信技术中个人用户业务的进一步延伸,也最先满足商用需求,它提供大带宽高速率的移动通信服务,实现对超高清音频、视频、增强现实(AR)与虚拟现实(VR)技术等应用的支持。在此场景下,既存的通信信息和移动终端等方面的数据安全问题将继续存在,且更高通信速率将促使数据安全威胁扩散得更加快速与广泛。同时,此应用场景的对象为个人用户,对个人信息的收集更加直接,汇聚的个人信息将经过系统快速分析发挥个性化推荐等作用,对个人信息的依赖将使得个人信息面对的安全威胁急剧增多。

二是超可靠低延迟通信(uRLLC)场景的数据安全挑战。期待的 5G 应用价值在这一场景下得到体现,uRLLC 场景下 5G 将以高可靠和低时延侧重对垂直产业上的应用支持,在汽车应用、工业制造等方面发挥功效。在此场景下,5G 所关联的交通、能源等行业对国家生产建设有着举足轻重的地位,在 5G 助力下其信息数据与生产密切相关,一旦发生数据安全问题,将威胁国家重要基础设施。此外,该场景下的个人信息同样体现出新特征,个人信息的种类增多,不再局限于狭义的个人身份信息,而是包括大量的工作信息、生物信息和行踪信息等。这些信息的提取相较从前更为方便,且这些敏感性信息在 5G 高速的实时传输下对保密性和隐私性要求更高。

三是大规模机器类通信(mMTC)场景的数据安全挑战。mMTC 场景是 5G 针对物联网的解决方案,意在打破人与物连接的时空限制,凭借低功耗和大连接等优势推动万物互联时代的到来。在此场景下,数据在云端和物联网终端传输,实现连接的无缝融合,但由于大连接与低能耗的限制,终端防御能力或难以应对针对性攻击,且应用环境开放和设备数量的庞大将招致更多的攻击,从而带来数据安全问题。传统的设备或工具都将因5G的推动而变得智能化,但数量巨大的终端在方便生产、生活的同时也在大量收集并储存个人信息,易于收集的碎片化的个人信息被整合并利用将给数据处理者带来利益,而信息利益将引发数据泄露和滥用的风险。

(二)5G安全涉及的主要问题

5G网络给社会带来的变革是全方位的,其所面临的安全问题,也是多领域的:既包括技术,也包括终端;既包括接入,也包括输出;既包括内部,也包括外部;既包括本身,也包括应用。

1. 5G终端安全问题

5G技术的大规模应用,可能会将更多设备连接到网络,从而使得终端安全变得更为突出。随着更多的设备接入到互联网,5G网络的拓扑结构正在发生改变。我们不能再假设流量是通过诸如Internet网关之类的关键点进入网络的。在设备认证方面,即使标准变得更严格,似乎大多数互联网企业也都只是急于降低成本,只会满足最低限度的终端安全要求。我们可以预计,物联网设备将继续存在出厂默认密码等漏洞。因此,互联网企业需要承担一些防范恶意程序攻击的责任。值得注意的是,由于网络终端设备数量的增加,更强大的分布式拒绝服务(DDoS)攻击显然是多数互联网企业不太关心的问题。这可能是因为围绕DDoS攻击的媒体宣传铺天盖地,互联网企业可能已经用尽了它们的DDoS保护措施。即便如此,考虑到恶意行为者有更多的设备和带宽可供使用,密集攻击可能会达到新的峰值。如果还未部署相关安全策略,互联网企业应该无法确保它们的DDoS防御能够合理地处理难以预见的攻击。

5G终端安全通用要求,包括用户与信令数据的机密性保护、签约凭证的安全存储与处理、用户隐私保护等等。5G终端特殊安全要求,包括对超可靠低延迟通信(uRLLC)的终端需要支持高安全、高可靠的安全机制。对于大规模机器类通信(mMTC)终端,需要支持轻量级的安全算法和协议;对于一些特殊行业,需要专用的安全芯片,定制操作系统和特定的应用商店。同时,在基于网络和用户设备辅助方面,用户设备辅助终端设备负责收集信息,将相邻基站的扇区编号、信号强度等信息通过测量报告上报给网络,网络结合网络拓扑、配置信息等相关数据,对所有数据进行综合分析,确认在某个区域中是否存在伪基站,同时,通过GPS和三角测量等定位技术,锁定伪基站位置,从而彻底打击伪基站。

2. 5G 身份认证安全问题

随着 5G 带来的网络连接设备数量的增加,用户越来越担心身份认证安全的问题。进入 5G 时代后,更多设备从更多位置访问网络,包括多接入边缘计算(MEC)节点,人们自然会担心谁可能在网络上,以及已授予他们哪些权限。零信任安全模型可以通过不断检查用户的存在和行为(无论该用户是人还是机器)来解决其中的一些问题。MEC 的主要目的是通过消除地理距离来减少网络延迟,MEC 将计算节点放置在客户端附近的网络的边缘,而不是远处的云端。该边缘可能位于服务提供商网络上、数据中心内部或者在企业场所中,但是这为数据泄露和恶意软件侵入提供了新的潜在位置,部分受信任用户可能利用该位置从事攻击行为。此外,处于网络边缘的物联网设备可能会携带未注意和未修补的漏洞。与此相关的是,多因素身份验证(MFA)是进行身份管理的有效工具。但是,互联网用户采用它时会使速度变得很慢。为此,建议 5G 网络中的多边缘计算采用分布式安全控制,这再次强调了安全虚拟化的重要性,网络安全人员可以使用它避免遭受在网络边缘突然发起的攻击。同时,还要考虑到按需扩展网络防火墙,或者在早期阶段检测出并有效应对 DDoS 攻击。5G 服务提供商也可以帮助确认设备身份,因为网络将获知设备的物理位置。

3. 网络切片和编排安全问题

不同切片的隔离是切片网络的基本要求。每个切片需预配一个切片 ID,终端在附着网络时需要提供切片 ID,归属服务器(HSS)根据终端请求,需要从切片安全服务器(SSS)中采取与该切片 ID 对应的安全措施和算法,并为终端创建与切片 ID 绑定的认证矢量。因此,在支持网络切片的运营支撑系统房间,需要进行安全态势管理与监测预警。利用各类安全探针,采用标准化的安全设备统一管控接口对安全事件进行上报,以深度学习手段嗅探和检测攻击。同时,能根据安全威胁智能化生成相关的安全策略调整,并将这些策略调整下发到各个安全设备中,从而构建起一个安全的防护体系。另外,在编排器方面,编排不仅决定了网络/特定服务的拓扑结构,还将决定在何处部署安全机制和安全策略;管理和编排过程的最基本的安全需求是保证各服务之间共享资源的关联性和一致性;5G 系统需要在编排过程中提供足够的安全保证。

4. 网络开放性的安全问题

5G 一方面通过提供移动性、会话、服务质量(QoS)和计费等功能的接口,方便第三方应用独立完成网络基本功能;另一方面,还将开放管理和编排(ANO),

让第三方服务提供者可独立实现网络部署、更新和扩容。但是，相比现有的相对封闭的移动通信系统来说，5G网络如果在开放授权过程中出现信任问题，则恶意第三方完全可能通过获得的网络操控能力对网络发起攻击，如高级持续性威胁（APT）攻击、分布式拒绝服务（DDoS）、蠕虫（Worm）恶意软件攻击等，规模更大且更频繁。因此，随着用户（设备）种类增多、网络虚拟化的引入，用户、移动网络运营商及基础设施提供商之间的信任问题也比之前的网络更加复杂。同时，在网络对外服务接口方面也需要认证授权，对冲突策略进行检测，进行相关权限控制和安全审计。

5. 5G移动边缘计算（MEC）本身的安全问题

为适应视频业务、车联网等对时延的要求，节约网络带宽，需将存储和内容分发下沉到接入网。移动边缘计算服务器可以部署在网络汇聚结点之后，也可以部署在基站内，流量将能够以更短的路由次数完成客户端与服务器之间的传递，从而缓解欺诈、中间人攻击等威胁。同时，移动边缘计算通过对数据包的深度包解析（DPI）来识别业务和用户，并进行差异化的无线资源分配和数据包的时延保证。因此，移动边缘计算本身的安全特别重要。另外，值得注意的是，软件定义网络（SDN）与网络功能虚拟化（NFV）依赖物理边界防护的安全机制在虚拟化下难以应用。需要考虑在5G环境下软件定义网络控制网元与转发节点间的安全隔离和管理，以及软件定义网络流表的安全部署和正确执行。

6. 5G在车联网和物联网上的安全挑战

车联网要求空口时延低至1 ms，而传统的认证和加密流程等协议，未考虑超高可靠低时延的通信场景。为此，要简化和优化原有安全上下文（包括密钥和数据承载信息）管理流程，支持移动边缘计算和隐私数据的保护。直接的V2V通信需要快速相互认证。通常物联网终端资源受限、网络环境复杂、海量连接、容易受到攻击，需要重视安全问题。即如果每个设备的每条消息都需要单独认证，若终端信令请求超过网络处理能力，则会触发信令风暴，5G对海量机器类通信（mMTC）需要有群组认证机制；需要采用轻量化的安全机制，保证mMTC在安全方面不要增加过多的能量消耗；需要抗DDoS攻击机制，以应对5G终端被攻击者劫持和利用。

（三）5G安全机制的创新与开发

5G在为互联网用户带来令人兴奋的新机遇的同时，也迎来了以上新的安全风险。对此,我们应当审慎地预测新技术可能带来的安全风险,并积极地采取应对措施,创建一种可以适应 5G 网络速度下的安全机制。为了提高通信安全并且保护用户的隐私,在继承 3G、4G 网络安全技术的基础上,5G 网络又开发了多种全新的网络安全机制。

1. 虚拟化安全技术机制

随着 5G 技术的不断发展,虚拟化安全作为一项必备技术逐步浮出水面。企业应利用这项技术为 5G 发展提供优势,这包括软件定义的网络(SDN)和网络功能虚拟化(NFV)等。然而,当前绝大多数网络服务提供者都暂未开始启动虚拟化安全技术。

在 5G 发展过程中,配备虚拟化安全技术至关重要。因为,虚拟化安全具有强大功能。虚拟化安全可以快速部署到任意网络位置,当发现一种新的攻击类型时,网络的"免疫系统"可以通过启动防火墙等安全元素立即做出响应。不仅如此,关键的是,该响应还可以借助自动化,减少人工响应的时间。5G 可能将更多的设备接入网络,从而增加新威胁的可能性,而依靠人工更新的系统安全将面临新增加的挑战。在很大程度上,为了适应 5G 网络的使用范围和运行速度,安全防护是需要动态化和自动化的,这必然要求虚拟化安全的介入。

此外,虚拟化安全有助于补充和实现对未知的未来威胁的灵活响应,并且可灵活更新安全策略以对抗新进化的攻击策略。虚拟化安全还能够确保 5G 系统在策略覆盖范围内对所应用的安全策略实现全方位的更改。这样可以避免出现在人工应对不及时的情况下,没有对所有区域内的新威胁和新漏洞进行加固,从而出现网络孤岛的情况。对于网络提供商及其企业客户而言,虚拟化安全可能是与 5G 安全相关的最关键的一步。当前,互联网企业变得越来越分散,网络安全防护需要遵循这一趋势。当然,对于初创型的互联网企业而言,其可以通过采取购买服务进行网络托管的方式来将虚拟安全委托给安全服务商进行操作,这样可以减少初创型互联网企业布置相关技术所需要的经济成本。

2. 网络切片安全机制

网络切片是 5G 及未来通信网络中的一项关键技术,其面向业务配置网络的特性可以有效地助力垂直行业进行数字化转型。构建网络切片安全机制,有利于提高通信系统的灵活性、可扩展性和部署速度。不同移动终端的安全性能和对安全的需求在不同的应用场景可以是完全不同的。例如,用于手机之类视频播放的增强型移动宽带(eMBB)终端,对终端认证、加解密的安全需求同长期演进技术(LTE)类似;而传感器式的终端,由于计算能力有限、安全需求不高、对成本敏感,它仅需轻量级的认证、加解密算法;对于高可靠安全通信,终端则需要快速接入认证、强加密算法的支持。因此,网络切片安全首先需要为不同终端提供差异化安全保护。

3. 多元可扩展认证机制

5G时代,移动通信网络不只是服务于个人消费者,更重要的是将服务于垂直行业,衍生出极为丰富的新产品;也不只是意味着更快的移动网络或更强大的智能手机,而是产生诸如海量机器类通信(mMTC)和超可靠低延迟通信(uRLLC)这些链接世界的新型业务。在5G网络中,将融合传统二元信任模型,并构建多元信任模型。网络和垂直行业可结合进行业务身份管理,使得业务运行更加高效,用户的个性化需求得以满足。5G网络面临大量新增的物联网设备和可穿戴设备,使用传统的用户管理机制在开户、认证等方面成本过于高昂,已经不能完全满足5G用户管理的需求,因此需要制定灵活可扩展的身份管理机制,根据业务特征及其新的安全威胁进行优化,在安全和运营成本之间取得平衡。

4. 智能化主动安全防御机制

5G是个开放的网络,海量物联网设备暴露在户外,硬件资源受限,无人值守,易受黑客攻击和控制,因此会面临大量的网络攻击。如果采用现有的人工防御机制,不仅响应速度慢,还将导致防御成本急剧增加。所以,需要考虑采用智能化防御来自海量物联网设备的安全威胁。此外,网络攻击日趋自动化,0day攻击的可能性越来越大,5G网络需要考虑由被动变主动的安全防御机制。

(四)技术与监管并重:5G安全问题的解决愿景

诚如中兴通讯在其《5G行业应用安全白皮书》所描述的那样:"如同历史上所有伟大的技术一样,5G也需要经历两次发明过程,一次是5G本身技术的研发,另一次是5G安全技术的研发。"随着网络规模的不断扩大,5G已经从技术能力上为开网放号做好准备。然而如何让市场(尤其是垂直行业)大规模使用5G网络,是产业界面临的新挑战。为了让5G走得更远,安全是非常重要的一环。5G网络安全不仅是一个技术问题,而且对安全监管也提出了更高的要求,需要新的法律框架、监管模式和评估认证体系,同时对现有的网络治理体系、运维体系和客服体系也提出了挑战。

第一,重视核心基础技术的安全及积累。5G 技术是众多通信技术、标准的商用化集合。无论是何种类型的应用场景,最终的实现均依靠落地后的终端、基站、承载网、核心网等设备。以华为、中国移动等为代表的中国企业早在多年前就积极参与了 5G 标准规范的制定及产品基础研发,积累了核心技术的同时也掌握了部分标准话语权。在未来,我国应当继续重视这些掌握核心技术企业,确保 5G 基础设备和技术的安全可控。

第二,研究制定 5G 相关法规、监管等措施。对于新型应用场景,如 VR、智能网联汽车、大规模工业传感器等,目前尚未有成形的法律法规及监管措施。面对新业态,新的领域也需要出台相关法律法规以规范使用情况,只有这样才能让 5G 新技术更好地服务于广大人民群众的日常生活。

第三,进一步加强关键信息基础设施保护。5G 时代的到来,如智能网联汽车、VR 辅助医疗、大规模传感器网络等多类型的海量数据将会汇入各大运营商的 5G 承载网中,5G 承载网必定会成为对人民群众乃至国家安全影响重大的关键信息基础设施,这对 5G 承载网络的安全防护也提出了更高的要求。

第四,关注新业态网络安全。在 5G 时代,场景的多样化使得管理角度需要实现以网络为中心到以数据为中心的转变。可以采取以下几个做法:一是对数据进行分类分级,不同级别的数据实现差异化管理;二是关注处理大量数据的企业,审查其合规性;三是密切关注数据泄露事件,迅速响应并妥善处理。

总之,5G 网络是一个全融合的网络,其安全问题也是连接"移动智能终端、宽带和云"的系统化安全问题,更是涉及物理安全、传输安全以及信息安全的全方位安全问题,并由此产生了如大数据安全保护、虚拟化网络安全、智能终端安全等关键安全问题。此外,超脱于技术之上的是监管体系的构建。因为技术是不断发展的,而监管体制则是 5G 安全的恒久保障,唯有做到技术与体制培育并重,才能让 5G 网络真正为人们的生产、生活带来更多的便利。

第二节　5G 安全发展面临的矛盾、风险与挑战

一、5G 安全发展面临的矛盾

（一）5G 与 6G 协同发展带来的监管与技术矛盾

5G 与 6G 在技术路线上所有一定的传承，但在监管路线上，却存在一定程度的兼容问题。从推动力来看，5G 高速发展的背后，是一系列行政主管部门的大力推动，但重点仍由移动运营商进行落实并推进。而 6G 的发展，不但有赖于行政力量及移动运营商的大力推动，更依托于民间互联网力量的重点突破，如OneWeb、SpaceX 等；从可控性上来看，5G 依托于地面基站来实现数据的高速传播，而 6G 依托于卫星互联网实现泛在化的智能传播；从监管的角度来看，6G 的监管难度要大于 5G。二者如何协同发展，对于监管部门来说是一个不小的挑战。

此外，从技术角度来说，6G 的高性能虽很诱人，但要实现从 5G 向 6G 的技术转换，需要解决的技术难题还有不少。在全球首个 6G 白皮书中，奥卢大学"6G 旗舰计划"负责人马蒂·拉特瓦霍（Matti Latva-aho）指出："6G 的根本是数据，无线网络采集、处理、传输和消耗数据的方式将推动 6G 的发展。"[①]6G 时代的到来，必将带来万物互联，产生海量数据信息。6G 网络应具备缓解和抵御网络攻击并追查攻击源头的能力。6G 面临的首要挑战，就是要攻克太赫兹通信技术，实现理想中的通信速率。在信息技术中，波段频率与天线体积成反比，当频率达到 250 GHz，4 cm^2 的面积需要安装 1 000 个天线，这对集成电子、新材料等技术都提出了巨大挑战。此外，实现可靠的数据保护是 6G 推广应用的前提，实时处理数据既需要保护个人和企业隐私，又需要成熟的边缘计算技术，而边缘计算又面临着数据访问受限、设备计算能力和存储能力不足等问题。

（二）私有网络壁垒与 5G 专网的矛盾

5G 专网本质上是下一代局域网。它是指通过 5G 技术创建一个具有统一

---

① 参见芬兰奥卢大学《6G 无线智能无处不在的关键驱动和研究挑战》白皮书。

连接性,提供最优化服务,在特定区域内实现安全通信的专用网络。[①] 目前,国内对于 5G 私有网络的建设仍然还处于探索阶段,但是已经有相关的试点工作进行,如联通的运营商与诺基亚展开合作,为特定企业架构私有网络,助力企业的安全生产和数据通信。现实中,5G 既要满足普通用户对移动宽带互联网的业务需求,又要向垂直行业和企业渗透,以赋能千行百业的数字化转型,加快国家工业互联网发展和工业智能化进程。5G 的建设和应用在探索起步的工程中,公网建设尚不完善,私有网络发展遇阻,综合行业和企业对安全性和创新的追求,继续 5G 专网对公网的补充,破除私有网络发展中的壁垒。

(三) 人工智能与 5G 发展的矛盾[②]

人工智能的发展,对于 5G 发展的消极影响,最核心的隐患是安全,以及可能给数据管理带来的诸多挑战。同时,5G 领域大量人工智能技术的运用,会给社会就业结构带来巨大改变,进而给社会稳定带来一定冲击。

第一,人工智能给 5G 网络数据管理带来挑战。对服务提供商来说,在网络中使用人工智能是一个挑战。其面临的主要问题是如何定义和实现标准化接口。其他突出的困难,包括数据质量问题、数据来源过多、数据受损、数据存储载体过泛及数据监管难以跟进等问题,这些给 5G 网络数据的管理及安全运行带来隐患。

第二,人工智能给 5G 网络安全带来不确定性。毫无疑问,未来关乎网络安全最关键的技术是人工智能和 5G。人工智能和复杂的机器学习模型已经开始在企业中被大规模利用,考虑到企业需要防范成千上万的警报和威胁,人工智能驱动的解决方案对于增强检测和纠正威胁的能力至关重要。安全运营中心将采用这一技术,去解决网络安全发展面临的日益扩大的技能和资源缺口。5G在新兴经济体的扩张,将加速"后半部分人类"抵达互联网。这批人的情况将与前半部分人类截然不同。这个群体将主要通过低成本的手持设备访问互联网,而不是台式机和高端智能设备。这在许多领域带来了巨大的机遇,从医疗到农业和银行业,但也带来了巨大的风险——它增加了"攻击面",也就是攻击者能够对网络产生负面影响的方式。

[①] 参见袁卫平:《5G 专网在垂直行业的应用现状与政策研究》,《江苏通信》2020 年第 3 期。
[②] 本部分内容详见董宏伟、程晨、袁卫平、徐济铭:《AI 与 5G 的共生之道》,《中国电信业》2020 年第 4 期。

第三,改变就业结构,冲击社会稳定。5G 对于数据高速传递的推动及人工智能发展的推进作用,将极大地改变社会的就业结构。部分行业将会被重构,部分就业群体将面临失业。例如,5G 真正应用到各大主要城市的那一天,人们对移动存储、网络下载的需求将大不如前,附着在这些地方的岗位和工作机会将被消灭。同时,网盘将变得可有可无。类似的变化所引发的重大问题是,部分人群将面临失业,在其二次就业面临困局时,相关衍生的社会问题将冲击社会稳定,增加社会负担,并可能会带来破坏社会整体结构稳定的隐患。这些社会学层面的问题,将随着 5G 与人工智能技术的不断运用而逐步体现。

二、 5G 安全发展面临的管控风险 [①]

受到新冠肺炎疫情影响,5G 发展步伐受到影响。但可以预见的是,在后疫情时代,备受社会期待的 5G 必然会迎来"报复性"高速发展。这又带来一个新的问题,5G 安全面临的管控风险将随之增加,包括供应链的日趋复杂化、攻击面和攻击机会的增加以及供应商多元化不足等,都有可能给后疫情时代 5G 发展带来变数。这也要求我们未雨绸缪,在认清相关风险的基础上,进一步做好风险防控。

(一) 供应链的复杂性

5G 网络组件的供应链很长并且很复杂,分包商可能位于多个国家或地区,几乎不可能确定组件的原产国,供应商在产品生命周期的早期阶段控制风险的能力很弱。与此同时,破坏行为在产品生命周期早期的潜在风险很大,恶意行为者有机会滥用内部访问权,将破坏行为在多个节点渗透到供应链中。

为了确保对供应商生产的设备(无论是硬件还是软件)的高度信任,主要供应商及其供应链中的所有公司至少需要具备三个条件:一是供应商需要具有有效的质量控制流程,以发现意外或故意的安全漏洞,尤其是在软件之中。二是供应商要定期对员工进行筛选,以识别可能篡改设备的人(如有黑客行为、有组织的网络犯罪行为的人等)。三是供应商已采取物理和信息安全措施,以保护未经授权对其知识产权和流程的访问。考虑到供应链的规模和范围,大多数公

---

① 本部分内容详见董宏伟、张冰、苗运卫:《5G 安全风险防控应未雨绸缪》,《中国电信业》2020 年第 3 期。

司不能完全满足这些要求。没有供应商能够保证设备是可信赖的。相反，更重要的是，基于信任度而不是完全的确定性来评估设备的安全性。

（二）攻击面和攻击机会的增加

即使供应商对其设备完全信任，但与前几代网络相比，5G 网络还是带来了新的风险。这些风险包括：更大的物理和虚拟攻击面，尤其是在 RAN 中；网络组件的物理分解；连接到网络的设备数量以及软件修补的频率；等等。对于非独立的 5G 网络，传统网络中的漏洞增加了风险的数量。

与 4G 相比，5G 在同一地理区域分布的天线将更多。由于可以处理更敏感的信息，这些组件可能会更容易受到攻击。更令人担忧的是，连接到 5G 网络的设备数量将会变得更多，这就增加了攻击者利用单个设备的弱点破坏系统或窃取数据的机会。例如，连接 5G 网络的设备数量的增多，使得发动分布式拒绝服务攻击（DDoS）变得更容易，这些设备中的大多数（从手机到工业集装箱）都可能缺失强大的安全性和身份验证措施。此外，适用于网络基础设施的技术供应链风险也将适用于连接到网络的设备。此外，5G 将同前几代电信网络一样，依赖于软件更新和补丁，并且补丁的规模还会进一步增加。如果这样，频繁的更新会增加网络易受攻击和滥用的实例数量。

（三）供应商多元化的不足

5G 市场中可以提供整个网络的供应商数量很少。华为、爱立信、诺基亚和中兴是全球仅有的几个设备提供商。因此，5G 存在单个节点故障的风险，并且这些供应商可能会利用过多的杠杆。供应商多元化的不足，是 5G 网络面临的持久的挑战。供应商多元化的不足将会增加系统故障或者恶意利用网络的风险，这就存在特定供应商的漏洞将容易扩散到整个网络中的风险。同样，过度依赖单个供应商提供的组件会在发生问题时使得网络暴露在外。从这个角度来说，无论是美国还是欧洲，单方面禁止华为、中兴进入其 5G 市场，都是一种极不理智的泛政治化行为，而非理性的市场行为。

三、5G 安全发展面临的垄断挑战 ①

在 5G 时代，数据在平台经济领域的这种重要地位将继续被强化。以大带

---

① 本部分内容详见董宏伟、王琪、王洁：《监管政策亮剑互联网平台经济反垄断加速规制》，《通信世界》2022 年第 33 期。

宽、高可靠、低时延及大连接为关键技术指标的 5G 网络将会承载大量的物联网数据,为海量数据的产生、储存、运算提供可能性。数据的价值将被进一步开发,平台经营者获得前所未有的生产经营工具。然而,科技的发达程度与资本的聚集程度成正相关。在当前的社会背景之下,全新的 5G 技术虽然会给平台经营者带来更多的、更有价值的数据,但也会加剧平台经济领域的数据聚集。在反垄断法理论已经从本身违法原则转向合理性原则,数据聚集并不是反垄断法的规制对象,正如市场份额也早已不再是反垄断法判断垄断行为的唯一标准。然而,我们还是要给予数据聚集足够的警惕,因其能够为垄断提供基础和工具。

(一)市场秩序的挑战

国务院反垄断委员会发布的《关于平台经济领域的反垄断指南》,明确其宗旨之一为通过预防和制止垄断行为保护市场公平竞争。市场自由是实现市场资源优化配置的本质要素,竞争是市场自由的重要表现形式。5G 技术提供海量数据,经济规律预示数据聚集不可避免。尽管数据聚集本身并非不法行为,但其能够为垄断行为提供基础和工具,隐含限制排除市场自由的风险。当企业达成一定规模的数据聚集,并利用它排除或限制市场竞争时,垄断行为就会产生,市场自由就会被侵害。因数据而产生的垄断问题,包括但不限于因数据形成的市场支配地位被滥用、数据造成的进入壁垒或扩张壁垒、涉及数据方面的垄断协议及数据资产的并购等。此时,技术进步本应带来的社会福利将会因为不正当的数据聚集所带来的排除或限制竞争后果而被消灭。

除此之外,我国目前仍处于 5G 技术导入期,想要借助 5G 技术为平台经济赋能需要一定的增量资金,用于 5G 技术研发的投入及平台经济在应用 5G 技术中的投入。这实际上是平台经营者使用 5G 的门槛问题。可以想见的是,资金雄厚、发展成熟的平台经营者将有更多的资金用于 5G 研发,从而尽早拥抱 5G 红利。如阿里旗下的达摩院已于 2020 年 3 月份成立 XG 实验室,宣布进军 5G。而新兴小微平台经营者在此过程中只能望洋兴叹。最终,一个强者更强、弱者更弱的恶性循环将在平台经济领域形成,垄断风险将随之剧增,市场自由也将摇摇欲坠。

(二)政府监管的挑战

平台经济拥抱 5G 技术,在为平台经济注入新发展动力的同时,也带来了更大的垄断风险。这向政府监管提出了新的挑战。2008 年 8 月 1 日施行的《反垄断法》更多地聚焦于物理市场,并未对互联网经济领域的垄断行为做出针对性规定。21世纪10年代开始,平台经济开始腾飞,阿里、京东等平台经营者迅速发展,"3Q大战""阿里京东二选一纠纷"社会影响巨大,平台经济领域垄断乱象频发。2019年1月1日开始实施的《中华人民共和国电子商务法》,其第二十二条、第三十五条对反垄断法在电子商务环境下的适用作了细化、完善或者补充,力图弥补《反垄断法》在互联网经济领域的欠缺。2021年2月《国务院反垄断委员会关于平台经济领域的反垄断指南》的出台,实质上是对《反垄断法》《中华人民共和国电子商务法》在平台经济领域适用的进一步细化与完善。例如,其就平台经济领域相关商品市场与地域市场的界定方法做出了明确回应。

然而,当巨头平台不断探索商业模式的"无人区"之时,监管和法律也逐渐开始进入"无人区"。正如4G技术诞生之初没有人能想到短视频行业的异军突起以及疯狂生长之后的行业乱象,我国的5G技术商用目前还处在浅水区,其在平台经济的运用将会催生哪些新型垄断行为也难以精确预料。但是可以确定的是5G技术将会使平台经济高度智能化,从而使得领域内的垄断行为更具技术性和隐蔽性。《国务院反垄断委员会关于平台经济领域的反垄断指南》中明令禁止"利用技术手段进行意思联络""利用数据、算法、平台规则等实现协调一致行为"等行为,但政府监管过程中能否识别、如何识别上述违法行为或许才是真正的执法挑战。

最后,如何在监管的同时不打击行业发展的积极性,也是监管机构需要思考的问题。2019年8月1日,国务院办公厅发布的《关于促进平台经济规范健康发展的指导意见》,强调要创新监管理念和方式,实行包容审慎监管。如前所述,5G技术将全面赋能平台经济,平台经营者基于自身发展利益的考量,也将反哺5G技术发展。监管不力将导致平台经济丧失活力,而监管过度则将打击平台经营者的积极性与创新性。

第二章
欧美5G安全规制与发展动态

第一节 欧美5G安全的法律规制

一、欧美数据领域立法及发展沿革

（一）数据市场领域立法

为抓住数据时代带来的发展机遇,欧盟致力于打造一个真正的单一数据市场,吸引全球数据积极流入欧盟,以使欧盟在数据领域跻身全球前列。2020年2月,欧盟委员会(EC)发布《欧洲数据战略》,为数据权利、数据共享和数据保护等领域的发展制定了框架性的战略规划,开启了构建欧盟单一数据市场的进程。在此之后,欧盟委员会陆续发布了《数字市场法案》《数字服务法案》《人工智能法案》《数据治理法案》等多部法案。

2022年2月23日,欧盟委员会公布《数据法案》(*Data Act*)草案全文。该草案涉及用户获取数据、公平合同义务、公共机构访问、互操作性等方面的规定,明确了数据持有者、数据接收者、企业、用户等数据经济主体的权利义务,为跨部门横向共享数据提供激励,以期促进数据在更广泛主体之间的流动与使用。《数据法案》旨在消除欧洲数据经济发展的障碍,释放数据红利,共享数据价值,将欧盟打造成充满活力的数据敏捷型经济体,实现欧盟单一数据市场的愿景。此次公布的《数据法案》作为《数据治理法案》的补充,进一步提出了加速数据流动的各方面举措,为单一数据市场的构建打下良好基础。

从以上立法进程不难看出,欧盟试图构建一个统一且完善的数据法律框架体系,将数据治理各方面囊括其中,以统一顶层立法的方式增强27个成员国之间的联合性,推动欧洲共同数据空间的建设。欧盟坚持将社会个体利益放在首位,在确保基本人权与个人数据权利得到尊重的前提下,最大限度地实现数据的共享与流动。也正因如此,欧盟的单一数据市场构建步伐稍显缓慢,尽管在数据立法方面已做了诸多准备,但由于对个人数据的高保护要求,各互联网企业在欧盟市场上较为谨慎。在构建单一数据市场的进程中,欧盟仍面临许多挑战。

(二) 数据采集领域立法

欧盟和美国对数据管理分别形成了两种不同的模式。欧盟以综合性立法为主,从《欧洲人权公约》到《数据保护指令》(指令 95/46/EC),再到《通用数据保护条例》,其数据保护法经过了数十年的发展沿革,最终形成了现有的突破地域性的综合法律体系。其中,《通用数据保护条例》对原有数据保护体系进行了补充和更新,对于数据采集的标准和义务做出了更加详尽的规定,要求收集者简单、明确地向用户阐明隐私条款,并且从合同履行、服务提供等角度评估数据采集是否超出合理范围,避免数据的过度收集。

不同于欧盟的综合性立法模式,美国在数据保护方面的立法具有较强的分散性。一是联邦层面未能形成统一的法律体系,主要依靠分散在不同行业中的规定对数据采集做出规制,例如《公平信用报告法》《儿童上线隐私保护法》《联邦贸易委员会法》等分别从消费者保护、儿童保护、贸易公平等领域规定了在进行数据采集时必须遵守的法律规范。二是各州立法分化,加利福尼亚州、纽约州、科罗拉多州等各自出台了相关法律,立法存在较强的地域性,加利福尼亚州的《加利福尼亚消费者隐私法》(CCPA)、弗吉尼亚州的《消费者数据保护法》、科罗拉多州的《科罗拉多州隐私法案》等,均对数据收集的内容、形式、限制、用途进行了规定。

(三) 数据处理领域立法

2022 年 2 月 23 日,欧盟委员会公布《数据法案》(*Data Act*)草案全文。草案就数据处理明确提出,要建立开放互操作性规范和数据处理服务互操作性的欧洲标准,促进无缝的多供应商云环境形成,推动构建统一的数据处理服务市场。

在互联网普及前,数据处理主要依靠人工手段,规模小、传播速度慢。随着网络的发展,数据总量大幅增加,这对人类处理数据的能力提出了更高的要求。美国国际数据集团下属的国际数据中心(IDC)在其发布的《数字化世界:从边缘到核心》白皮书以及《IDC:2025 年中国将拥有全球最大的数据圈》白皮书中指出,全球数据圈正在经历急剧扩张,2025 年预计将增加至 175 ZB。其中,中国数据圈预计增加至 48.6 ZB,独占全球份额的 27.8%,将成为世界上数据容量最大的区域。① 面对如此庞大的数据圈,如何合理有效地处理数据,是挖掘数据价值的关键。

欧盟坚持统一立法的模式,不断完善以知情同意为核心、以多国共建为抓手的数据治理体系。《第 95/46/EC 号保护个人在数据处理和自动移动中权利的指令》首次提出了知情同意原则,将"数据主体已明确表示同意"作为数据处理的合法条件之一。《通用数据保护条例》更明确地界定了数据主体的同意的标准,即"数据主体依照其意愿自由作出的特定的、知情的指示。通过该等指示,数据主体表明其同意处理与其相关的个人数据。"②在统一立法的基础上,欧盟设置了统一的监督机构——欧洲数据保护委员会,其成员国也各自设立数据管理机构,如荷兰、西班牙均设立数据保护局,对数据处理行为进行监督。欧盟最新出台的《数据法案》再次提出,各成员国可以新建机构或依靠现有机构,推进数据保护法的实施,通过调动成员国力量,打造多国共同参与的治理格局。

随着数据总量增加和数据处理手段的多元化发展,知情同意原则在实践中面临诸多挑战。例如,数据处理机构发布的隐私政策十分冗长,数据主体往往难以完全阅读,仅为了快速获取服务而盲目选择同意,致使该原则多流于形式。为了解决这一困境,美国在《消费者隐私权利法案(草案)》中率先提出了一种新的规制路径——以"场景一致"为原则,辅以风险控制手段。此项原则主张结合不同的数据处理场景,以数据主体在相应场景中的隐私期待和风险接受度③作为标准,判断数据处理行为是否合法,如该数据处理行为被判定为不合理,数据处理者需要进行风险评估,并且为用户提供降低风险的手段。该草案搭建起了以场景为基础、增强用户控制为补充、风险评估为手段、风险控制为目标的架构④,突破了知情同意的桎梏,为提高数据处理效率、增进数据流通提供了更灵活的选择。

---

① 参见朱雪忠、代志在:《总体国家安全观视域下〈数据安全法〉的价值与体系定位》,《电子政务》2020 年第 8 期。

② 参见卢光明:《欧盟实施〈通用数据保护条例〉以及我国对欧出口企业的应对措施》,《网络空间安全》2018 年第 4 期。

③ 参见林利文:《数据画像的法律规制研究》,2019 年华东政法大学硕士学位论文。

④ 参见范为:《大数据时代个人信息保护的路径重构》,《环球法律评论》2016 年第 5 期。

（四）数据产权领域立法

随着数字经济的飞速发展,数据资源的财产权属性已经得到了充分的认可,有人更是将数据资源类比为"新时代的石油"。而完善的产权制度是实现数据资产化与数据有序流动交易的重要前提,产权保护有利于更好地激励数据的生产、共享、利用、开放。研究数据产权制度已经成为世界各国积极探索的课题。

欧盟在数据立法方面一直走在世界前列,但其对于数据产权的法律规定仍在尝试与探索之中。《通用数据保护条例》(GDPR)中规定了数据主体的访问权、可携带权等权利,但这些主要是针对个人数据的保护性权利,而非数据财产权。欧盟委员会公布的《数据法案》草案进一步明确了用户的数据访问权、数据可携带权,对《通用数据保护条例》中的有关规定进行了具体展开。此外,草案明确了通过使用物联网产品或相关服务产生或获得的数据的数据库不受《数据库指令》中的特殊权利保护,确保特殊权利不会干扰该草案规定的消费者获取、使用数据的权利。

与财产权比较相近的是《数据库指令》中规定的特殊权利,即由实质性投入创建的数据库享有专有财产权利保护,但这种保护仅限于数据库而非单一的数据,且欧盟最新通过的《数据法案》草案中排除了特殊权利对于通过使用物联网产品或服务而产生的数据的数据库的适用,即其适用范围相当有限。虽然欧盟委员会提出了可以通过数据所有权与数据防御权两种路径来构建一种数据生产者权利,但该设想目前尚未付诸实践。

美国在数据领域则更加偏向于促进数据流通与利用,在数据产权方面,并没有大的议题与进展。在欧盟出台《数据库指令》后,美国先后起草了 3 个有关数据库特别权利保护的法案,但国会最终都未予通过。反对的声音认为,特殊权利保护赋予了数据库的数据一种专有财产权,这种排他性的权利不利于激励数据库生产商生产更多的数据,甚至会阻碍市场的有效竞争。2020 年正式实施的《加利福尼亚州消费者隐私法案》中赋予了消费者访问权、选择退出权、公平交易权等权利,并提出了企业的财务激励计划,即企业可以因对个人数据的处理而向消费者提供财务激励,虽然明确了个人数据的财产属性,但并未规定个人数据所有权。

（五）数据安全领域立法

欧洲的数据安全保护相关立法起步较早,保持数据安全保护和数据流动的平衡,坚持安全平稳地发展数据经济是欧盟一以贯之的立法宗旨。欧洲于1981年颁布了《个人数据自动化处理中的个人保护公约》(也称作"108号公约"),强调在该公约缔约方的管辖范围内,每一个体的个人数据在被处理时均要得到保护,该公约为欧洲数据安全保护的后续立法奠定了基础。1995年,欧盟通过《数据保护指令》(指令95/46/EC),将数据作为欧盟隐私与人权法的重要组成部分,该指令在大量借鉴1981年《个人数据自动化处理中的个人保护公约》的基础上,将非自动化处理个人数据也纳入保护范围。通过明确知情同意、合法目的、相称性等数据处理原则,进一步加强对个人数据的保护。同时,欧盟不允许各成员国以保护个人权利为由,限制数据的合法流通。但是由于该指令原则性强、实际操作性弱,各成员国在实践中多通过国内立法对其进行解释,导致成员国之间立法混乱,产生数据壁垒,严重阻碍了数据流通。

为了适应网络的飞速发展,革新《数据保护指令》弊病,欧盟于2018年再次出台了《通用数据保护条例》(GDPR),该条例完全取代了《数据保护指令》,为欧盟各成员国的数据立法提供了统一标准。《通用数据保护条例》要求在收集和处理个人数据时必须遵守合法公平和透明原则、目的性原则、数据最小化原则、准确性原则、存储限制原则、安全原则等六项原则,通过制定高额罚款、设立政府监督机构、要求企业新增数据保护专员等方式,大大提升了数据保护水平。此外,《通用数据保护条例》还主张欧盟对发生在境外但涉及欧盟境内的个人数据处理行为具有域外管辖权,加强了对数据跨境流动的安全管辖,它对印度、巴西等国家的立法产生了重要影响。

2022年2月23日,欧盟委员会公布《数据法案》(草案)全文。草案就数据安全明确提出,要在保持高隐私、安全、安保和道德标准的同时,平衡数据的流动和使用,通过实施安全措施,增强对数据处理服务的信任,夯实欧洲数据经济基础。

(六)数据监管领域立法

作为世界上起步最早的数据治理组织,欧盟始终走在数据监管前列,重点监督对个人数据的处理行为,为世界各国的数据监管提供了有益参考。早期,欧洲以公约的形式尝试对数据监管进行立法。1950年的《欧洲人权公约》被视作欧洲数据监管的萌芽,该公约赋予了公民个人隐私权,该项权利后被广义解释至个人数据保护,允许公民就数据侵权向政府提出救济。1981年,欧洲颁布了全球范围内首个针对个人数据保护所制定的公约——108 号公约,提出成立108 号公约委员会对缔约国的数据监管做出评估指导,并且要求各缔约国设置数据监管机构,承担立法咨询、权利保护、处理投诉等工作。由于该公约不具有强制性,具体实施依赖于各成员国的转化立法,实践效果平平,但是作为早期的尝试,它为数据监管奠定了法律基础。

为了加强数据监管的统一性,95 指令应运而生。95 指令吸取了 108 号公约规定过于宽泛的教训,在 108 号公约的基础上,进一步主张在欧盟层面设立统一的监管机构,规定了公正合法、目的明确、知情同意等数据处理原则,协调了欧盟各国在数据保护上的一致性,是欧盟的数据监管统一立法的开端。随着"数字单一市场"战略的提出,95 指令规定的最低限度上的统一难以满足实践需求,2018 年被称为"史上最严条例"的《通用数据保护条例》出台,该条例强调了监管机构的独立性,详细规定了监管机构的权力,具有高度的可操作性。此外,该条例细化了数据控制者和处理者的权利义务,要求企业设置数据保护官,加强内部监管,优化了数据监管模式。

整体来看,欧盟始终致力于保护数据主体的人格权和隐私权,其数据监管经历了"公约—指令—条例"三个时代的变迁,通过明确权利义务、统一立法标准、设立专门机构、设置数据保护官等手段,调动欧盟、成员国、数据控制者等多方力量保障数据时代公民的私权利,形成了欧盟与成员国二级共建、具有统一性和独立性的监管模式。最新出台的《数据法案》延续欧盟以往的立法风格,进一步强化用户获取和使用数据的权利,要求成员国依靠独立监管机构审查行为者获取数据的权利和义务,制定有效、适度且具有警戒性的处罚规则并向欧盟委员会报备,采取一切必要措施确保规则得到实施,深化了对数据的二级监管机制,对我国有着深刻的借鉴意义。

(七)数据交易领域立法

美国作为数据强国,对于数据交易总体持开放态度,鼓励市场自由交易。一方面,美国联邦政府制定了《联邦数据战略与 2020 年行动计划》等相关政策文件,促进政务数据的开放与共享;另一方面,对于个人数据的交易也未完全禁止,而是通过《加利福尼亚州消费者隐私法案》《健康保险流通与责任法案》《儿童在线隐私保护法》等法案来保护特殊人群和特殊种类的个人数据,在保护的前提下进行个人数据的有效交易。市场中,美国的数据交易逐渐形成了具有代表性的数据经纪人模式。美国的数据经纪人并不仅仅是单纯的中介,其通过政府渠道、商业渠道、公开渠道等多种方式采集数据,向用户出售或授权使用原始数据集或是增值服务。据美国联邦贸易委员会发布的调查报告显示,美国数据经纪人已掌握了数亿的人口统计数据,包括姓名、电话、住址、收入等。数据经纪人在推动数据交易的同时,也带来了隐私泄露等方面的风险。

相较于美国的开放态度,欧盟在数据保护与数据交易之间,更强调数据的安全前提。近些年来欧盟陆续出台了多部关于数据的法案,完善了数据治理规则,以期营造良好的数据交易生态。欧盟《数据法案》草案第四章涉及企业间的数据访问、数据使用的不公平合同条款问题,并提出了不公平性测试以判断合同条款是否公平。立法者认为,中小型企业在进行合同谈判的过程中经常居于不利地位,被迫接受不公平的交易条件,而这种不公平很可能阻碍数据的流通、使用、交易,导致数据流动成本增加。草案的相关规定加强了对中小企业的保护,从而进一步鼓励数据的流动与创新利用。

2022年5月16日,欧盟理事会正式批准了《数据治理法案》(*The Data Governance Act*)。该法案构建了一种中立的数据中介制度,数据中介作为促进数据汇集、流动、共享、交易的有效工具,连接数据持有者与数据使用者,增强双方互信,从而降低数据交易的成本。该法案对数据中介的设立、运营进行了严格的规定,数据中介不得将数据用于除数据交易以外的其他目的。这意味着欧盟的数据中介相较于美国的数据经纪人而言,行动范围更加狭小,自主性更低,但数据交易风险也随之降低。

(八) 数据跨境流动领域立法

在对数据跨境流动的治理上,欧盟一直强调以高标准保护为前提。在《数据法案》(草案)出台以前,欧盟于2018年通过了《通用数据保护条例》和《非个人数据在欧盟境内自由流动框架条例》,对欧盟个人数据的跨境流动与非个人数据在欧盟境内的流动做出了有关规定,而《数据法案》则进一步对非个人数据跨境流动做出了严格限制,填补了相关规则的空白。欧盟通过对个人数据与非个人数据的严格保护,实现对美国数据长臂管辖权的制约与数据主权的维护。欧盟《数据法案》草案第七章针对非个人数据的国际访问和传输有关问题做出了具体规定。该章要求数据处理服务提供者等主体落实具体的保障措施,限制欧盟境内非个人数据的跨境流动,从而实现欧盟公民、企业、公共部门对数据的控制,促进欧盟内部对数据跨境流动的信任。

美国对于数据跨境流动总体持积极态度,它通过制定宽松的监管政策,鼓励数据跨境流动以实现贸易利益最大化。国际层面上,美国通过亚太经济合作组织(APEC)跨境隐私规则(CBPR)机制推动成员内部的数据流动。2022 年 4 月 21 日,美国发布《全球跨境隐私规则宣言》,宣布建立全球跨境隐私规则体系,进一步扩大了 CBPR 机制的全球影响。此外,美国寻求对境外数据的管辖权,其通过《澄清境外数据的合法使用法案》(CLOUD Act)实现数据领域的"长臂管辖权",扩大了美国执法机构调取境外数据的权力。

美欧之间也一直尝试建立起数据跨境流动的合作机制。尽管双方之间曾经达成的安全港协议、隐私盾协议最终因欧盟认为美国未能提供充分隐私保护而被废止,但在 2022 年 3 月 25 日,欧盟委员会和美国宣布就新的跨大西洋数据隐私框架达成一致的政治协议,从而进一步推进跨大西洋数据流动。从美欧双方对推动数据跨境流动的不断尝试中,可以看出推动数据在全球范围内跨境流动,以真正实现数据价值的最大化,仍是数据跨境流动的未来趋势。

(九) 数据垄断治理领域立法

欧盟《数据法案》就数据垄断明确提出,要避免出现人类和机器生成的数据量呈指数级增长,而大多数数据没有被使用,或者其价值集中在相对较少的大公司手中的矛盾局面,《数据法案》致力于缩小数据鸿沟,平衡分配数据价值,消除欧洲数据经济发展的障碍,使每个人都能从这些机会中受益。

早期,数据经济发展较缓,欧洲以传统的反垄断方式对数据经济进行治理。1957 年,《欧洲经济共同体条约》对市场竞争和滥用支配地位做出了限制,第 85 条和第 86 条明确规定了扭曲共同市场内的竞争行为的判断标准。1962 年欧盟理事会通过的第 17 号条例规定了监督制度和执行程序,细化了《欧洲经济共同体条约》第 85 条和第 86 条的规定,这是欧洲的反垄断法律制度的开端。其后,《欧洲联盟运作条约》和《欧洲竞争条约》均沿袭了欧共体条约,搭建起了欧洲内部的反垄断框架和一般性原则,成为保证欧盟市场竞争公平有序的重要法律体系。

2015 年,欧盟通过了"单一数字市场"战略,提出"欧洲数据自由流动计划",旨在推动欧盟范围的数据资源自由流动,优化数字经济竞争环境。2020 年初,欧盟委员会连续发布了《塑造欧洲的数字未来》《人工智能白皮书》和《欧洲数据战略》(A European Strategy for Data)等三份重要的数字战略文件,提出要打造"无摩擦的单一市场",使得任何规模和领域的企业都可以平等竞争。2020年末,欧盟出台《数字市场法》和《数字服务法》两部草案,《数字市场法》引入了"守门人"概念,聚焦对大型平台的监管,防止科技巨头利用优势地位实施不公正商业行为,促进数字市场的有效竞争,维护欧盟单一数字市场。《数据服务法》则更关注公民的数据权利,从内容、商品和服务等维度明确了数字服务平台的法律责任和义务,在用户权利保障方面迈出了重要一步。2022年7月18日,欧盟理事会最终批准通过了《数字市场法》,要求大型平台做到数据透明互通,禁止其滥用优势地位进行自我推荐、排挤其他平台,否则可能被处以全球年营业额10%以下的高额罚款,重犯者则可能会被处以最高达其全球年营业额20%的罚款,建构起了数字市场公平竞争的新规则,使中小公司和消费者都能够从数字机会中受益,推动着欧盟数字经济健康可持续发展。

纵观欧洲的数据垄断治理,它经历了从传统反垄断到以数据为中心的反垄断的转变,其制度始终围绕创设公平的竞争市场这一核心,将用户权利保障、市场主体行为规制相结合,逐步细化了对数据垄断行为的判定标准,设定了较高的处罚额度,实行高压监管,力图规制数据市场主体的不正当竞争行为,既有沿袭也有突破,对我国的反垄断治理有着重要的借鉴意义。

二、《欧盟数据治理法案》之解读

2020年11月25日,欧盟委员会于布鲁塞尔通过了《欧盟数据治理法案》的提案。《欧盟数据治理法案》是2020年《欧洲数据战略》中宣布的一系列措施中的第一项,旨在"为欧洲共同数据空间的管理提出立法框架"。

自2014年以来,欧盟委员会已经开展了相当多的工作以建立数据驱动型创新社会。例如,欧盟委员会通过《通用数据保护条例》《电子隐私指令》,为数字信任搭建坚实框架,扫清数据共享信任障碍;通过《关于非个人数据自由流通的规定》(FFD)、《网络安全法》(CSA)、《开放数据指令》(ODD),促进经济社会发展,释放数据发展动能。2020年2月19日,欧盟委员会发布《欧洲数据战略》,宣布欧盟将致力于建构"单一数据市场",将自身打造成全球数据赋能社会的典范和领导者。本次《欧盟数据治理法案》是《欧洲数据战略》的第一步骤,旨在增加对数据中介的信任和加强整个欧盟的数据共享机制,增强数据可用性。

《欧盟数据治理法案》的主体内容,是对三个数据共享制度的构建。第一个制度是公共部门数据再利用机制,旨在于一定条件下开放公共部门数据以供经济主体利用。第二个制度是数据中介机构及通知制度,旨在增加对共享个人以及非个人数据的信任,降低与 B2B 和 C2B 数据共享相关的交易成本。第三个制度是数据利他主义制度,旨在提高欧盟数据共享度。除上述三个制度之外,该法案还对欧洲数据创新委员会(用以确保法案的贯彻执行,并在必要情况下提供咨询与建议)、主管机关的执法程序等内容加以明确。

《欧盟数据治理法案》的出台将创建汽车工业、支付服务提供商、智能计量信息、智能运输系统、环境信息、空间信息以及公共医疗卫生等领域的新型数据共享模式,为欧洲内部数据空间的构建与发展提供规范化路径。下文,笔者将尝试就《欧盟数据治理法案》对公共医疗卫生领域、交通运输领域、环境领域、农业领域和公共行政领域的影响进行解读,并分析该法案在 5G 时代下对我国数据治理的相关启示。

(一)卫生数据篇①

1.《欧盟数据治理法案》中有关卫生数据的规定

《欧盟数据治理法案》所提出的是一套普适于各个行业的数据治理方案,并未就医疗卫生领域的数据治理做出专章规定。然而,与法案一同提交的解释性备忘录中却多次以"卫生领域"为例,解释法案的立法背景及具体条款。法案本身也在公共部门数据再利用机制一章中提及"卫生数据"。在第二章第 5 条,法案明确列举了 13 项"再使用条件",其中第 11 项允许各国在向第三国转让具有高度敏感性的公共卫生数据时附加条件,如转让需在安全的环境中进行、限制向第三国传输数据等。当然,在这种限制应当具有必要性、相称性,并且无歧视。《欧盟数据治理法案》的上位文件——《欧洲数据战略》,对于医疗卫生领域的数据治理也多有提及。例如,在论及数据对经济社会的重要性时,《欧洲数据战略》以医疗为例,提出:"个性化医疗可以让医生基于数据进行决策从而更好地满足患者需求。这将有可能在正确的时间根据正确的人的需要制定正确的治疗策略,确定疾病的易感性和提供及时地针对性的预防。"

可见,公共卫生领域是立法者所倡想的《欧盟数据治理法案》的典型适用领

---

① 本部分内容详见董宏伟、王琪、刘佳婕:《5G 时代下〈欧盟数据治理法案〉的解读与启示之一——卫生数据篇》,《中国电信业》2021 年第 3 期。

域,该法案将大力推动欧盟于 2011 年就已提出的欧洲卫生数据共享空间的建立。根据相关立法计划可知,欧盟还预计提出一项关于欧洲医疗数据的立法提案,作为《欧盟数据治理法案》在医疗数据领域的具体细则。

2. 突出共享:法案的进步之处

如上所述,《欧盟数据治理法案》由三项制度构成。这三项制度都有助于医疗卫生领域的数据共享,助力欧洲卫生数据共享空间的构建。公共部门数据再利用机制方面,公共数据库中的某些类别的卫生数据(如商业机密数据、受保密限制的数据、受第三方知识产权保护的数据、无法获取的商业秘密和个人数据等)往往难以流通,甚至无法用于研究或创新活动。数据的本质是信息,信息的价值在交换中得以体现。公共部门投入大量成本获取却不使用上述数据,由此造成资源浪费。为此,《欧盟数据治理法案》规定了公共部门数据再利用机制。毫无疑问的是,这将扩充医疗卫生数据的来源。

如果说公共部门数据再利用机制旨在建立更为开放的 G2B 数据共享模式,那么数据中介机构及其通知义务制度和数据利他主义制度则将重点放在了 B2B 数据共享的推广上。在医疗卫生数据领域,数据中介机构将促进卫生数据规模化、产业化、有序化地被收集、储存、转运和使用。同时,数据中介机构的通知义务和中立性特点,将有效加强公民和相关组织对其所持有卫生数据的控制力,从而增强数据共享信心,形成数据共享良性循环。数据利他主义制度的作用与数据中介机构及其通知义务制度类似。法案将制定数据利他主义同意书,降低同意成本,提高卫生数据的可移植性,推动欧洲卫生数据空间的构建。

3. 法益平衡:法案的待解之处

概览《欧盟数据治理法案》,可以发现该法案的主要目的是促进数据流通共享,打造欧盟数据单一市场。围绕该目的,法案进行了制度架构。然而,该法案也存在薄弱之处。例如,如何在数据共享与保障既有权利人的合法权益之间达成平衡是值得思考的问题。这一矛盾在公共部门数据再利用机制下显得格外突出。尽管法案强调采取如完全匿名处理、在安全的处理环境中使用等技术措施来保护原权利人的合法权利,但明令禁止数据持有者和数据再使用者之间的排他性协议以及其他做法或安排明显存在限制。

换一个角度看,法案提道:"公共部门机构在相关时应根据数据主体的同意或法人通过适当技术手段再使用与他们有关的数据的许可,促进数据的再使用。在这方面,公共部门机构应在可行的情况下,通过建立允许转交再使用者同意请求的技术机制,支持潜在的再使用者寻求这种同意。"由此而言,数据持有人的同意是公共部门数据再利用的重要前提条件。如此一来,公共部门将充当类似于数据中介机构的角色,那么该机制的独特性何在?公共部门数据再利用的可执行性是否大打折扣?除此之外,在不设立任何激励措施的情况下,如何确保数据利他主义制度的贯彻执行也需相关有权机关于后续立法中进一步明确。

(二)交通运输数据篇①

从《欧盟数据治理法案》的宗旨与内容可见,该法案的重点并不在于加强对个体数据的保护,而是促进个体数据商品化,充分发掘数据的商业价值。《数据治理法案》的潜在含义是,如果我们扩大数据交换,我们最终可能会实现数字资本主义一直以来隐藏的价值。②但是数据引领人类社会智能革命,也带来潜在风险。在《通用数据保护条例》出台之后,欧盟是否还有必要在《数据治理法案》中对数据保护作出强调?如果没有,那么该如何处理《数据治理法案》中数据市场化与《通用数据保护条例》中数据安全化之间的衔接关系?这实际上是《欧盟数据治理法案》在整个欧盟数据治理体系中的角色定位迷思。

但无论如何,《欧盟数据治理法案》的出台将创建汽车工业、支付服务提供商、智能计量信息、智能运输系统、环境信息、空间信息以及公共医疗卫生等领域的新型数据共享模式,为欧洲内部数据空间的构建与发展提供规范化路径。下文,笔者将尝试就《欧盟数据治理法案》对交通运输领域的影响进行解读,并分析该法案在 5G 时代背景下给予我国交通运输数据治理的相关启示。

1.《欧盟数据治理法案》中有关运输数据的规定

狭义的智慧交通系统(ITS)是智慧交通的四个技术层次之一,包括交通定位监测系统、交通控制系统、交通管理系统、自动驾驶系统等内容。除此之外,智慧交通还包含智能车辆技术层次(如动力传动系统、燃料技术等)、智能交通

---

① 本部分内容详见董宏伟、王锐、刘佳婕、王海蓉:《5G 时代下〈欧盟数据治理法案〉的解读与启示之二——交通运输数据篇》,《中国电信业》2021 年第 4 期。

② 参见 Sean McDonald:《欧盟〈数据治理法案〉的野心与脆弱》,https://mp.weixin.qq.com/s/sB3XQClhAwRX-22FVwsQ2A。

数据技术(居民出行信息、物流信息及运输服务状态信息等数据的采集、存储、梳理、计算等技术)和智能共享交通服务技术(包括共享出行、用户预约出行等)。① 广义的智慧交通系统,则包括上述所有技术。无论广义还是狭义,无论哪一层次,智慧交通系统对数据及通信技术的依赖都是毋庸置疑的。

欧盟的智慧交通系统战略最早可追溯至 2008 年。2008 年 5 月 19 日,欧盟委员会制定旨在提升应用安全性的智慧交通系统(intelligent transport systems, ITS),并于次年委托欧洲标准化机构 CEN 和 ETSI 制定欧盟层面统一的标准、规格和指南来支持 ITS 体系的实施和部署。随后,2010/40 号指令要求加快 ITS 部署,该指令将"智慧交通系统"定义为"在公路运输领域,包括基础设施、车辆和用户、交通管理和机动管理以及与其他运输方式的接口中应用信息和通信技术的系统"。此后,欧盟积极制定配套措施与行动计划,在欧盟范围内全面部署和督促落实智能交通系统技术的研发及应用。

此次《欧盟数据治理法案》所提出的是一套普适的数据治理方案,并未就交通运输领域的数据治理作出专章规定,但从法案的解释性备忘录中可以发现,该法案在制定时确切考虑过其在交通运输领域的应用,如制定前期听取了交通运输行业的利益攸关方意见,表示欧洲数据创新委员会应当包括交通运输行业的专家代表等。值得注意的是,在《欧盟数据治理法案》出台后不到两周,欧盟就紧接着出台了《可持续及智能交通战略》,强调交通运输系统的数字化与智能化。由此可见,加强交通运输领域的数据共享本就是《欧盟数据治理法案》的题中之义。

2. 取其精华:法案的积极影响

在信息时代,数据是经济发展的大动脉。正如"欧洲数字时代组织"执行副总裁玛格丽特·韦斯特格(Margrethe Vestager)所言:"工业数据在我们的经济中正在不断发挥作用,欧洲需要的是一个开放但主权的单一数据市场。"致力于扩大数据交换、促进数据共享的《欧盟数据治理法案》将为欧洲智慧交通提供更多数据,从而加速其发展。

在公共部门数据再利用机制方面,通过盘活沉寂在公共数据库中有关交通运输行业的数据(如商业机密数据、受保密限制的数据、受第三方知识产权保护的数据、无法获取的商业秘密和个人数据等),扩充智慧交通系统的数据来源,

---

① 参见 Jeekel J F: *Smart mobility and societal challenges: an implementation perspective*, https://pure.tue.nl/ws/files/24682463/Jeekel_2016.pdf。

以用于研究或创新活动。在中介机构及通知制度方面,作为促进大量交通运输数据汇总和交换的工具的数据中介机构将有效提高双边数据共享效率,通知制度将在一定程度上保卫个体的数据安全。数据利他主义制度方面,其作用机理与数据中介机构制度类似。交通系统作为传统的自然垄断行业,行业背后需维护的公共利益更为突出。因此,数据利他主义在交通运输领域更有实现可能(数据利他主义指的是个人或公司为共同利益自愿提供数据的一种制度)。

3. 去其糟粕:法案的不足之处

《欧盟数据治理法案》的具体制度架构存在一定不足,如法案的低强制性与低约束力度、公共部门数据再利用机制作用的有限性、数据利他主义制度的实践难度、数据中介机构制度与数据利他主义制度的重合等。下文,笔者将从法益保护,即法案对数据共享背后的经济法益与数据保护背后的人权法益之间的取舍的角度,对《欧盟数据治理法案》进行反思。

《欧盟数据治理法案》的宗旨在于加强整个欧盟的数据共享机制,增强数据可用性。可以说,《欧盟数据治理法案》是一部“数据交换法”,其核心思想在于数据市场化,其主要目的在于促进经济发展。《欧盟数据治理法案》在强调数据共享的同时却并未给予“防范风险”同等的精力,仅在法案第 24、25 条对申诉权、诉讼权作出原则性规定。这种原则性规定很大程度上依赖于欧盟各成员国既有的行政与司法体系,并未作出实质性调整,很难在市场风险来临时对个体信息权利起到更好的保护作用。

迄今为止,欧盟对于公民信息权利的保护在很大程度上依赖于各国对《通用数据保护条例》的零星执行。[①] 但公民信息权利的基础尚未全面夯实,在此基础之上,《欧盟数据治理法案》本应对信息权利的保护做出更为翔实的规定。毕竟数据信任是数据共享的根基,而权利保护是建立数据信任的最有效手段。

交通个体运输行业的数据往往涉及姓名或名称、联系方式、住所、目的地等众多信息而对与社会具有重要意义。不可否认的是《欧盟数据治理法案》将促进上述数据的充分利用,为经济发展带来新的增长点。但是如若忽略对与之相配套的个体信息保护机制的构建,实则顾此失彼。[②]

[①]　参见 Sean McDonald:《欧盟〈数据治理法案〉的野心与脆弱》,https://mp. weixin. qq. com/s/sB3XQClhAwRX-22FVwsQ2A。

[②]　本部分内容详见董宏伟、王锐、刘佳婕、王海蓉:《5G 时代下〈欧盟数据治理法案〉的解读与启示之二——交通运输数据篇》,《中国电信业》2021 年第 4 期。

（三）环境数据篇①

随着发展观念的转变，保护环境成为时代的重要议题。哲学意义上的环境（environment）指的是指围绕某中心事物的外部条件的总和。② 环境保护法所称环境，是指影响人类生存和发展的各种天然的和经过人工改造的自然因素的总体，包括大气、水、海洋、土地、矿藏、森林、草原、野生生物、自然遗迹、人文遗迹、自然保护区、风景名胜区、城市和乡村等。③ 在风险预防原则的指导下，环境保护更重视事前预防，而非事后修复。预防的前提是预测，预测必须建立在数据与规律的基础之上。因此，数据对于环境保护的重要性不言自明。《欧盟数据治理法案》对于环境保护的重要意义亦来自数据对于环境保护的重要性。

1. 《欧盟数据治理法案》有关环境数据的规定

欧洲的环境保护立法是建立在严重的环境污染问题之上的。20 世纪 10 大环境公害事件，欧洲独占 3 个。以 1952 年伦敦烟雾事件为例。自 1952 年以来，伦敦发生过 12 次大的烟雾事件。仅 1952 年 12 月那一次烟雾事件便造成呼吸道疾病患者猛增，5 天内有 4 000 多人死亡，2 个月内又有 8 000 多人死去。④ 面对日益严重的环境问题，许多国家开始环境立法工作。如 1974 年瑞典颁布的宪法规定，必须以法律的形式制定包括狩猎、捕鱼，或者保护自然和环境在内等事宜的规章制度；如 2005 年，法国议会通过的《环境宪章》，将环境利益上升到国家的根本利益。⑤ 欧盟作为欧洲国家经济政治联合体，在环境保护方面也多有作为。如《单一欧洲法》和《欧洲联盟条约》第 130R 条规定的环保专项：从单一性的法规到综合性法规，从国家层面法规到欧盟层面法规，欧洲最终建立了世界领先的环境保护法律体系。⑥

---

① 本部分内容详见董宏伟、王琪、王洁：《5G 时代下〈欧盟数据治理法案〉的解读与启示之四——环境数据篇》，《中国电信业》2021 年第 6 期。
② 参见李爱华、王虹玉、侯春平等：《环境资源保护法》，北京：清华大学出版社，2017.
③ 参见《中华人民共和国环境保护法》第 2 条。
④ 参见搜狐网：《20 世纪十大环境公害事件》，https://www.sohu.com/a/157709233_100941。
⑤ 参见崔丽华：《欧洲国家生态环境保护措施》，《政策》2017 年第 1 期。
⑥ 蔡守秋著：《欧盟环境政策法律研究》，武汉大学出版社，2002 年版。该条原文为"1. 共同体的环境政策应该致力于如下目标：保持、保护和改善环境质量；保护人类（人体）健康；节约和合理利用自然资源；在国际一级上促进采用处理区域性的或世界性的环境问题的措施。2. 共同体的环境政策应该瞄准高水平的环境保护，考虑共同体内各种不同区域的各种情况。该政策应该建立在防备原则以及采取预防行动、优先在源头整治环境破坏和污染者付费等原则的基础上。环境保护要求必须纳入其他共同体政策的制定和实施之中。"

在当今的信息化浪潮之下,欧洲也一直走在环保数字化的最前沿。欧洲环保数字化有两条路径:其一是间接路径,指通过促进对环境有影响的其他行业活动的数字化来实现环保数字化。例如 2020 年欧盟推出的《欧洲绿色新政》(*European Green Deal*),该新政要求在数字经济发展的大潮下,必须充分挖掘数字转型的潜力,在发展欧盟清洁循环经济中获益。该条路径源自环境保护与经济发展的对立统一关系。其二是直接路径,指通过促进与环境保护直接相关的活动(如环境监测)的数据化来实现环保数字化。创建于 1990 年的欧洲环境局(EEA)承担着收集各国环境数据并利用这些数据用来制定和实施环境政策的主要责任。

《欧盟数据治理法案》所提出的是一套普适的数据治理方案,并未就环境数据治理作出专章规定。但从法案的解释性备忘录中可以发现,该法案在制定时确切考虑过其在环境信息领域的应用,如制定前期听取了环境组织等的利益相关方意见等。同时,法案表达了对包括环境数据在内的高度敏感的非个人数据向第三国转移过程中的风险的关注,表示如果这种转移可能危及公共政策目标,那么在此方面应当附加更严格的条件。同时,由于环境保护与经济发展之间的密切联系,环境数据与其他行业数据,如交通数据、卫生数据等也有着天然的相关性。因此,可以认为《欧盟数据治理法案》也将从直接路径与间接路径两个方面对环境数据产生重要影响。下文中将着重就《欧盟数据治理法案》调整环境数据的直接路径展开论述。

2. 审视:法案的治理方式

环境数据内容庞杂,以数据内容为标准,环境数据可分为土地资源类数据、生态环境类数据、气象/气候数据、社会经济类数据、灾害监测类数据等;以数据收集手段为标准,环境数据可分为基础卫星遥感影像、电子地图矢量数据、行政区划矢量数据等。[①]

除前述欧盟官方环境数据收集处理机构欧洲环境局(EEA)及欧盟各国内部的环境数据机构之外,欧洲还有着蓬勃发展的环境数据市场。据加拿大市场研究和咨询公司 Data Bridge 网站预测,2021—2028 年,欧洲环境监测市场复合年均增长率为 4.10%。[②] 而欧洲环境测试市场在 2020 年产值达 45 亿美元,

---

① 具体分类参见"地理国情监测云平台",http://www.dsac.cn/。

② 参见 Semiconductors and Electronics: *Europe Environmental Monitoring Market——Industry Trends and Forecast to 2028*, https://www.databridgemarketresearch.com/reports/europe-environmental-monitoring-market。

并有望于 2025 年实现 60 亿美元的行业产值。[①] 在强有力的官方机构与富有生机的数据市场的共同作用之下,欧洲环境数据资源十分丰富。这也为《欧盟数据治理法案》大显身手提供了有利条件。

如上所述,《欧盟数据治理法案》的宗旨是增加对数据中介的信任和加强整个欧盟的数据共享机制,增强数据可用性。为此,法案提出三项制度构架。公共部门数据再利用机制针对公共部门机构持有的环境数据产生作用。由公共部门机构持有的环境数据应当在不损害他人、他国合法权益的情况之下,在个体与个体、成员国与成员国之间重复利用。中介机构及通知制度、数据利他主义制度针对环境数据市场主体发生作用,以促进大量相关数据汇总和交换。实际上,从市场规模来看,环境数据行业是数据中介机构发展较为成熟的领域。随着环境监测站建设不断增加,环境友好型产业发展水平不断提高,污染监测意识不断增强,新兴市场污染监测基础设施日益扩大,自然资源管理需求增加,健康关注增加,污染水平上升导致死亡人数增加,可以预见欧洲环境数据中介机构将迎来新的发展机遇期。

3. 评价:法案适用的黄金对象

由于环境数据聚焦影响人类生存和发展的各种天然的和经过人工改造的自然因素,而非人类本身,因此《欧盟数据治理法案》在进行环境数据治理时,数据市场化与个人信息保护之间的矛盾并不会如交通数据、卫生数据治理领域一般突出。同时,有着光明发展前景的欧洲环境监测市场本身便是由若干数据中介机构组成,在注重环境标准的欧洲,环境利他主义制度旨在使全欧盟数据存储库的建立更易实现。综合对比环境数据与卫生数据、交通数据可以发现,《数据治理法案》在对环境数据的调整上明显更有成效。

(四)农业数据篇[②]

1. 欧洲农业数据治理现状

农业是指栽培农作物、饲养牲畜,为社会提供粮食、农副产品和一部分工业原料的生产部门,一般包括种植业和畜牧业,它是国民经济的基础。欧洲各国

---

① 参见 Market data forecast: *Europe Environmental Testing Market*, https://www. marketdataforecast. com/market-reports/europe-environmental-testing-market。

② 本部分内容详见董宏伟、王琪、刘佳婕:《5G 时代下〈欧盟数据治理法案〉的解读与启示之三——农业数据篇》,《中国电信业》2021 年第 5 期。

的农业现代化程度都相当高,如荷兰、法国、英国等。如果将农业数据比作矿产,那么欧洲各国对精准农业的发展使得欧洲成为一座矿产丰富的矿山。《欧盟数据治理法案》的目标,就是对这座矿山进行开发,并将矿石送入市场。

荷、德、英等欧洲发达国家经过近 20 年的探索与实践,已经各自形成了适合本国国情的农业发展模式。而在工业 4.0(第四次工业革命)来临的今天,欧洲农业的未来已经不能再明确:与高新技术相结合,通过地理位置分析、土壤和环境条件监测、人工智能(AI)、云计算和物联网等技术,准确测量作物领域变量的变化,提高农产品的数量和质量。而农业与这些技术相结合的重要前提与契机便是数据。

农业数据集可细分为天气数据、种子遗传学数据、环境状况数据和土壤数据等。以天气数据为例,如果天气数据被公开,则农民将可通过计划种植季节或及时布置灌溉系统,来减少霜冻或干旱损害作物的风险,以增加产量。鉴于此,旨在建立欧洲单一数据市场的《欧盟数据治理法案》的出台,至少在应然层面上夯实并扩大了精准农业(亦称"智慧农业""农业 4.0")的基台。

2.《欧盟数据治理法案》有关农业数据的规定

《欧盟数据治理法案》的具体条文并未提及具体行业数据,但在该法案的解释性备忘录及立法背景中,多次提及"农业"一词。由此可见,精准农业发展之需要,是《欧盟数据治理法案》出台的原因之一,而法案在农业数据治理方面的应用,也是立法者在法案出台之初便构想好的。法案称,为了与相关专家探讨在特定领域中建立欧洲共同数据空间框架的条件,欧盟委员会于 2019 年举办了 10 次欧洲共同数据空间系列讲习班,汇集了 300 多个利益相关方,其中农业部门为首位。以上可见农业数据的重要程度。为了成功实施数据治理框架,欧洲数据创新委员会以专家组的形式建立,其中农业部门的专家赫然在列。

除《欧盟数据治理法案》外,欧洲还采取其他措施发展农业数据市场。例如,建立农业和农村合作技术中心(CTA),以促进共享农业数据。CTA 由欧盟资助,是非加太(非洲、加勒比和太平洋)国家集团与欧盟成员国(欧洲联盟)在《科托努协定》框架下运作的联合机构。再如,2014 年建立的全球农业和营养开放数据(GODAN)。该项目旨在促进农业数据的主动共享,以帮助小农生产并实现可持续发展目标:零饥饿。除国际层面外,欧洲各个国家也各显神通。例如,荷兰政府拨专款购买卫星数据供农民和研究者免费使用;法国农业部为避免农业数据垄断而专门建立了大数据收集门户网站;英国政府与 2013 年内启

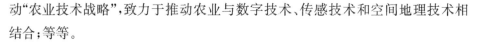

动"农业技术战略",致力于推动农业与数字技术、传感技术和空间地理技术相结合;等等。

3. 取其精华:法案的进步之处

第一,公共部门数据再利用机制,着眼于政府部门所掌握的农业数据,为对该类数据的重复应用提供途径。这与欧盟一以贯之的政策相一致,即花费公共预算产生的数据应当造福社会。数据中介机构及通知制度被期待能够在数据经济中发挥关键作用。该制度通过设立完全中立的数据中介机构增加对共享个人以及非个人数据的信任,降低与B2B和C2B数据共享相关的交易成本。实际上,早在法案出台之前,欧洲就不乏从事农业数据业务的公司。例如,孟山都旗下气候公司就在2016年收购的欧洲农场数据管理软件公司VitalFields便以提供业界领先的数字化农业服务为主业务。气候公司首席执行官Mike Stern表示,孟山都旗下气候公司致力于打造集成化农业数字平台,为农民提供数据分析,帮助农民优化田间管理。《欧盟数据治理法案》的出台,明确了该类数据中介机构的认证标准,也明确了该类机构的权利、义务与责任。

第二,数据利他主义制度对于农业数据的收集来说具有重要意义。数据利他主义制度指的是个人或公司为共同利益自愿进行相关注册并自愿提供数据的制度。该制度中的注册只需在一个欧盟成员国内进行,但可在全欧盟范围内生效。这将有助于在联盟内部跨境数据的使用,数据存储库便得以建立起来。

4. 去其糟粕:法案的不足之处

《数据治理法案》作为欧盟级别的数据治理策略,总共只有34个条款。这种笼统的立法,意味着它是一个良好的开端,但本身不会产生重大影响。要想真正建立起欧洲单一农业数据市场,还需要在欧盟层面及欧盟各成员国层面充分地进行立法行动和非立法行动。

除此之外,《欧盟数据治理法案》还面临着地方保护主义的责难。法案要求其所适用的所有数据处理仅限于欧盟之内。这种数据本地化要求将提高非欧盟企业的运营成本,并限制它们将欧盟数据与非欧盟数据相结合和处理的能力。要求企业在欧盟存储和处理数据弊大于利,只会鼓励其他国家实施类似的保护主义政策,使欧盟企业更难获得非欧盟公司提供的服务。数据中介机构机制方面,法案要求数据中介机构必须在欧盟或欧洲经济区合法注册成立。这种规定明显具有反竞争性,甚至会违反国际贸易规则。欧洲国家的农产品跨国贸易相当繁荣,此类反竞争性规定会带来合规风险。

（五）公共行政数据篇[①]

1. 欧洲公共行政数据治理现状

公共行政是外国行政学的通用概念，与我国的"行政"意义基本相同，"公共"二字只为与"私人行政"相区分。公共行政指的是国家行政机关为实现全体人民的整体目标和利益而行使的执行、管理职能的行为。公共行政数据与交通运输数据、医疗健康数据、农业数据等具体行业数据存在不同。公共行政数据是主题式（thematic）的，即综合各行业数据为"公共福祉与利益"这一主题而服务的数据。相较而言，各行业数据治理起始于本行业数据的收集，而公共行政数据的治理则起始于对各行业数据的收集。若将数据管理的全周期划分为数据收集、数据整理、数据分析与数据利用四阶段，则与单纯行业数据相比，公共行政数据先天性地更接近数据管理的后端，即数据的分析和运用。

其一，在数据库建设方面，开放城市数据接口是城市创新发展的前提。为此，阿姆斯特丹在 2014 年启动了能源地图项目。而伦敦数据库是一个免费的、对公众开放共享的数据资源库。数据信息涵盖整个城市的各方面，如经济、就业、交通、环境、安全、房产、健康等。众多的市民、商业机构、研究学者和开发者运用它来更好地规划和管理城市。其二，在数据计算方面，奥地利、丹麦、芬兰、法国、德国、爱尔兰、西班牙和英国属于基于云计算的电子政务发展较好的国家。这 8 个国家，最常应用的云计算类型是私有云和社区云，公有云只有在满足安全与隐私要求的前提下才在考虑的范围内。

欧盟层面关于公共行政数据的动态明显少于欧洲各国，如欧盟委员会于 2011 年 12 月 12 日通过了"开放数据战略"和《公共数据数字公开化决议》，该战略及决议旨在循序渐进开放政府数据。

2. 法案赋能：构建欧盟公共行政数据空间

《欧盟数据治理法案》在一定程度上强化了欧盟层面对于公共行政数据的建设。从主体上进行界定，公共部门数据再利用机制所针对的正是公共行政数据。该项机制的主要作用在于促进公共行政数据在各个政府部门之间灵活流动，以增加行政的协调性和流畅性。部门数据孤岛、数据不统一、部门数据鸿沟是智慧行政的极大阻碍。公共部门数据再利用机制能较好地解决上述问题。

[①] 本部分内容详细见董宏伟、王琪、刘佳婕：《5G 时代下〈欧盟数据治理法案〉的解读与启示之五——公共行政数据篇》，《中国电信业》2021 年第 7 期。

而数据中介机构及通知制度、数据利他主义制度的运用将为政府行政引入市场血液。市场是充满创造力与活力的。通过专业化、中立化的数据中介机构以及数据利他主义企业的帮助,政府能够从市场上获得更丰富、更精准的数据,从而获得智慧行政的数据资本。

3. 法案不足:安全性建设不足

数据安全性问题的严峻程度与数据类型具有相关性。交通运输数据、医疗卫生数据等往往面临着更严重的安全性问题,而农业数据、环境数据等的安全性问题往往并不突出。对比分析可以发现,此处所言"安全性"主要针对公民的个人信息而言。在公共行政数据领域,数据安全性又是需要特别强调的事项。

从上述欧洲国家对于云计算类型的选择上,可以窥见公共行政数据在安全方面面临的重大风险。这种风险可能源自除信息持有者(政府)、个人信息权利人及其他合法的信息用户之外的第三人,如黑客等。公共行政数据的泄露往往事关一国的国家安全与社会稳定,因此需要特别防范。但是《欧盟数据治理法案》仅仅通过一条简短的条文照搬欧盟各国原有的保护制度,这是远远不够的。除可能遭受来自第三人的袭击之外,公共行政数据安全面临的另一重大隐患是其持有人,即政府。公共行政数据的收集、使用确实能够使得行政高效化、精准化、便民化,但是如何把握数据收集的度,避免公民自由被侵犯,这是《欧盟数据治理法案》并未回答的。

三、美国《出口管理条例》之解读

美国《出口管理条例》(*Export Administration Regulations*,EAR)是美国在物项和行为的出口管制方面最为关键的法规之一。近年来,其管制范围随着EAR的修改而不断扩大,管控方向逐步向高新技术领域倾斜。这给我国的5G技术、5G企业和5G产业链的发展带来了重大影响。

(一)管辖范围

1. EAR 管辖范围的定位

EAR管辖范围,是该条例规定的被美国商务部产业安全局(Bureau of Industry and Security,BIS)纳入司法管制的物项和行为,具体包括军民两用、单一民用和单一军用但未纳入《国际武器贸易条例》(*International Traffic in*

Arms Regulations，ITAR)的实物、软件和技术及相关出口、销售等行为。对管辖范围内的物项，EAR 都作出了明确规定，被列在《美国联邦法规》(*Code of Federal Regulations*，CFR)的第 15 篇(商务与外国贸易)下的第Ⅶ章第 C 分章的 Part730~774(15 CFR §730~774)，共 24 部分，并赋予其出口管制分类编码(Export Control Classification Number，ECCN)或 EAR99 的编码。ECCN 是列举在商业管制清单(Commerce Control List，CCL)上，并根据物项的功能、属性和技术特征归类的编码，但 CCL 上并未包括所有的受 EAR 管辖的物项。对于受 EAR 管辖但不在 CCL 上的物项，会被归类为 EAR99。在 EAR 管辖内的物项和行为，才受到 BIS 的司法管制。因此，明确 EAR 的管辖范围是分析美国出口管制合规问题的逻辑起点。

2. 纳入 EAR 管辖范围的影响因素

对于一项具体的实物、软件和技术能否纳入 EAR 管辖范围，成为 EAR 管辖的具体对象，是基于多因素的综合考虑，包括：(1) 物项出口的物理位置及其运输路径；(2) 物项的具体来源；(3) 物项中美国成分的占比；(4) 物项出口对象和最终用途；(5) 物项的开发技术和具体情况。一旦经综合考量后被列入 EAR 管辖范围，将受到规定的不同程度的管制。

3. EAR 管辖范围的运作方式

EAR 以清单方式对物项和行为进行管辖。首先，EAR 管辖确定一个最为宽泛的范围。在物件上，包括军民两用物项、单一民用物项、大规模杀伤武器相关物项、单一军用物项(排除在 ITAR 之外)；在行为上，包括出口美国物项、在其他国家再出口原产于美国的物项、销售具有美国原产零件、使用美国原产技术的外国制造产品、向外国人披露美国原产的技术等。其次，EAR 管辖将重点管制的物项与行为单独列出，形成商业管制清单(Commerce Control List，CCL)和国别表(Commerce Country Chart，CCC)。CCL 包括核材料及设备、化学材料与微生物、材料加工、电子产品、计算机、电信和信息安全、激光和传感器、导航和航空电子设备、航海/海事、航空和推进系统十个分类。每一类物项中都有相应的 ECCN、管制理由、适用国家以及许可例外。CCC 则基于产品出口的最终目的地和管控理由，针对不同的国家列出了不同的许可要求。在 CCL 和 CCC 之外，BIS 还设置实体清单(Entity List)，实体清单发挥着比 CCL 和 CCC 更加严格的管制作用，在实体清单上列出的是 BIS 认为可能会危机美国国家安全、国家利益或阻碍执法部门调查的国外企业、组织、科研机构、高校或个人。最后,在宽泛的 EAR 管辖范围内对特殊的物项实行"管辖豁免",这些特殊事项包括:(1) 由美国国务院、能源局、核监管委员会等政府部门或机构出于国家安全或外交目的而专门管控出口或再出口的物品;(2) 书籍、报刊、乐谱等出版物以及广告印刷品、胶卷、胶片、配乐等;(3) 公开发布的技术和软件(加密软件除外)、基础研究获取的信息、学术机构公布的信息、专利公开的信息、非专有系统信息以及遥测数据。

4. EAR 管辖范围变化情况及其特征

第一,EAR 管辖范围早期变化情况。美国自 20 世纪 30 年代起实施出口管制,至今已出台多部法律法规。EAR 最早以《出口管理法》(*Export Administration Act*,EAA)为立法依据,但 EEA 几经修改后于 2001 年失效。随后,EAR 以《国际紧急经济权力法》(*International Emergency Economic Powers Act*,IEEPA)授权的总统令得以继续生效,发挥其在美国出口管制中的中流砥柱作用。到 2018 年 8 月,美国总统签署了《2018 出口管制改革法案》(*Export Control Reform Act of* 2018,ECRA),取代 IEEPA 成为 EAR 的法律依据。自此,EAR 也不再需要行政授权来延续其效力。ECRA 的出台,进一步完善与强化了 EAR,虽总体而言并未给美国的出口管制体系与配套措施带来根本性改变,但拓展了 EAR 管辖范围和严格程度,尤其体现在与国家经济与安全密切相关的新兴与基础技术领域。在此之前,美国在技术方面限制出口的主要是航空航天领域,而 ECRA 增加了人工智能、先进计算、量子信息和传感、机器人、增材制造、先进材料等领域的技术,这也促使 EAR 实体清单中通信网络、信息安全等领域中具有现代化应用前景的行业机构不断增加。

第二,2020 年以来 EAR 管辖范围的变化情况。2020 年以来,BIS 多次宣布修改或更新 EAR,以不断修复出口管制的"漏洞"。2020 年 1 月 3 日,BIS 对 EAR 进行修改,在管控范围中新增"用于自动分析地理空间图像的软件",ECCN 编码为 0Y521,属于管制期一年的临时管制。这项修改将直接影响到自动驾驶、无人机、航拍地图等相关领域,这是 ECRA 出台以来,EAR 首次针对具体技术领域进行的专项管制,标志着美国管控措施由"产品"层向"技术"层的转变,也预示着管控措施将不断向技术领域倾斜。同年 4 月 28 日,BIS 宣称对 EAR 中涉及出口到中国用于"军事最终用途"产品的多个条款进行修订,这是近年来对 EAR 较大规模的改动,扩大了 EAR 的管辖范围。在物项方面,此次修改在原有技术产品范围内新增半导体设备、材料加工、电子、电信、信息安全、传感器和激光器以及推进装置等。在行为方面,将"军事最终用途"从军用产品的使用、开发和生产扩展到为其运行、安装、维护、修理、检修、翻新、开发或生产提供帮助。同年 5 月 15 日,BIS 宣布通过修改 EAR 加大软件和半导体领域的管控力度,要求将使用美国软件与技术自主或代工生产的华为和海思产品纳入管制范围,从而限制华为的发展。

EAR 管辖范围的不断更新呈现出以下特征:第一,管辖范围不断扩大,BIS 基于国家安全和国内产业发展等需求,不断新增管制物项和行为。第二,管辖范围越发关注新兴技术和新兴产业,新增的管控内容多是高新技术,在很大程度上限制了他国技术在美国本土的持续发展和竞争态势。第三,管辖范围扩大具有龙头企业针对性,BIS 在出口管制中格外针对华为,不仅将华为列入实体清单,更是专门为其修改 EAR。

(二) 一般性禁止条款

一般性禁止条款,是《美国出口管理条例》发挥实质性监管作用的重要组成部分。2020 年以来,《美国出口管理条例》一般性禁止条款随着美国国家安全、外交政策和经济发展等利益需求的变化而多次出现内容上的变化,这给我国 5G 产业的生存与发展带来了深远影响。对一般性禁止条款的内容进行剖析,是了解美国出口管制与许可申请的必要环节。EAR 一般性禁止条款有其特殊的应用目的、禁令分类和审查步骤,给我国 5G 供应链安全带来风险和挑战。

1. EAR 一般性禁止条款的基本情况

第一,EAR 一般性禁止条款的定位。一般性禁止条款,是《美国出口管理条例》的重要组成部分,被规定在《美国联邦法规》15 卷第七章 Part736 中。一般性禁止条款的目的,在于确定 EAR 管控的物项及行为是否需要申请许可证,所从事的交易一旦被规定在一般性禁止条款中,将受到 EAR 许可证或其他授权要件的约束。在对出口、再出口或其他活动进行审查时,需要比对 EAR 包含的一般禁令,并排除 Part740 中指定的许可例外和特别授权情形,从而确定行为是否需要许可。

第二,EAR 一般性禁止条款的依据。EAR 一般性禁止条款规定了十个一般禁令,决定其是否适用所依据的信息和事实被规定在 EAR Part736(a)中,具体包括:(1) 物项分类:被禁止的物项规定在商业管制清单上。(2) 目的地:目的地是指出口或再出口的最终目的地国家,国家信息列于 Part738 和 Part774

中,其中涉及 CCL 和国别表(Country Chart)。(3)最终用户:使用物项的最终机构、组织和个人,内容被规定在一般禁令四、一般禁令五以及 Part774 中。(4)最终用途:使用物项的最终用途,被规定在一般禁令五以及 Part774 中的最终用途限制。(5)行为:包括为支持扩散性项目而进行的诸如订约、融资和货运等行为。

第三,EAR 一般性禁止条款的内容。十个一般禁令随之被规定在 Part736 (b)中,具体内容为:(1)一般禁令一:未经许可或不存在许可例外时,禁止将美国原产物项出口或再出口。(2)一般禁令二:未经许可时,禁止将包含美国成分的外国商品出口或再出口。(3)一般禁令三:未经许可或不存在许可例外时,禁止将使用美国技术或软件生产的外国产品出口到指定国家。(4)一般禁令四:禁止从事 EAR Part766 发布的直接出口以外的其他禁止行为。(5)一般禁令五:未经许可时,禁止将管制物项出口或再出口到 EAR Part744 禁止的最终用户或最终用途。(6)一般禁令六:未经许可或不存在许可例外时,禁止将管制物项出口或再出口到禁运的指定国家。(7)一般禁令七:未经特别授权,禁止美国人从事扩散性活动。(8)一般禁令八:未经许可、不存在许可例外或未经特别授权时,禁止出口或再出口时途经指定国家或地区。(9)一般禁令九:禁止违反根据 EAR 发行或成为 EAR 组成部分的许可或许可例外的条款、条件和命令。(10)一般禁令十:禁止在得知已经或即将违反管制规定的情况下继续从事出口等行为。

一般禁令一、二和三是受 CCL 和国别表中指定的参数影响和限制的产品控制,一般禁令四至十是禁止未经美国商务部产业安全局许可或授权进行的某些活动,适用于受 EAR 管制的所有物项,除非另有规定。十个一般禁令内容丰富,既涉及出口、再出口行为,也涉及其他禁止行为,既包括美国原产物项,也包括具有美国成分或技术、软件的产品。但这部分内容并非独立展开,而是包含对 EAR 中其他部分内容的交叉引用,从而进一步拓宽一般性禁止条款的管辖广度。

2. EAR 一般性禁止条款的变化情况

第一,EAR 一般性禁止条款修订的依据。EAR 在管控范围和管控措施上随着时间变迁和政策需求而多次修正,EAR 一般性禁止条款也随着美国国家安全、外交政策和经济发展等利益的考量而在不断变化。2018 年 8 月出台的《2018 出口管制改革法案》,取代 EAA 和 IEEPA 成为 EAR 的上位法,也成为修订 EAR 一般性禁止条款的根据。

第二,EAR 一般性禁止条款 2020 以来变化情况。2020 年以来,涉及 EAR 一般性禁止条款的变化尤为明显。2020 年 4 月 28 日,BIS 对 EAR Part744 进行修正,以扩大对中国军事最终用途和军事最终用户的物项的出口、再出口和转让(国内)的许可要求。具体而言,该修正内容在军事最终用途之外,将对物项的许可要求扩展到军事最终用户,并重新定义军事最终用途,将其从纳入任何"军事物项"的物项扩大到为其运行、安装、维护、修理、检修、翻新、开发或生产提供帮助的任何物项。这关系到 EAR 一般性禁止条款的一般禁令五(未经许可时,禁止将管制物项出口或再出口到 EAR Part744 禁止的最终用户或最终用途),通过对最终用途和最终用户的范围扩展,拓宽了此禁令的管辖范围。2020 年 5 月 15 日,BIS 依据 ECRA 行使职权在 EAR Part736(b)(3)(Ⅵ)中增加对部分外国生产的产品的管控措施,形成对一般性禁止条款规定中的一般禁令三(未经许可或不存在许可例外时,禁止将使用美国技术或软件生产的外国产品出口到指定国家)的修正,新增内容为"禁止与实体清单上的实体有关的标准",该新增管控措施基于两个标准适用于外国生产的产品:一是使用美国技术或软件生产的外国产品;二是知悉该外国生产的产品将运往实体清单中列出的指定实体。具体而言,在无许可或许可例外时,禁止将使用美国技术或软件生产的外国产品出口、再出口或在国内转让到实体清单上的任何实体,一旦违反此新增规定,则该出口物项和行为就将受到 EAR 的制裁。与此同时,BIS 再次更新了实体清单内容,将华为及其 114 个非美国分支机构列入实体清单,有针对性地阻止华为获取使用美国软件和技术制造的半导体产品。结合此前 BIS 多次在实体清单增加实体的行为,此次修正将一般性禁止条款规定和实体清单直接关联,从而更好地对实体施加影响与控制。

3. 一般性禁止条款的内容解读

第一,一般性禁止条款的分类。EAR 一般性禁止条款中的十大禁令,可以分为"物项禁令"和"行为禁令"两类。物项禁令,包括一般禁令一、二、三,内容涉及任何位于美国的物项、美国原产物项、含有美国成分的外国物项以及使用美国技术或软件生产的外国物项,这些物项主要由 CCL 和国别表规定的内容决定和限制。其中,任何位于美国的物项和无论所在何处的美国原产物项都将受 EAR 管辖,适用 EAR 一般性禁止条款的一般禁令一;含有美国成分的外国物项受最低比例规则(De Minimis Rules)约束,在物项中并入、绑定、混合美国的产品、技术和软件,且美国物项成分价值超过一定比例时将受到 EAR 的管辖,并适用一般性禁止条款的一般禁令二;使用美国技术或软件生产的外国物项当满足"使用美国技术或软件""非美国产品"和"目的地"三个要件时,适用一般性禁止条款的一般禁令三。[①]

行为禁令包括一般禁令四到十,内容为未经 BIS 许可或授权的行为,这些行为可以与受 EAR 约束的所有物项匹配,除非另有规定。具体可以分为:(1)出口或再出口行为:将管制物项出口或再出口到被禁止的最终用户、最终用途或禁运的指定国家,适用一般性禁止条款的一般禁令五、六。(2)途经行为:禁止出口或再出口时途经指定国家或地区,适用一般禁令八。(3)违反行为:包括从事拒绝令所禁止的行为,适用一般禁令四;美国人违反规定从事扩散性活动的行为,适用一般禁令七;违反 EAR 中的许可或许可例外的条款、条件和命令的行为,适用一般禁令九;在已知违反规定情况下继续出口等行为,适用一般禁令十。

第二,一般性禁止条款的审查步骤。EAR 一般性禁止条款通过规定的步骤对符合管辖范围的物项或行为进行逐步审查,审查步骤与禁令的顺序和内容相关联。第一步,依托 CCL 的相关条目中对项目自行分类或申请 BIS 帮助分类,正确分类是适用 EAR 一般性禁止条款进行审查并确定能否获得许可的逻辑起点。第二步,明确最终目的地,针对不同目的地国家/地区,存在不同的禁令和许可例外。第三步,查明管控原因,结合 CCL 上的 ECCN 和国别表,来确定是否需要根据一般禁令一、二或三申请许可证。ECCN 和国别表都存在适用例外,ECCN 的适用例外是受 EAR 约束但不受 CCL 约束的项目,对此分类为EAR99,此类项目可跳过下面两步骤。国别表的适用例外是因供不应求而受控的物项和受禁运或其他特别管制规定约束的目的地,包括古巴、伊朗、朝鲜和叙利亚。第四步,明确物项是属于美国原产物品、含有美国成分的产品还是使用美国技术或软件的外国产品,在这一步中,归类不同将直接导致其归属的禁令不同。第五步,查明是否属于剥夺出口特权的人,一旦被剥夺出口特权,也将不享有许可例外,只有获得 EAR 的特定授权才能重新出口,但这种授权很少得到批准。第六步,审查最终用途和最终用户,包括对美国原产物项、含有美国成分物项出口或再出口以及对使用美国技术和软件的物项再出口的最终用途和最

---

① 参见冯亚茹:《特朗普政府对华经济政策研究》,吉林大学 2021 年博士学位论文。

终用户。第七步,明确是否属于禁运国家和特殊目的地,一旦出口目的地是古巴、伊朗、伊拉克、朝鲜或叙利亚等,需要满足受到禁令的特别要求,除非出口、再出口物项为 EAR 范围外的公共技术和软件或其他物项,或者是获得许可例外。第八步,审查被禁止的美国人从事扩散性活动,此项活动内容不仅包含出口和再出口,还扩展到支持特定扩散活动的服务和完全外国来源的物品交易,并且不限于 CCL 中列出或 EAR99 中包括的物品。第九步,对在途行为的审查,以确保出口或再出口时未途经指定国家或地区。第十步,查看交易所涉及的 EAR 命令、条款和条件,只有在满足这些施加的命令、条款和条件,才能获得与使用给定的许可证或许可例外。第十一步,审查是否发生违反已知的行为,EAR 一般性禁止条款禁止任何人在知道已经发生或即将发生违反 EAR 行为的情况下进行交易以及相关的航运、融资和其他服务行为。

总体而言,通过 EAR 一般性禁止条款获得许可主要由分类、最终用途、最终用户、最终目的地和行为五个方面决定。如果出口、再出口行为不符合一般性禁止条款中的任何一项,则无须 BIS 的许可和 Part740 中的许可例外,也将不受 EAR 的其他约束。

第三,一般性禁止条款的设置目的。出于国家安全、外交政策、不扩散大规模毁灭性武器和其他利益,《美国出口管理条例》得以制定并运用。一般性禁止条款是《美国出口管理条例》的重要组成部分,在其中发挥着承上启下的作用。当得知物项或行为受制于 EAR 管辖范围后,需要通过一般性禁止条款明确 EAR 的具体要求,根据规定的十个禁令的具体内容来确定是否需要申请许可,或是否存在许可例外,适用不同禁令意味着将存在不同结果。

(三) EAR 许可例外制度

《美国出口管理条例》许可例外制度,适用于当出口或再出口的物项受到一般性禁止条款的约束,本应申请出口许可证,但因存在某些条件而无须申请许可证即可出口或再出口的情形。美国商务部产业安全局(Bureau of Industry and Security,简称 BIS)近年来对多项许可例外进行修订,我国 5G 企业应当就许可例外的存在和变化积极做好应对。

1. EAR 许可例外制度的内容梳理

(1) 许可例外的分类

EAR 许可例外制度针对不同国家、不同物项、不同用户与用途适用不同的许可例外,形成多种许可例外类别,这些内容被具体规定在 EAR Part740 中,以满足疏密有致、层次分明的管控需求。

第一,针对不同国家的许可例外。EAR 许可例外制度中针对不同出口目的国规定了不同的许可例外,形成 A、B、D、E 四个"国家组"。其中,A 组国家为特定的国际多边机制成员,多为美国战略合作伙伴,与美国关系最为亲密,适用的许可例外有"战略贸易许可"(STA),适用于向特定国家出口再出口软件源代码和技术等指定物项、"允许的其他再出口"(APR),适用于出发地或(和)目的地是 A 组国家的再出口。B 组国家是未明确规定限制许可例外适用之受控原因的国家,它们与美国的亲密程度仅次于 A 组,适用的许可例外有"发货限额"(LVS),适用于 CCL 中具有价值限额的商品的出口再出口、"向 B 组国家出货"(GBS),适用于相关物项向 B 组国家的出口和再出口、"受控技术和软件"(TSR),适用于将相关技术和软件的出口再出口。C 组为保留组。D 组和 E 组国家是因特定原因而限制适用许可例外的国家,D 组为受关注的国家和地区,我国位于这一分组,这一组中适用的许可例外原本有"民用最终用户"(CIV),在 2020 年 4 月已被取消。E 组则是支持恐怖主义或单边禁运的国家,其管控最为严格。适用的许可例外有"农产品"(AGR),适用于原产农产品出口再出口至古巴、"消费者通信工具"(CCD),适用于相关消费者通信工具出口再出口至古巴或苏丹、"支持古巴人民"(SCP),适用于用于改善古巴人民生活条件、经济活动、信息流通等目的物项的出口再出口。每一国家所在的组别并非单一或永久不变的,针对不同国家的出口或再出口,需要在结合国家组、对应许可情况或最终用户管控情况进行把握。

第二,针对不同物项的许可例外。针对不同物项,尤其是不同技术和软件,EAR 存在不同的许可例外。其中,计算机(APP 许可例外)适用范围为商品计算机的电子组件和专用部件以及专门为计算机"开发""生产"或"使用"的技术和软件。许可例外"不受限制的技术和软件"(TSU)适用于操作技术和软件的出口或再出口、销售及升级。许可例外"加密商品、软件和技术"(ENC)适用于特定加密商品、软件和技术的出口、再出口和国内转移。

第三,针对不同用户与用途的许可例外。针对不同用户与用途中的不同许可例外有:许可例外"政府、国际组织、《化学武器公约》下的国际核查、国际空间站"(GOV)适用于国际核保障措施下的出口、向美国政府机构或人员和国际组织的出口、向禁止化学武器组织及其进行的国家核查的出口或再出口、向国际空间站保障所需的出口或再出口。许可例外"礼物包裹和人道主义捐赠"（GFT）适用于个人向位于任何目的地的个人、宗教、慈善或教育组织（受赠人）捐赠的出口和再出口，以供受赠人或受赠人的直系亲属使用。许可例外"行李"（BAG）适用于短期（旅游）或长期（移居）离开美国的个人，以及出口、再出口物项运载工具的机组人员以行李方式携带的商品、软件和特定技术。许可例外"临时进口、出口、再出口或国内转移"（TMP）适用于各种临时出口或再出口、暂时在美国物项的出口或再出口以及测试软件的出口或再出口。许可例外"设备及零部件维修和更换"（RPL）适用于零件、组件、配件以及附件的一对一替换相关的出口和再出口，还适用于将 EAR 管辖的物项替代根据《武器出口管制法》许可出口或再出口的国防物项。许可例外"飞机、船只及航天器"（AVS）适用于临时停靠美国的外国民用飞机和临时停靠外国的美国民用飞机从美国离开、出口在船只或飞机上永久使用的设备和备件、向美国或加拿大注册的船舶或飞机，以及美国或加拿大航空公司的设施或代理的出口、临时停靠古巴的飞机或船只上货物的出口或再出口、用于基础研究的航天器和相关部件的出口。

（2）许可例外制度的应用步骤

EAR 许可例外制度的应用有其规范步骤，在出口或再出口的物项受 EAR 管制情况下无须申请许可证。具体步骤为：

第一步，明确一般性禁止条款的适用性，只有当出口或再出口受到一般性禁止条款一般禁令的限制时，才需要具体应用许可制度。反之，若无一般性禁止适用于出口或再出口，则不用关注有关许可例外的规定。第二步，梳理许可例外的限制，EAR 许可例外制度中存在对许可例外规定的多项限制，一旦这些限制得以适用，就将阻止许可例外的功能发挥。第三步，查看许可例外的条款和条件，当许可例外的若干限制均不适用时，需要逐个查看许可例外条款以确定其允许出口或再出口，这取决于物项、目的地国家/地区、最终用途和最终用户，以及特定许可例外中的特殊条件。第四步，明晰许可例外范围，某些许可例外受到不同国家或不同类型物项等因素的限制。第五步，遵守许可例外的条款和条件，在可用的前提下继续应用许可例外，需要满足其要求的所有条款和条件。第六步，进行许可申请，如果没有可用的许可例外，那么必须在继续进行出口或再出口之前获得许可，即向 BIS 提交许可证申请，否则将无法进行出口或再出口，在此之前，需要查看 EAR Part748 的具体要求。

在适用许可例外制度时需要明确的是，当出口或再出口受到一般性禁止条款中的一般禁令一、二、三的约束,适用 EAR Part740(许可例外);当出口受到一般禁令五(最终用户或最终用途)的限制,将适用 EAR Part744(管控政策——基于最终用户和最终用途);当出口或再出口受到一般禁令六(禁运)的限制,将适用 EAR Part746(禁运及其他特别管控);而当出口或再出口受到一般禁令四、七、八、九或十的限制,则不存在许可例外。

（3）许可例外的限制

一般情况下,对于一项许可例外,在满足其指定的要求后即可进行出口或再出口,但出于下述特定条件,EAR 许可例外制度还针对所有的许可例外规定了限制情形,当达到这些限制条件时,将不能适用相应许可例外。主要包括:第一,许可例外变化。所适用的许可例外基于一定原因被暂停、撤销、改变,所进行的出口不再符合许可例外的条件,这些变化可由 BIS 在未经事先通知程序下做出。第二,物项限制。具有特殊用途的物项,许可例外制度规定了相应的限制,包括因导弹技术原因受控的物项、军事物项、反恐维稳物项、犯罪控制所需的探测或图像增强技术和软件等。第三,目的地限制。当出口或再出口的目的地为被制裁、有限制裁的国家或地区以及部分指定地区,适用的许可例外将受到限制,受制裁目的地例如伊朗、朝鲜,有限制裁目的地例如俄罗斯,其他目的地例如伊拉克等。

2. EAR 许可例外制度的变化梳理

（1）近年来 EAR 许可例外制度的变化情况

为契合国家出口管制需求和突出许可例外制度特征,近年来,BIS 针对 EAR 多项许可例外规定作出修改。2017 年 11 月 1 日,BIS 根据现有理解和实践阐明"政府、国际组织、《化学武器公约》下的国际核查、国际空间站"(GOV)和"战略贸易许可"(STA)两个许可例外,新增对"承包商支持人员""临时许可"等内容的说明注释。此次修订意在为许可例外的适用提供足够的指导,而非修改许可例外的要求。2019 年 6 月 5 日,BIS 修改许可例外"飞机、船只及航天器"(AVS),取消了临时停靠的非商业飞机、客运和休闲船向古巴出口或再出口的资格,以支持特朗普政府限制非家庭因素前往古巴旅行的政策。2019 年 10 月 21 日,BIS 再次修改许可例外 AVS,并同时修改许可例外"支持古巴人民"(SCP),以限制向古巴的出口再出口。在 AVS 中,如果飞机和船只是由古巴国民或恐怖主义国家赞助商租借或租赁的,则不符合此许可例外条件。在 SCP 中,取消和限制古巴政府获得某些支持。通过修改,进一步限制古巴政府使用

受 EAR 管制的物项,从而支持美国政府的国家安全和外交政策决定。2020 年
4 月 28 日,BIS 修改 EAR,基于对相关国家的民用和军事技术开发日益融合的
现状及趋势,取消许可例外"民事最终用户",要求原本可获得许可例外的国家
就 CCL 上的国家安全管制物项申请许可证。这一修改将使美国政府获得根据
CCL 上针对国家安全管制物项的相关规定,在出口、再出口、国内转移方面进行
审查管控,从而保护国家安全利益。同日,BIS 对许可例外"允许的其他再出口"
(APR),将 D:1 组国家或地区排除在 APR(a)所述国家安全管控物项合格目的
地类别,并要求对此组别国家或地区使用许可证,以进行再出口的事前审查,以
推进美国国家战略中研讨的目标。

（2）EAR 许可例外的变化特征

纵观近年来 EAR 许可例外的变化,可将其变化特征总结为:第一,军民分
离。即将军用和民用物项的出口许可进行严格区分,在军民融合趋势下视为军
用。第二,用途受限。即对许可例外所对应的物项的用途限制加强,以防止美
国国家利益和出口管制目的受到损害。第三,技术控制。即许可例外的变化越
来越针对高新技术,如被取消的许可例外 CIV 在过去适用最普遍的是半导体
行业。

（四）EAR 实体清单

《美国出口管理条例》实体清单,是美国对外进行出口管制的最高级别制裁
清单。近年来,被列入 EAR 实体清单的我国实体的数量不断增加,表明美国对
我国的出口制裁力度不断加大,而实体清单上高科技实体的增多,也对我国 5G
产业的发展产生影响。

1. EAR 实体清单的出台背景

在美国单方定性中美战略竞争关系的背景下,中美关系越发紧张复杂。美
国加剧针对我国的出口管制态势,实体清单的内容即是明显体现。美国商务部
产业安全局根据 EAR 对物项实施基于最终用户和最终用途的出口管制,规定
在 EAR Part744 中,自 20 世纪 90 年代起,针对最终用户的管制不断加强,并以
制定和公布名单的方式加以配合,这类名单包括被拒清单(Denied Person)、实
体清单和未经证实的清单(Unverified List,UVL),被列于不同名单的实体受到
的管制程度也均不相同。其中,实体清单于 1997 年被首次制定并不断修正,被
列入实体清单而受到管制的国外企业、机构、个人,将在从美国进口物项时受到

特别审查,相关出口商在未获许可情况下不得向列入清单的实体出口、再出口或国内转让受 EAR 管辖的任何物项。

2. EAR 实体清单的主管机构

根据《美国出口管理条例》规定,实体清单内容的更新和修改由最终用户审查委员会(End-User Review Committee,ERC)负责。该委员会由美国商务部、国务院、能源部以及财政部的代表组成并由商务部主持,通过多数同意决定是否将实体添加到实体清单中,以及通过全体一致同意决定是否删除或修改实体。ERC 的任何成员机构都可以向商务部提交提案,以增加、删除、修改实清单上的实体。对于提案,所有成员机构需要在 ERC 分发后的 30 天之内进行投票表决。如果任一成员机构对投票结果有意见,则该机构可将意见上报出口政策咨询委员会(Advisory Committee on Export Policy,ACEP)。若对 ACEP 的处置决定不满意则可上报给出口管理审查委员会(Export Administration Review Board,EARB);若对 EARB 的处置决定不满意则可上报给美国总统。当 ERC 决定在实体清单上添加或修改实体时,需要在 EAR 上寻求依据。如果 EAR 中的依据未明确规定许可要求、许可证申请或许可证例外情况,则由 ERC 指定相关许可规范应用到涉及该实体的出口或再出口。被列入清单的实体可以向 ERC 提出要求,要求将其从实体清单中删除或修改,由商务部将请求提供给所有成员机构进行审核并表决,ERC(或 ACEP 或 EARB 或总统)的决定为最终决定,即不得根据 EAR Part756 提出申诉。

3. 被列入 EAR 实体清单的原因

当实体被认定已违背或极有可能违背美国国家安全或外交政策利益时,就可能会被列入实体清单,具体原因规定在 EAR Part744.11(b)中,包括:(1) 支持从事恐怖行为的实体。(2) 提升被美国国务卿认定为多次支持国际恐怖主义行为的政府军事能力的实体。(3) 以违背美国国家安全或外交政策利益的方式转让、发展、服务、维修或生产常规武器,或通过提供零件、技术、资金来促成此类转让、发展、服务、维修或生产的实体。(4) 通过阻止访问、拒绝提供信息或提供虚假信息等指定方式阻止 BIS 或国务院国防贸易管制局(Directorate of Defense Trade Controls of the Department of State,DDTC)或其代表进行的最终用途检查的实体。(5) 实施可能违反 EAR 行为且 ERC 认为需要对该行为进行事先审查或拒绝许可的实体。

4. 被列入 EAR 实体清单的后果

当一个实体被列入 EAR 实体清单后,包括美国在内的全球企业如果要和其进行涉及 EAR 管辖物项的交易时,需要向 BIS 申请许可,这些出口、再出口和国内转让规定了额外的许可证要求且限制大部分的许可证例外。针对实体清单上不同的实体所属国家或地区,基于国家安全和外交政策的考虑,EAR 规定了相应的许可证审查政策,且多为"推定拒绝"。这意味着,绝大部分的此类交易将会被禁止,除非有绝对充分证据能够将实体排除出实体清单。实体清单上的实体及与其进行交易的出口商一旦违反 EAR 的管控限制,可能将承担相应的民事、行政以及刑事责任。企业将面临罚款,其高管及员工可能受到出行限制,触及刑事责任的企业高管还将承担被美国执法机构追究刑事责任的风险。如果高管出现在与美国签订引渡协议的国家和地区时,将会被美国政府引渡。此外,列入实体清单的实体的国际结算业务也将会受到贸易合规性审查,国际银行机构可能会拒绝为受到制裁实体提供金融服务。

5. 被列入 EAR 实体清单的我国实体

(1)我国实体被列入 EAR 实体清单的情况梳理

EAR 实体清单是美国出口管制方面的"黑名单"。出口商在向清单内的实体出口、再出口或转让 EAR 中所列的物项及技术时需要申请许可证,并将接受标准更为严格的出口审查。随着中美贸易战的加剧和我国经济与科技的快速发展,我国被列入实体清单的企业、机构和个人不断增多。截至 2020 年 7 月,EAR 实体清单上的我国实体已超过 300 个。近年来,BIS 已多次在实体清单上新增我国实体。2019 年 5 月 16 日,ERC 以向伊朗出口的理由将我国华为公司及其位于 26 个目的地 68 个非美国子公司纳入实体清单。2019 年 6 月 24 日,ERC 以"支持中国军方现代化"的理由将我国 5 个实体添加到实体清单中,这些实体主要参与我国的超级计算机项目。2019 年 8 月 14 日,ERC 以"获取美国先进核技术和材料用于中国的军事用途"的理由将我国 4 个核电实体添加到实体清单。2019 年 8 月 19 日,ERC 以"代表华为行事"的理由将我国华为公司的 46 家非美国关联公司纳入实体清单。2019 年 10 月 9 日,ERC 以"涉嫌侵犯人权"的理由将我国 28 个实体添加到实体清单,其中有 8 个为技术企业。2020 年 6 月 5 日,ERC 以"涉嫌侵犯人权"的理由将我国 9 个实体添加到实体清单,同时以"与中国军方和军事活动相关"的理由将我国 24 个实体添加到实体清单中。2020 年 7 月 22 日,ERC 再次以"涉嫌侵犯人权"的理由将我国 11 个实体添加到实体清单中。

（2）我国实体被列入 EAR 实体清单的情况分析

美国接连将我国实体纳入 EAR 实体清单的进程，呈现出以下特征：第一，在管制原因方面，美国以维护国家安全和外交利益等为由对华进行出口管制，在名义上多以为"涉嫌侵犯人权"提供技术支持和与军事相关的理由将我国实体列入 EAR 实体清单。第二，在实体类型方面，列入实体清单中的实体包括企业、机构和个人，主要是生产高新技术产品或为高科技领域供应链服务的企业，如华为、中兴等，以及我的科研院所，主要是我国的高等院校和研究机构。第三，在管制领域方面，从列入实体清单中的我国企业和机构的产品与业务类型可以发现，技术领域是实体清单关注的重点领域。传统限制领域中核能领域是重中之重。而近年来，实体清单对我国的限制领域不断转向高新技术企业。第四，在管制措施方面，为防止技术外泄，主要通过对高新技术原材料加以控制，以控制材料、设备、组件、零件的出口来达到管制目的，如对芯片的出口管制就对我国 5G 企业造成极大影响。

（五）EAR 许可证申请规则

许可证申请，是《美国出口管理条例》程序性监管的重要内容之一。EAR 许可证申请有其特定的流程规范和审查要求，在内容上还有和我国相关的特别规定。无论是否受 EAR 管制的我国 5G 企业，都需要就许可证申请规则积极做好应对。

1. EAR 许可证申请的前提

EAR 确定了包含物项和行为在内的宽泛的管辖范围。当交易受制于 EAR 时，需要根据 EAR 一般性禁止条款的十项禁令来确定是否需要申请许可。当物项或行为不在 EAR 管辖范围中，或属于管辖豁免的特殊物项时，则无须申请许可证。而属于本应申请出口许可证的交易，但是因为存在某些条件而满足许可例外的情况下，也可免除申请许可证。在排除上述特殊情形，受制于 EAR 管辖范围且适用一般性禁止条款时，需要申请许可证才可进行出口或再出口，若是没有申请到许可证就进行交易，将受到相应的处罚。

2. EAR 许可证申请的流程

EAR 许可证的申请有一定流程。首先，是申请人的明确，包括在普通出口交易、指定路线出口交易和再出口交易中的申请人。在普通出口交易中，只有在美国境内的出口商才能申请从美国出口物项的许可证。该出口商是美国的主要利益主体,有权确定和控制将物项运出美国,但有加密许可协议的除外。在指定路线出口交易中,美国利益主体或外国利益主体正式授权的美国代理人可申请从美国出口物品的许可证。代理人代表外国利益主体申请许可证时,在提交申请前,必须取得外国利益主体的授权委托书或者其他书面授权。在再出口交易中,申请人为美国或外国利益主体,以及外国利益主体正式授权的美国代理人,在提交申请之前,代表外国利益主体的代理人必须获得外国利益主体的授权书或其他书面授权,除非双方存在所有、控制或从属关系。

其次,是申请书的提交。所有许可证的申请必须通过美国商务部产业安全局的简化网络申请处理系统(Simplified Network Application Processing System,SNAP-R)提交,除非 BIS 同意通过多用途申请表等纸质表格提交,且只能使用原始纸质表格,不接受传真或复制品。在申请中当事人负有披露义务,许可证申请人必须披露交易各方的姓名和地址。当申请人是利益相关的外国当事人的美国代理人时,申请人必须披露代理关系的事实以及代理人的姓名和地址。如果是在没有披露相关事实的情况下获得了许可证,则所获得的许可证将被视为无效。

最后,是 BIS 对许可证申请的回应。BIS 只有通过审核包含所有相关事实和以书面或电子方式提交的所需文件的完整申请书,才能给出正式的许可决定。在此过程中,审议许可证申请而获得的信息以及 BIS 获得的其他许可证申请信息,未经批准不得向公众公开。对于许可证申请,可以全部或部分地批准或拒绝,或者直接退还申请。

3. EAR 许可证申请的审查

EAR 许可证申请,由 BIS 和其他政府机构与部门进行审查。在审查特定的许可证申请时,BIS 会对申请以及为支持该申请而提交的所有文件进行完整的分析。除了审查物项及其最终用途外,BIS 还将考虑交易各方的可靠性并审查任何可用的情报信息。BIS 将尽可能做出许可决定而不将许可申请转交给其他机构,但可能会就许可申请与其他美国政府机构与部门进行协商。除 BIS 外,美国国防部、能源部、国务院和军备控制和裁军署有权审查任何根据 EAR 提交的许可证申请,尽管它们有权审查,也可以确定无须审查的许可证申请的类型,并将向 BIS 提供授权委托,以处理这些许可证申请。这些机构有其重点关注领域的许可证申请。其中,美国国防部主要关注出于国家安全和区域稳定原因而受管制的物项以及与加密物项有关的管制,能源部主要关注由于核不扩散原因而受管制的物项;国务院主要关注国家安全、核不扩散、导弹技术、地区稳定等方面受管制的物项;司法部主要关注与加密物项以及主要用于暗中截取有线、口头或电子通信有关物项的管制。

4. EAR 许可证申请的处理

BIS 在收到正确填写的许可证申请后需要立即对其进行登记,时间自输入 SNAP-R 系统起算。如果许可证申请中存在问题,BIS 将尝试联系申请人并予以解决。如若无法联系上,将作出退回申请处理。所有许可证申请需要在 BIS 注册许可证申请之日起 90 日内解决,而申请人同意延期时间、许可前的审查时间、多边审查时间等不计算在内。BIS 在收到申请的 9 日内需要进行初步处理,其他审查机构在收到 BIS 初次转交的 30 日内,需要向 BIS 提供建议,以批准或拒绝许可证申请。许可证申请的拒绝需要以书面形式进行通知,并在通知中说明法定依据和申诉程序等内容。一旦许可证申请得到批准,BIS 可以通过 SNAP-R 系统以电子方式签发许可证,也可以通过纸质方式签发许可证,或者同时通过电子和纸质方式签发许可证。在许可证修改问题上,在对规定的非实质性内容的变更无须向 BIS 申请更换许可证,而在某些情况下,BIS 可授权更改许可证上所列人员的姓名。一般情况下,许可证具有 4 年的有效期限,而出于供应短缺原因受管控的物项的许可证,仅有 12 个月的有效期。申请人在有效期内可要求延期。违反《出口管理法》相关规定时可由商务部部长决定最长 10 年期限的许可证申请的禁止期。

5. EAR 许可证申请中与我国相关的特别规定

(1)中华人民共和国《最终用户和最终用途声明》

在许可证申请过程中,EAR 规定出口到我国的满足相关条件的物项需要提供中华人民共和国最终用户声明(简称声明)。这类物项包括照相机、计算机或 CCL 中有所要求且满足相应价值的物项以及根据具体情况 BIS 要求原本无须提交声明的物项。而以最终收货人和购买者的使用声明代替上述声明、最终收货人或购买者是美国政府机构或我国以外的外国政府及其机构时,则无须提交声明。声明由我国商务部产业安全与进出口管制局安全审查处管理和发布,由进口商和最终用户申请办理,其代表我国政府向出口国政府出具的国际进口证明文件,以证明进口商和最终用户已向商务部承诺进口商品只用于声明的最终用途。未经我国商务部批准,不得转用、转运和向其他目的地再出口。在声明的内容方面,许可证的申请人必须具有提交给 BIS 的声明中的申请供应商或订购商的身份。声明中应当包含进口商和出口商的名称、最终用户和最终用途、进口商的签名和日期等规定内容，并具有中国商务部的印章。声明可以涵盖多个交易订单和项目的许可证申请，但许可证申请中的总量不超过声明所示。声明的有效期可以延续到所有物项装运完成。

（2）授权验证的最终用户

自 2007 年起，美国政府针对中国和印度专门设置了授权验证的最终用户（Authorization Validated End-User，VEU）条款。VEU 条款允许无须申请特定许可证就进行出口、再出口和转让给经过验证的最终用户，授权验证的最终用户资格由实体主动申请，最终用户审查委员会基于实体的交易记录、遵守出口管制情况、现场审查情况、是否具有遵守 VEU 的条件和与美国及外国公司的关系等因素来评估最终用户的资格。出于导弹技术和犯罪控制的原因而受 EAR 控制的物项不在出口到授权用户的物项范围内，且根据 VEU 获得的物项只能用于民用用途，仅在 BIS 授权的情况下才能够进行再出口或转让。

（3）中国香港进出口许可证

EAR 就特定物项的交易需要在许可证申请前提交香港进出口许可证，包括出口和再出口到香港与从香港的再出口两个方面。出口和再出口到香港时，出口商或再出口商在获得 BIS 基于国家安全、导弹技术或核不扩散等原因在 CCL 上控制的物项交易的许可证前，需要获得香港签发的许可证，同样在从香港再出口前，再出口商需要获得香港许可证。在许可证类型上，一类是由香港特别行政区政府根据《香港进出口（战略商品）条例》[*Hong Kong Import and Export（Strategic Commodities）Regulations*]向香港进口商签发的进口许可证副本，内容上包含 BIS 许可证出口或再出口的物项，并在出口或再出口当日有效。另一类是香港特别行政区政府发出的书面声明的副本，该声明可以代替许可证，可以是直接发布给香港进口商的，也可以是向公众公开的书面声明。对于上述两种许可证，需要相关主体保存并提交给美国政府。

（六）最终用户和最终用途的管控

《美国出口管理条例》中基于最终用户和最终用途的管控政策，是对 EAR 一般禁止性条款的一般禁令五（最终用户和最终用途限制）的进一步释义。在内容上可分为基于最终用户的管控政策和基于最终用途的管控政策，主要被规范在 EAR Part744 中。通过最终用户和最终用途管控政策，美国商务部产业安全局可以实现其基于特定国家利益和外交政策的针对相应国家或行业的出口限制。

1. 最终用户和最终用途管控政策的内容梳理

（1）管控政策适用的一般流程

物项最终由谁使用和最终如何使用，是确定许可要求的重要因素。当基于最终用户和最终用途的管控政策在出口、再出口和国内转让时得以适用，需根据适用的内容来明确许可政策并以此审查许可申请。首要的就是对最终用户和最终用途条款进行审视，明确这些政策内容的适用范围，以此确定管控政策中对最终用户和最终用途的限制是否适用于计划的出口、再出口和国内转让或其他活动。一旦匹配，受限的交易就需要按照要求向 BIS 提出许可申请并在获批后才可进行。

（2）基于最终用户的管控政策

最终用户是指在美国出口、再出口或国内转让中使用管控物项的最终机构、组织或个人。EAR 基于最终用户的管控政策主要有：

第一，对违背美国国家安全或外交政策利益的实体的限制。BIS 可能会基于国家安全和外交利益对出口、再出口和国内转让中的许可证要求、许可例外的可用性加以限制，并根据本节中的标准制定许可申请审查政策。这些要求、限制和政策是对 EAR 其他部分规范的补充。主要方式是将实体添加到实体清单中，并在其中列明该实体的许可要求和许可申请审查政策的适用和限制情况，且 BIS 可以在满足规定条件的情况下修改上述限制和审查政策。

第二，对相关行政命令所指定人员的出口、再出口或国内转让的限制。包括第 13382 号行政命令（封锁大规模毁灭性武器扩散者及其支持者的财产）、第 12947、13224 号行政命令（特别指定的全球恐怖分子）、第 13315 号行政命令（封锁伊拉克前政权及其高级官员和其家属的财产，并采取某些其他行动）。对上述行政命令规定的限制均无许可例外可以适用。

第三，对指定的外国恐怖组织出口和再出口的限制。根据美国《移民和国籍法》等法律的相关规定，被认定为外国恐怖组织的实体将在出口和再出口方面受到限制。这在范围上适用于 EAR 管控的任何物项，任何人在未经许可情况下将物项进口或再出口均被认为是违反 EAR 行为。

第四，对指定国家的某些实体的限制。基于最终用户的管控政策对包括俄罗斯的某些实体，以及中国、俄罗斯或委内瑞拉的某些"军事最终用户"实体采取出口、再出口和国内转让的限制。在此项限制中可适用许可例外 GOV 的规定。

第五，对 UVL 中人员的出口、再出口和国内转移的限制。除实体清单外，与基于最终用户的管控政策相关联的清单还包括 UVL，列入此清单的人员实质上还不属于管控政策所描述的最终用户，需要进一步核实以明确其身份，但对列入此清单的出口商、再出口商和国内转让人员在从事交易前需出具 UVL 声明，以表明交易物项的用途。

第六，对受制裁的个人或实体的许可限制。受《1979 年出口管理法》等制裁的个人即使可能适用 EAR 其他部分的许可政策，但 BIS 也依然会拒绝任何出口或再出口许可证申请。同时，出于外交政策的控制目的，BIS 可能对已受到国务院制裁的某些实体强加出口、再出口和国内转让的许可要求，并形成极具机动性的许可政策。

（3）基于最终用途的管控政策

基于最终用途的管控政策，在于限制受 EAR 管控物项的最终使用目的和场景，以避免出口、再出口或国内转让的物项的最终用途损害美国的国家利益。EAR 对基于最终用途的管控政策主要包括：

第一，对某些核最终用途的限制。除了满足 CCL 上指定的物项许可证要求之外，不得将用于某些核最终用途的物项出口、再出口或国内转让到任何目的地。这些核最终用途具体有核爆炸活动、无保障的核反应堆的研究或开发等活动、核燃料循环活动（无论有无保障）等。在上述一般禁止活动之余，BIS 还可通过特别通知或修改 EAR 的方式来增加特定出口、再出口或国内转让的限制。对于此项限制可适用许可例外 TSU。

第二，对某些火箭系统和无人机最终用途的限制。EAR 对包括特定国家的弹道导弹、太空发射器和探空火箭在内的火箭系统和包括巡航导弹、目标无人机和侦察无人机在内的无人机实施出口、再出口或国内转让的限制。并且和某些核最终用途的限制一样，存在特别通知或修改 EAR 的方式来进一步作出限制，但此项限制不适用任何许可例外。

第三，对某些化学和生物武器最终用途的限制。EAR 对受控物项在全球范围内用于设计、开发、生产、储存或使用化学和生物武器的出口、再出口或国内转让进行限制，并在考虑最终用途的具体性质、物项的贡献作用、最终用户的担保情况等因素综合决定限制措施。此项限制也不适用任何许可例外。

第四,对出口到外国船只和飞机或供其使用的限制。除了 CCL 中指定的物品的许可要求外,不得将受 EAR 限制的物品出口或再出口到外国船只和飞机,或供其使用,包括正在运营的船只和飞机或正在建造中的船只。

2. 军事最终用户和最终用途的限制条款解读

EAR 基于最终用户和最终用途的管控政策尤其关注受管制物项的军用限制,内容包括从物项角度和从国家角度的出口、再出口或国内转让限制,并且以保障其国家安全和外交利益的理由针对军用内容多次对 EAR 进行修订。

（1）军事最终用户和最终用途的限制内容

EAR 中规定的"军事最终用户",是指包括陆军、海军、海军陆战队、空军和海岸警卫队在内的国家武装部队和国民警卫队、国家警察、政府情报部门、侦察组织,以及以其行动或功能支持"军事最终用途"的任何实体。"军事最终用途"则是指对军用品的使用、开发和生产以及为其运行、安装、维护、修理、检修、翻新、开发或生产提供帮助。EAR 管控政策对上述军用内容的限制主要体现在:

第一,限制微处理器和相关软件与技术出口、再出口或国内转让到军事最终用途和军事最终用户。除了一般禁止,BIS 还可通过特别通知出口商、再出口商和转让商与修改 EAR 的方式进一步加强对军事最终用途和军事最终用户的技术限制。在此项限制下,将不适用许可例外及无须许可（No License Required,NLR）。

第二,以单独款项规定对中国、俄罗斯和委内瑞拉的军事最终用户和军事最终用途的限制。除 CCL 中规定物品的许可证要求外,不得将 EAR Part744 附录 2 规定的物项进行出口、再出口或国内转让。物项主要包括化工类材料、电子产品与计算机相关设备与组建、电信设备等。在此项管控中,也可通过采取特别通知与修改 EAR 的方式进一步加强限制,但可以适用许可例外 GOV。

（2）军事最终用户和最终用途的修改内容

2020 年 4 月 28 日,BIS 发布对 EAR 中军事最终用户和最终用途的修正内容。该内容于同年 6 月 29 日正式生效,以扩大对中国、俄罗斯和委内瑞拉的军用物项的出口、再出口和国内转让的管控。在此之前,EAR 军事最终用户和最终用途的修正的主要时间节点包括 2007 年 6 月首次提出对中国的军事最终用途控制,2014 年 9 月和 11 月分别开始对俄罗斯和委内瑞拉进行军事最终用途和最终用户控制。时隔多年后的本次修正,最终形成了现有的军事最终用户和最终用途条款内容。此次修正建立在 2017 年 12 月发布的《美国国家安全战略》（*National Security Strategy of the United States of America*,NSS）背景之下,NSS 认为中俄两国正在挑战美国的影响力和利益,企图破坏美国安全和繁荣,利用经济发展自身军事力量,并支持委内瑞拉的"独裁统治"和进行武器销售。基于此,对商业管制中涉及中国、俄罗斯和委内瑞拉的军事最终用户和最终用途的某些项目的出口、再出口和国内转让加以限制。

此次军事最终用户和最终用途的修改内容,主要包括两个方面:一方面,在原有的军事最终用途定义上扩大其范围,将军事最终用途从军事用品的直接使用和间接使用(开发和生产)拓展到为军用品的运行、安装、维护、修理、检修、翻新、开发或生产提供支持或协助的物项,并扩充 EAR Part744 附录 2 的物项种类,新增电子产品、电信设备、信息安全等技术性物项内容。另一方面,在考虑中国广泛的军民融合背景后,首次将中国军事最终用户纳入管控范围,一旦物项出口、再出口至中国军用最终用户,此次交易就将受到 EAR 的出口管制。

四、欧美涉 5G 安全的其他法律、政策文件及技术标准

(一) 欧盟

1. 网络安全法律建议

自 2013 年来,欧盟出台了一系列与 5G 相关的指令和决议。2013 年 8 月 12 日,欧洲议会和理事会出台关于攻击信息系统和取代理事会框架决定 JHA 2005/222 的 EU 2013/40 指令;2013 年 12 月 11 日,欧洲议会和理事会出台第 1316/2013 号条例:建立连接欧洲的设施,并修订(EU) No 913/2010 和废除(EC) No 680/2007、(EC) No 67/2010 条例。2016 年 4 月 27 日,欧洲议会和理事会出台关于处理个人数据和数据自由流动的保护自然人的(EU)第 2016/679 号指令,并废除 95/46/EC 指令的《通用数据保护条例》。2016 年 7 月 6 日,欧洲议会和理事会出台关于全联盟网络和信息系统高度共同安全保障措施的(EU) 2016/1148 指令。2016 年 9 月 14 日,欧盟委员会发布《5G 行动计划》[COM(2016)0588]。2017 年 6 月 1 日,欧盟委员会通过关于增长、竞争力和凝聚力的互联网连接的决议《欧洲:千兆社会和 5G》。2017 年 9 月 13 日,欧盟委员会通过关于欧洲议会和理事会对欧盟网络与信息安全局(ENISA)监管和废除(EU)526/2013 条例的提案,以及信息和通信技术网络安全认证的《网络安全法案》[COM(2017)0477]。2018 年 6 月 6 日,欧盟委员会通过关于欧洲议会和理事会建立 2021—2027 数字欧洲计划[COM(2018)0434]规定的提案。2018

年9月12日,欧盟委员会通过关于建立欧洲网络安全工业、技术和研究能力中心以及国家协调中心网络[COM(2018)0630]的规定。2018年12月11日,欧洲议会和理事会出台关于制定欧洲电子通信规则的(EU)2018/1972指令。2019年3月5日,欧盟理事会批准了《关于建立欧盟外国直接投资审查框架的条例》,该条例首次在欧盟层面建立起统一的外资安全审查框架,使得非欧盟企业对欧投资面临更加严密的审查网络。

2. 5G相关政策与技术标准

2015年,欧盟正式公布5G合作愿景(EU Vision for 5G Communication),力求确保欧洲在下一代移动技术全球标准中的话语权。2017年发布的《网络与信息安全指令》和2018年发布的《欧洲电子通信守则》要求成员国针对5G网络和相关基础技术的安全保障尽快制定国家战略,明确战略执行机构、风险评估计划、应急处置措施和部门协作机制等。2019年3月,欧盟批准生效《网络安全法案》,赋予ENISA一项重要任务,即推动建立欧盟首个统一的网络安全认证制度,该认证将适用于欧盟市场的所有信息通信设备、服务和流程(包含5G)。欧盟委员会还通过了《5G网络安全建议》,呼吁欧盟成员国完成国家风险评估并审查国家安全措施,并在整个欧盟层面共同开展统一风险评估工作,同时就一个通用的缓解措施工具箱进行商议。① 2019年10月,欧盟遵循《信息技术-安全技术-信息安全风险管理》(ISO/IEC27005:2008)中的风险评估方法,分析了5G网络的主要威胁和威胁实施者、受威胁的资产、各种脆弱点以及战略风险,发布《欧盟5G网络安全风险评估报告》。2020年1月29日,欧委会通过欧盟5G安全工具箱,通过一系列战略和技术措施解决《欧盟5G网络安全风险评估报告》中所有已识别出的风险。

(二)美国

2018年9月,美国联邦通信委员会(FCC)发布了"5G加速计划",主要从频谱资源投入、基础设施建设、修订法规三个方面提出了促进5G发展的举措。2018年10月,美国白宫发布《关于制定美国未来可持续频谱战略的总统备忘录》,提出"美国必须率先实现第五代无线技术(5G)"。2018年12月,美国国际战略研究中心(CSIS)发布《5G将如何塑造创新和安全》报告,指出5G技术将是

---

① 参见卢丹:《欧盟5G网络安全举措浅析》,《中国信息安全》2019年第6期。

下一代数字技术的支柱,将对未来几十年的国际安全和经济产生影响。2019 年 4 月,美国国防部国防创新委员会发布《5G 生态系统:国防部的风险与机遇》,介绍了 5G 发展历程、目前全球竞争态势以及 5G 技术对国防部的影响与挑战,并在频谱政策、供应链和基础设施安全等方面提出了建议。2019 年 5 月,美国联合全球 30 多个国家发布了非约束性政策建议"布拉格提案"。2020 年 3 月,美国白宫发布了《美国 5G 安全国家战略》,正式制定了美国保护 5G 基础设施的框架,阐明了美国要与最紧密的合作伙伴和盟友共同领导全球安全可靠的 5G 通信基础设施的开发、部署和管理的愿景。2020 年 12 月,美国国防部发布《5G 技术实施方案》报告,从技术、安全、标准、政策以及应用合作等方面提供 5G 安全路线图,重点提到计划扩大其在包括 3GPP 在内的标准制定组织中的活动力度。为了响应美国国防部方案,美国国家标准与技术研究院(NIST)设立了"5G 安全演进"项目,并于 2021 年 2 月发布《5G 网络安全实践指南》草案,旨在帮助使用 5G 网络的组织以及网络运营商和设备供应商提高安全能力。

第二节　欧美 5G 安全的发展动态

一、欧盟 5G 安全发展总览

2019 年 5 月,德国波恩大学全球研究中心发布《5G 的地缘政治与全球竞赛》,指出欧洲各国在 5G 竞赛中落后于中美两个领跑者,具体如表 2 - 1 所示。欧盟及其成员国的 5G 战略目标不是赢得比赛,而只是力求在 5G 竞赛中保持竞争力。这也揭示出欧洲 5G 战略的结构性困境,即其 5G 战略主要基于国家层面,欧盟只能扮演一种协调角色。[①]

从全球战略布局看,5G 争夺战已经成为世界主要大国在高新技术领域竞争的焦点,与军事、经济、政治等因素融合趋势明显。对于欧盟来说,在数字时代掌握核心技术已成为其实现"战略自治"不可或缺的因素。其中,5G 网络的建设成为建设数字欧洲的重点领域。[②] 欧盟近期发布一系列旨在确保成员国 5G

---

① 参见波恩大学全球研究中心发布的报告《5G 的地缘政治与全球竞赛》。
② 参见熊菲:《5G 国际发展态势及政策动态》,《中国信息安全》2019 年第 6 期。

表 2 - 1　中美欧 5G 战略对比

	中国	美国	德国	英国	法国
频谱范围	宽泛	宽泛但未落实	中高	中高	中低
启用时间	2020 年商用,2025 年广泛覆盖	2019 年商用,2025 年广泛覆盖	2020 年商用,2025 年广泛覆盖	2020 年商用,2025 年广泛覆盖	2020 年商用,2025 年广泛覆盖
区域覆盖	广泛	中上	中	中	中下
依托部门	公共部门	私人部门	混合	混合	混合
最大优势	政府支持	4G 领导者	引入频段 Sub-3 GHz	网络安全	欧盟地平线
最大挑战	2020 年落地	3 GHz 至 24 GHz 之间缺乏可用频谱	行业承诺	行业承诺	没有 5G 专门资金
战略地位	高	中上	中	中	中下

基础设施处于安全状态的建议,同时也指出了各成员国对供应核心网络设备的供应商进行背景评估的责任,对我国 5G 发展产生了较大影响。具体来说,一是北欧五国充当"先锋",领跑欧盟 5G 发展进程。2018 年,北约推出新战略构想,宣称要在信息通信领域加强合作,推动北欧五国成为世界上第一个 5G 互联地区。二是英、法、德等国家通过密集发布一系列战略,包括《下一代移动技术:英国 5G 战略》《德国 5G 战略》《法国 5G 发展路线图》等,将 5G 研究和发展作为争夺未来工业 4.0 制高点的战略举措。三是欧盟重点突出 5G 的网络安全举措,于 2019 年 3 月公布 5G 网络安全法律建议,要求欧盟成员国在 2019 年 7 月 15 日前向欧盟委员会与欧盟网络安全局提交相关风险评估报告。事实上,不管是法国的《网络空间信任与安全巴黎倡议》,还是 2019 年 5 月初西方国家召开的布拉格大会,欧盟已将 5G 安全设定为抢占全球规则话语权的一张"大牌"。尽管欧洲国家走在 5G 研发领域的前沿,但是,鉴于欧洲"电信业积重难返、通信主管部门偏于保守"的治理模式,欧盟在 5G 方面采取的措施相对更遵循传统,更加注重工业级别的应用。从欧盟颁布的多份政策文件看,欧洲看重的是实用性,聚焦需求更强烈的垂直行业率先示范应用。①

---

①　参见熊菲:《5G 国际发展态势及政策动态》,《中国信息安全》2019 年第 6 期。

（一）发布《5G 网络安全协调风险评估报告》①

2019 年 10 月 9 日,在欧盟委员会和欧洲网络安全局的支持下,欧盟成员国发布了一份欧盟对于 5G 网络安全风险的评估报告。这一重大举措是执行欧盟委员会于 2019 年 3 月通过的安全建议的一部分,该建议旨在确保整个欧盟 5G 网络的高水平网络安全。该报告基于所有欧盟成员国的国家网络安全风险评估结果。报告确定了主要威胁和威胁行为者、最敏感的资产、主要漏洞(包括技术漏洞和其他类型的漏洞)以及许多战略风险。这一评估为确定可在国家和整个欧盟层面实施的缓解措施提供了基础。

该报告识别了大量重要的网络安全挑战,与现有网络相比,5G 网络的主要安全挑战体现在:5G 技术的关键创新、供应商在构建和运营 5G 网络中的角色,以及对单个供应商的依赖性。该报告认为 5G 网络的发布将带来的主要影响有:一是增加攻击面和更多的潜在攻击入口,因为 5G 网络更多地依赖软件,因此产生了很多相关安全漏洞的风险,攻击者可以更容易地插入后门到产品中,并且更加难以检测。二是由于 5G 网络架构的新特点和功能,一些网络组件和功能变得更加敏感,比如基站和网络的关键技术管理功能。三是移动网络运营商对供应商的依赖相关的风险,这会暴露大量攻击者可以利用的攻击路径,并增加此类攻击的潜在影响的严重程度。其中非欧盟成员国和有国家背景的风险是最严重的。四是网络可用性和完整性的威胁成为主要的安全考虑,除了机密性和完整性的威胁外,5G 网络有望成为许多关键 IT 应用的骨干,这些网络的完整性和可用性将成为国家安全的主要威胁,以及欧盟的主要安全挑战。

2019 年 10 月 9 日,欧盟成员国发布的报告不仅强调了安全风险的日益增加,也强调了需要用新的方法来确保电信基础设施的安全。具体内容如下:

欧盟顶住了来自美国的压力,拒绝以国家安全为由抵制中国科技巨头华为作为 5G 供应商,英国等个别成员国也在仔细考虑这个问题。但这份报告指出,5G 面临的风险来自它所谓的"非欧盟国家或国家支持的行为体"——这可以解读为华为的域外市场信号。早在 2019 年 3 月,当欧洲电信行业担忧如何应对美国封锁华为的压力时,欧盟委员会就介入发布了一系列安全建议——敦促成员国在推出 5G 网络时,加强个人和集体关注,以减轻潜在的安全风险。该 5G

① 参见欧盟网络信息安全合作组发布的《5G 网络安全协调风险评估报告》。

网络安全风险评估报告就是在此基础上形成的。报告指出了一些"安全挑战",与现有的网络情况相比,这些挑战"可能在5G网络中出现或变得更加突出",这与大规模使用软件来运行5G网络有关。供应商在建立和运营5G网络中的作用也被视为一项安全挑战。报告指出,要把握好对单个供应商的依赖程度,"不能把鸡蛋放在同一个篮子里",不要把所有的资本都投到5G供应商身上。

具体而言,该报告针对推出5G网络作了如下预测:第一,遭受攻击的风险增加,攻击者将会有更多潜在的切入点。由于5G网络对软件的依赖程度越来越高,与重大安全漏洞相关的风险(例如供应商内部软件开发流程不佳所产生的风险)需要越来越警惕。它们还可以使威胁行为者更容易恶意地在产品中插入后门,难以察觉。第二,由于5G网络架构的新特点和新功能,某些网络设备将变得越来越灵敏,其功能将变得越来越丰富,如基站或网络的关键技术管理功能。第三,移动网络运营商对供应商的依赖相关的风险增加,这将导致更多的攻击路径可能被威胁者利用,从而增加这类攻击潜在的严重性。在各种潜在的参与者中,非欧盟国家或国家支持的参与者被认为是最危险的参与者,也是最有可能针对5G网络的对象。第四,在这种情况下,基础设施供应商增加了更多被攻击的机会,单个供应商的风险状况将变得尤为重要,包括供应商受到非欧盟国家干预的可能性。第五,对供应商过度依赖所带来的风险增加。对单个供应商过度依赖增加了潜在供应中断的风险,例如由于供应商破产所导致的供应中断。它还加剧了弱点或漏洞的潜在影响,以及威胁者可能会利用这些弱点的可能性,特别是在依赖关系中存在高度风险供应商的情况下。第六,网络可用性和完整性的威胁将成为主要的安全问题。除了机密和隐私威胁外,5G网络预计将成为许多关键信息技术应用的支柱,这些网络的完整性和可用性将成为国家安全的主要问题,从欧盟的角度来看,这也是一个重大的安全挑战。

(二) 通过《5G安全法律建议》①

2019年3月26日,在获得欧洲理事会支持后,欧盟委员会通过了《5G安全法律建议》(*A common EU approach to the security of 5G networks*),呼吁欧盟成员国完成国家风险评估并审查国家安全措施,并在整个欧盟层面共同开展统

---

① 参见 *Security of 5G networks：EU Member States complete national risk assessments*，https：//ec. europa. eu/commission/presscorner/detail/en/statement_19_4266。

一风险评估工作,同时就一个通用的缓解措施工具箱进行商议。建议要求:第一,欧盟成员国从国家层面对影响 5G 网络安全的风险进行评估,并采取必要的安全措施;第二,欧盟成员国、相关工会组织和其他机构共同拟订一项以国家风险评估为基础的工会协同风险评估;第三,根据(EU)2016/1148 指令成立的合作小组应确定一系列共同措施,以减轻与支撑数字生态系统的基础设施相关的网络安全风险,特别是 5G 网络安全风险。[①]

为确保整个欧盟的 5G 网络安全,2019 年欧盟委员会发布了共 9 页的《5G 安全法律建议》,从国家层面和欧盟层面分别对 5G 安全提出了政策建议。其中,欧盟建议成员国评估 5G 网络安全风险并加强预防措施。成员国迅速响应,目前,已有 24 个成员国提交了国家风险评估。成员国以及欧盟委员会和欧盟网络与信息安全局制定确保网络安全的策略已确保欧盟共同立场。

1. 风险评估概览

第一,欧盟强调国家风险评估,形成欧盟整体 5G 安全态势。欧盟强调的是风险评估,不仅要求各成员国在 2019 年 6 月 30 日前启动对本国有关 5G 网络安全的相关检测,并要在 7 月 15 日提交至欧盟委员会及其他涉及网络安全的欧盟机构,同时欧盟方面还要建立特别的专家组来综合研判各国的评估结果,形成欧盟整体的 5G 安全态势。第二,国家风险评估的内容包括:影响 5G 网络的主要威胁和参与者;5G 网络组件和功能以及其他资产的敏感程度;各种类型的漏洞,包括技术漏洞和其他类型的漏洞,如来自 5G 供应链的漏洞。第三,国家风险评估涉及的行政决策机构。国家风险评估工作涉及成员国一系列负责任的行政决策机构,包括网络安全和电信机构以及安全和情报机构,需要加强它们的合作与协调。第四,国家风险评估对 5G 网络安全至关重要。欧盟安全联盟专员 Julian King 和数字经济与社会专员 Mariya Gabriel 表示,国家风险评估对于确保成员国为部署下一代无线连接做好充分准备至关重要,而下一代无线连接将很快成为欧盟国家社会和经济的支柱。紧密的欧盟范围内的合作对于实现强大的网络安全和获得 5G 为人们和企业提供的全部利益至关重要。

[①]　参见《欧盟发布〈5G 网络安全建议〉》,《网络安全与信息化动态》,2019 年第 5 期。

2. 主要关注点

第一，关注欧盟在国家层面建议成员国更新网络供应商的现有安全要求。欧盟《5G安全法律建议》中提到，在各成员国完成国家风险评估的基础上，成员国应更新网络供应商的现有安全要求，包括确保公共网络安全的条件，特别是在授予5G频段无线电频率使用权时。这些措施应包括加强供应商和运营商的义务，以确保网络的安全。国家风险评估和措施应考虑各种风险因素，例如技术风险和与供应商或运营商（包括来自第三国的运营商）行为相关的风险。国家风险评估将是建立协调的欧盟风险评估的核心要素。欧盟成员国有权以国家安全为由，将不符合欧盟标准和法律框架的企业排除在市场之外。第二，关注欧盟将完成全欧盟范围内的风险评估，并采用一致的安全措施来应对风险。2019年，欧盟28个成员国中有24个已经完成了评估，并将材料递交给欧盟。下一阶段，各成员国将与EC、ENISA一起，在2019年10月1日前完成全欧盟范围的风险评估。在2019年12月31日之前，领导协调工作的网络和信息系统安全（NIS）合作小组与EC共同牵头制定并商定一整套解决措施，以应对成员国和欧盟层面风险评估中发现的风险。到2020年10月1日，成员国应与EC合作评估已采取措施的效果，从而决定是否需要采取进一步行动。第三，关注欧盟将建立统一的5G网络安全认证框架。在欧盟《网络安全法》（CSA）6月底生效之后，EC和欧盟网络安全机构将建立一个欧盟范围的认证框架，鼓励成员国与EC和欧盟网络安全机构合作，优先考虑涵盖5G网络和设备的认证计划。

欧盟的下一步计划是在2019年12月31日前制定一套由网络和信息系统合作小组商定的缓解措施工具箱，旨在应对国家和联盟层面已查明的风险。到2020年10月1日，欧盟成员国将会与欧盟委员会合作，评估该建议的效果，从而确定是否需要采取进一步行动。这项评估应考虑到统一的欧洲风险评估的结果，以及这些措施的有效性。根据报告，该工具箱的各项措施由前几代移动网络应急办法中的现有安全条例组成，这些应急办法均已通过移动设备制造标准机构3GPP的标准化定义，尤其针对5G网络的核心和接入级别作了标准化定义。报告还称："5G网络运行方式的根本差异同时意味着，目前部署在4G网络上的安全措施可能不完全有效，也不足以减轻已查明的安全风险，其中一些风险需要特有的技术措施来应对。""这些措施的评估将在委员会建议的后续执行阶段进行。这将帮助形成一套均衡有效的风险管理措施工具箱，以减轻成员国在此过程中确定的网络安全风险。"①

3. 持续推进 5G 安全治理的建议

欧盟网络与信息安全局是欧盟的组成机构,致力于在整个欧洲实现高水平的网络安全。欧盟网络与信息安全局成立于 2004 年,它为欧盟网络政策做出了巨大贡献,通过网络安全认证计划提高 ICT 产品、服务和流程的可信度,与成员国和欧盟机构合作,并帮助欧洲做好准备应对未来的网络挑战。通过知识共享、能力建设和意识提高,该机构与其主要利益相关者合作,加强对互联网经济的信任,增强欧盟基础设施的弹性,并最终确保欧洲社会和公民的数字安全。

2019 年,欧盟网络与信息安全局发布 ENISA 5G Threat Landscape 报告,针对 5G 安全提出最新的指导性建议。② 现综述如下:

(1) 欧盟层面:支持成员国合作,确定 5G 标准定义

欧盟必须通过支持成员国之间的进一步合作和信息共享,从而继续促进 5G 网络及其应用的通用安全标准的完善。现有的欧盟 5G 观察站是一个非常重要的平台,用于传播与 5G 相关的内容,以支持欧盟 5G 利益相关者的活动。观察站涵盖了 5G 多个领域的内容,例如 5G 部署状态、市场运行、5G 基础设施发展等。除了信息提供的功能之外,建议观察站扩展收集与网络安全相关的市场信息,例如通过适当的机制更系统地规范 5G 项目的状态,要求利益相关者(例如成员国、单个移动网络运营商等)在实施优先级、服务关键性评估、安全要求等方面的相关工作应得到整合,并将实施效果反馈给 5G 观察站,这是观察站的任务之一。重要的是,需要以一种利益相关者更容易获取的形式提供已开发的计算机电话集成(CTI)。实现这一目标的一种可行方法是通过 5G CTI 存储库提供基于各种标准(即威胁暴露、资产漏洞、攻击类型等)的查询工具。

根据上述建议,各成员国应识别和实施关键的 5G 服务。该行动的主要目标是制订一个安全保障计划,推动对 5G 设备、软件和流程的认证。不论何种情况,各成员国都应遵循基于风险的方法。本报告中提供的 CTI 应在必要时进行调整,并在风险评估和潜在攻击者评估中予以考虑。由于 AI 算法已经在 5G 生态系统中得到了广泛应用,因此建议评估整个 5G 生态系统组件(设备、EPROM、

---

① 参见张桦:《欧盟 5G 网络安全风险评估报告解读及启示》,《网络空间安全》2019 年第 11 期。

② 参见 ENISA 5G Threat Landscape,https://www.enisa.europa.eu/publications/enisa-threat-landscape-for-5g-networks。

软件、传感器等)所遭受的威胁。通过分析相关威胁,需要在 5G 威胁代理分析和识别攻击媒介方面做一些工作。鉴于可用于两个主题的基本信息和处理的可用信息级别(主要是规范级别),虽然此时进行分析还为时过早,但是鉴于有关威胁代理和攻击媒介的更多信息的重要性,相关工作被认为是应对 5G 威胁格局未来计划的优先事项。

(2)企业层面:对 5G 市场利益相关者的建议

从企业的角度来说,对 5G 设备、漏洞和威胁等进行研究可以提高 CTI 的利用率,这个过程可以通过市场分析、利益相关者调查和移动网络运营商的 5G 推广活动评估所确定的优先事项和资产重要性来加以确定。需要对各种 5G 资产的保护进行详细的上限分析。除了组织问题外,迁移或者实施选项仍然需要进行这种差距分析。规范企业主体在发展 5G 项目上的行动可为整个系统的安全提供坚实的基础。尽管如此,最终的安全级别将在很大程度上取决于现实需要。为网络安全制定良好实践和指南是在生成的代码库中维护规范安全级别的重要一步,然而此类指南目前尚存在缺失。为此,企业需要整合各种已发布的 5G 文件(规范、标准化文件、研究项目等)中使用的术语,这将促进对重要安全概念的理解(例如威胁、漏洞、影响、责任、利益相关者等),并将有助于提高企业经营活动的效能。电信领域确实存在一些可操作的通用流程模型和框架,它们涵盖网络管理、供应商和安全保证流程。尽管这样可以为 5G 基础设施提供了一个很好的起点,但它们仍然可能与现实需要存在一定的差距。建议对这些框架进行系统的差距分析,以评估项目可靠性并填补已确定的差距。

总体来说,报告建议将下一步工作重点放在欧盟内各成员国的移动网络运营商即将开展的活动中。通过落实相关建议,逐步明确各阶段目标,并协调与 GDPR、欧盟 5G 安全工具箱等多部已生效法令的关系,各成员国之间也要加强沟通,注重合作,共同推进相关建议的落地。

(三)出台"5G 网络安全工具箱"指导性文件

2020 年 1 月 29 日,欧盟出台名为"5G 网络安全工具箱"的指导性文件,要求欧盟成员国评估 5G 供应商的风险情况,对所谓"高风险"供应商设限。"欧盟5G 网络安全工具箱"是根据欧委会 2019 年 10 月出炉的欧盟《5G 网络安全协调风险评估报告》制定的,分为"战略"和"技术"两大方面。主要措施包括:加强针对网络运营商的安全要求;加强对设备供应商的风险评估,针对高风险供应商采取适当限制,包括将其排除在核心网之外;确保网络运营商采取分散风险战略,避免过度依赖单一供应商;维护多元且可持续的 5G 供应链,一方面充分利用外国投资审查、贸易防御及反不正当竞争等欧盟政策工具,另一方面通过加大项目资金投入增强欧盟在 5G 和未来电信科技领域的自主能力;统筹协调成员国制定统一的 5G 安全标准和认证机制。[①] 文件呼吁成员国利用欧盟项目和资金,进一步提升 5G 和后 5G 技术能力,同时欧盟将协调推动标准化进程,制定欧盟认证项目,推广"更安全的产品和流程"。值得一提的是,文件中并未指出要排除中国企业参与欧洲 5G 网络建设。此外,根据文件列出的时间表,欧盟委员会呼吁成员国在 2020 年 4 月 30 日前采取措施落实文件内容,2020 年 6 月 30 日前欧盟委员会准备就成员国落实情况起草一份报告,2020 年 10 月 1 日前成员国应进行评估,决定是否需要进一步采取行动。[②]

(四) 发布《5G 供应市场趋势》报告

2021 年 8 月 23 日,欧盟委员会发布其委托兰德公司撰写的《5G 供应市场趋势》报告。该报告旨在对 5G 设备和服务供应市场的可能发展路径进行深入分析。具体而言,报告指出尽管欧洲在 5G 试验投资方面处于领先地位,但总体基础设施投资落后于其他地区;分析了可能影响未来 5G 供应市场发展的 8 个关键趋势,以此为基础预测了 2030 年 5G 市场的 4 种潜在场景,并进一步阐述了每种场景可能带来的经济、技术、环境和社会影响。

1. 欧盟 5G 供应市场发展的 8 个关键趋势

一是无线接入网络(RAN)结构为开放和互操作网络提供解决方案。无线接入网络的虚拟化和新无线接入网络架构的开发为在网络中实施开放和可互操作的解决方案奠定了基础。一些倡议已经采用了"Open RAN"模型,旨在用基于开放和模块化接口的体系结构取代连接专有网络硬件和软件的封闭体系结构。开放和可互操作的 5G 网络解决方案可以促进供应商多元化,提高开发速度和竞争力等,但对潜在利益及性能、成本、能源效率、网络安全、供应商多元化等方面依旧存在争议。二是出现新的市场参与者。开放和互操作的网络解决方案正在为 5G 供应市场新的供应商的出现和进入提供条件。新的网络供应

---

① 参见解楠楠、张晓通:《"地缘政治欧洲":欧盟力量的地缘政治转向?》,《欧洲研究》2020 年第 2 期。

② 参见《华为回应欧盟 5G 网络安全工具箱:不怕高标准　就怕没标准》,中国新闻网,2020-2-5.

商的出现可能不仅仅与开放 RAN 有关,同时也存在硬件或软件开发公司成为新供应商的情况。三是欧盟在 5G 市场的公共投资增加。根据国际标准,目前欧洲在 5G 开发方面的研发投资较低。增加研发投资有助于 5G 创新生态系统的繁荣。四是欧洲公共倡议的凝聚力和规模面临挑战。欧洲的政府投资往往集中在国家层面,这为欧洲公共倡议的凝聚力和规模带来了挑战。尽管如此,但欧盟一直都在积极倡导以应对这一挑战,例如 5G-PPP。五是对新参与者的政策支持。为进入 5G 供应市场的新参与者提供资金和金融支持有助于促进 5G 部署,并增加欧洲 5G 供应市场参与者的多样性。六是垂直市场和行业的发展。垂直市场和产业的发展为 5G 的未来应用提供了可能性,并对未来的 5G 供应市场产生了影响。垂直产业正在进行深刻的数字转型,如健康和医疗保健、汽车和运输等行业都对 5G 提出了特殊要求。随着垂直市场和新 5G 应用的发展,创建专用 5G 网络也为现有网络运营商、供应商以及新的集成商提供了新的重要的收入来源。七是 5G 基础设施的网络安全挑战突出。随着 5G 的发展,与 5G 网络相关的安全考虑因素的重要性预计将持续增长。这包括对网络可用性和完整性的威胁、增加的攻击风险或解决与高风险供应商相关的要求。八是 3GPP 规范升级可促进形成 5G 通用标准。3GPP 规范的发布以及标准基本专利的进步可以进一步促进关于通用标准的协议。通用标准反过来也可以为较小的硬件和解决方案提供商或初创企业打开供应市场,并促进 5G 供应市场参与者的多元化。

2. 欧盟 5G 市场的 4 种潜在场景及影响

一是现有企业推动 5G 发展。由于垂直市场对新服务的需求不断增加,现有供应商和移动网络运营商正在协调新的 5G 创新生态系统。被视为存在安全风险的供应商提供的设备仅用于核心网络以外的非敏感区域。针对特定应用程序和特定区域采用开放式 RAN 为现有供应商提供激励机制,以进一步提高其专有解决方案的效率,从而使他们能够在竞争日益激烈的市场中保持竞争力。现有网络设备供应商继续成功运营,但新的设备供应商不断涌现,进一步促进了网络集成,为竞争日益激烈的 5G 开放 RAN 环境做出贡献。这种情景假设现有运营商将在短期内塑造欧洲 5G 的未来发展,并且总的来说反映了开放 RAN 对 5G 供应市场影响的模糊性。一方面,向新参与者开放供应市场以减少对特定供应商的现有依赖的方法被寄予厚望;另一方面,老牌企业正在推动技术设计和标准化进程。

二是 5G 推广步伐缓慢。首先,消费者对价格高昂的 5G 网络提供的更高宽带速度关注度不高,且基于 5G 的工业服务发展缓慢,4G 可提供服务的范围较 5G 更广。其次,欧洲网络安全要求的不一致导致供应商需要遵守的法律具有不确定性,间接增加了 5G 的运营成本。最后,欧盟更新的多供应商战略存在漫长的过渡期。这些因素均阻碍了 5G 的快速推广。在该情况下,市场竞争保持不变,5G 供应市场成本情况也与现状最为相似。但该情形下对 3GPP 和 ORAN 联盟的标准化以及欧洲的整体经济都存在负面影响。

三是开放 RAN 改变游戏规则。在这种情况下,开放 5G 创新平台能够在中长期完全虚拟化的网络上提供高度标准化的服务。现有 MNO 与供应商、垂直行业和新参与者构建了 5G 创新生态系统,新的特定解决方案也正在兴起。开放 RAN 解决方案以较低的成本推动郊区服务,而 MNO 面临着服务于专业领域的新运营商的竞争加速了垂直行业的兴起,这些运营商进入该行业服务于专业领域,这反过来又加速了垂直市场的发展并导致了客户群体的分化。对与垂直行业合作的试点项目强有力的政策支持,推动了新领域的应用。随着对电信系统集成专业知识的需求越来越高,为数字转型提供基于技术的创新的新参与者变得越来越重要。该情形下开放 RAN 的不确定性得到解决,使得该领域新供应商增加且市场竞争激烈。系统集成、网络安全风险、能源效率等问题将成为挑战。这种情况为欧洲垂直行业提供了新的可能性,但也存在风险,例如欧盟的供应商可能会失去市场份额。

四是大型科技公司成为新的 5G 运营商。从长远来看,网络虚拟化以及软件和硬件的分解将改变网络设备、部署和服务提供的前景,这一发展正在改变"基础设施"的定义。基于开放 RAN 架构和接口的新商业模式正在获得发展势头,新的参与者正在进入 5G 供应市场。完整且可操作的 5G 解决方案鼓励垂直行业的公司进入 5G 供应市场。大型科技公司通过避开现有移动网络运营商提供类似运营商的服务而成为"新运营商",因此,大型科技公司将成为新的 5G 运营商。该情形可能会为欧洲制造基地提供机会,但欧洲也面临与这种情况相关的关键风险。开放 RAN 的快速扩散可能会让非欧盟公司在 MNO 和供应商市场上占有很大的份额。

3.《5G 供应市场趋势》报告分析

第一,以"数字主权"与"技术主权"为总体目标。建立一个可行的 5G 供应生态系统需要结合以系统为导向的政策措施,一方面可减轻各种情况的风险,另一方面可抓住长期机会,而这些政策措施的总体目标则是促进欧洲的数字主权和技术主权。欧盟构建"数字主权",意在维护欧盟"世界一极"国际地位、维护欧盟经济的国际竞争力以及维护个人隐私等欧盟价值观。

第二,支撑引导5G发展。欧盟高度重视5G基础设施的建设与发展。报告指出,欧盟委员会和欧盟成员国应发展一个开放和安全的5G生态系统,包括移动网络运营商、现有的和新的欧洲供应商、软件供应商以及来自垂直行业的欧洲用户,并促进新的和传统的供应商之间的合作。一方面,欧盟需要投资从基础技术研究到实验性开发,再到试验、试点和大规模部署的整个供应链建设并支持与5G有关的研发项目,重点推动欧盟"大公司和小公司"之间的合作,以促进欧盟的5G生态系统。另一方面,欧盟需要继续实施增强型"经济利益链"计划,重点关注5G相关技术和商业模式。此外,公共采购可以通过公共部门的需求刺激创新和增长。充分挖掘商业采购和5G技术相关标准之间的潜在协同作用,遵循欧盟范围内的公共采购准则和建议,特别是要考虑到中小企业和初创企业的需求。

第三,强调标准制定与竞争监管。一方面,报告指出标准化和由此产生的标准、测试平台和认证对移动通信网络的发展至关重要,为了避免碎片化或缺乏互操作性,应在全球范围内制定所需的标准,并促进第三代移动通信标准与开放无线接入网络联盟之间更紧密的合作等。另一方面,有效的竞争监管可以促进5G生态系统以及数字自主权或技术主权。建议在竞争方面通过设立反制措施、检查非欧盟供应商的倾销价格等措施促进公平竞争;在安全方面,在明确的可操作性和透明的安全法规基础上,支持5G供应链中供应商的风险评估计划;在能源效率方面,建议在未来的环境法规和标准中考虑在5G背景下提高能源效率的可能性。

从以上措施来看,欧洲国家一直走在5G领域的前沿,加上两家北欧公司(诺基亚和爱立信)是领先的5G技术制造商,欧盟有望成为5G的全球领导者。但就目前全球5G领域竞争的形势来看,欧盟似乎错过了成为领头羊的机会。如果在这个领域失去竞争力,欧洲经济将遭受重大负面影响,同时新兴技术发展也会滞后。欧洲各国对于中国科技迅猛势头一直存在争议,美国也以国家安全为由提醒其欧洲伙伴警惕中国5G技术的发展。

二、美国5G安全发展总览

美国是最早提出并系统实施5G国家战略的发达国家。2016年以来,美国的 5G 政策逐渐向维护国家安全的方向倾斜。2017 年发布的《美国国家安全战略》更是将 5G 的战略意义提高到"保证美国国家安全"层面。具体来看,美国通过稳步实施"五步走"战略,在 5G 技术研发、商业应用以及保障国家安全等方面,已全面构筑起全球领先优势。一是强化 5G 频谱统筹,通过国家立法制定长期国家频谱战略,确立美国在 5G 频谱资源配置与应用领域的全球主导地位。二是对电信运营商制度"松绑",优化 5G 商用部署。2017 年 12 月,美国联邦通信委员会发布废除"网络中立"政策,旨在"通过消除制度障碍来鼓励电信业积极创新,解决美国迅速部署覆盖全国的 5G 网络的资金来源问题,让美国移动通信行业抓住 5G 这一战略机会迅速完成自身变革,减小甚至消除数字鸿沟"。三是促进政府部门和机构针对 5G 安全问题进行必要的立法,从供应链、基础设施等方面确保 5G 安全。四是致力构建 5G 战略同盟,与其他国家和地区形成 5G 合作框架和协议。五是通过政府制定要求,以私营部门为主导,打造面向未来的 5G 创新生态。2018 年 9 月,白宫举行 5G 峰会,提出要促进私营公共部门合作。2018 年 10 月,白宫发布《关于制定美国未来可持续频谱战略的总统备忘录》,强调美国需要领导 5G,以促进国家安全和公共及私营领域的创新。2019 年 4 月 12 日,特朗普指出,美国将由私营部门主导部署 5G。[①]

2019 年 5 月,德国波恩大学全球研究中心发布的《5G 的地缘政治与全球竞赛》提出,美国的 5G 发展主要依靠私营企业的投入、研发和推动,在大面积迅速推进的同时关注网络安全,力求在全球 5G 竞赛中获得主导权。

(一) 美国联邦通信委员会:5G 加速发展计划

美国联邦通信委员会正在推进一个全面的 5G 发展战略,以促进美国在 5G 技术(5G 加速发展计划)方面的战略优势。美国的 5G 战略包括三大重要内容:

第一,频谱规划,将更多的频谱推向市场。FCC 正在采取行动,为 5G 业务提供额外的频谱资源。具体包括:一是高频频谱计划。FCC 已经把拍卖高频频谱作为优先发展规划。FCC 在 2018 年完成 28 GHz 频段的首个 5G 频段拍卖,并完成 24 GHz 频段的拍卖。2019 年晚些时候,FCC 拍卖 37 GHz、39 GHz 和 47 GHz 的频段。通过对上述的频段拍卖,FCC 将向 5G 市场投放近5 GHz 的 5G 频谱,其规模将超过所有其他灵活使用频段的总和。二是中频频

---

① 参见熊菲:《5G 国际发展态势及政策动态》,《中国信息安全》2019 年第 6 期。

谱计划。根据中频频谱均衡的覆盖范围和容量特性,该段频谱已成为5G发展的目标。通过他们在2.5 GHz、3.5 GHz和3.7~4.2 GHz频段上的努力,FCC可以为5G的部署提供高达844 MHz的可用频率。三是低频频谱计划。FCC已采取行动,对600 MHz、800 MHz和900 MHz频段进行有针对性的更改,以改进5G业务中低频段频谱的使用,使其适用于更广的覆盖范围。四是非许可频谱计划。鉴于FCC认识到非许可频谱对5G市场很重要,为此已为6 GHz和95 GHz以上频段的新一代Wi-Fi创造新的发展机遇。

第二,更新基础设施政策。FCC于2017年成立了宽带部署咨询委员会,并就如何加快高速互联网接入的部署向委员会提供了相关建议。有关细节可以查看BDAC的相关新闻。FCC已更新和完善基础设施投资政策,以鼓励私营部门对5G网络的投资。一方面,为加快对小型蜂窝设施的联邦审查,FCC采用了新的规则,以减少联邦监管机构对部署5G所需的小型蜂窝基础设施的阻碍(相对于大型蜂窝铁塔而言),以便进一步扩大5G的覆盖范围,从而获得更快、更可靠的5G移动信息通信服务。另一方面,为加速州和地方对小型蜂窝设施的审查,FCC改进了几十年前为适应小型蜂窝设施设计的规则。改进后的规则禁止了具有阻碍部署5G建设的短视市政路障,并授予州和地方的主管部门在合理的期限受理和审批小型蜂窝设施的选址。

第三,修订旧的法规,以适应5G的发展需要。FCC正在对旧法规进行修改和完善,以促进5G网络有线主干网的建设,为所有美国人提供数字红利。一是恢复互联网自由秩序。为了使美国成为全球5G的领导者,美国亟须鼓励投资和创新,同时要保障互联网的开放和自由。FCC通过了《恢复互联网自由秩序》,该法案为互联网服务提供商制定了统一的国家政策。二是一站式准备。FCC已经制定了新的规则,新规则规定将5G的网络设备附着到公用电线杆上,以降低成本并加快5G回程部署的进程。三是加快IP转换。FCC已经修改和完善了规则,促使公司更便利地投资于下一代网络的建设和运营服务,以便尽快替代日渐衰落的陈旧网络。四是商业数据服务。为了鼓励对现代光纤网络的投资,FCC对高速专用服务规则进行了更新,FCC在适当的情况下,通过费率进行调节。五是供应链的完整性。FCC提议,应当确保美国5G通信网络或通信供应链的完整性,禁止用纳税人的钱采购可能威胁美国国家安全公司的设备或服务。

（二）美国 5G 技术的发展态势与特点

目前看来，美国 5G 战略的发展态势及特征如下：

第一，美国正努力以"安全牌"赢得"5G 竞赛"。美国国会和特朗普政府一直着力于削弱目前主导 5G 行业的中国电信公司的实力，同时把更多的资金投入美国 5G 网络的建设。随着 5G 基础设施的迅速扩展，美国愈发重视这些系统的安全性以及所有美国人的隐私。而《保护 5G 安全及其他法案》在 2019 年3 月 28 日被提出后，分别于 2020 年 1 月 8 日在众议院获得通过，于 3 月 4 日在参议院获得通过，3 月 23 日即由特朗普签署，出台速度较快，反映出美国保护"5G 安全"的急切性。

第二，美国国内 5G 建设不断加速。从 2019 年开始，美国四大无线运营商相继推出 5G 网络，但它们大多只是在部分地区开展了 5G 服务，且其中一些网络的连接速度也仅仅略快于现有的 4G LTE 网络。2020 年以后，AT&T 和 Verizon 逐步将各自的 5G 服务扩展到全美大部分地区。T-Mobile 覆盖范围很广，提速成为当务之急。而提交给美国联邦通信委员会的文件显示，美国两家最大的电网公司 Xcel Energy 和 Southern Company 正计划与运营商合建 80 万个 5G 小基站。以上产业布局无疑触及了美国敏感的 5G 安全问题。

第三，美国在"频谱之争"中不具优势。FCC 于 2020 年 2 月 28 日通过了一项计划，将向卫星公司支付 97 亿美元以使其加快释放3.7～4.2 GHz 的 C 波段频谱。包括 Intelsat、SES、Telesat 和 Eutelsat 在内的卫星公司利用 C 波段频谱向电视广播公司和有线网络运营商传输视频和无线电内容。C 波段频谱是中频频谱，被视为 5G 部署的关键。有分析认为，3.7～4.2 GHz 频谱属于 Sub-6G，FCC 的计划标志着美国 5G 毫米波方案的破产，中国 Sub-6G 方案将主导全球 5G 产业发展。对于美国来说，若无法主导 5G 标准话语权，美国本土供应商将无法投资研发未来的 5G 产品，并将进一步失去市场主导权。

第四，美国对欧盟的影响力低于预期。美国试图联合其他国家压制华为的策略并未取得预期成效。尤其是 2020 年以来，以欧盟为代表的国家纷纷向华为发出积极的合作信号。如英国国家安全委员会于 2020 年 1 月 28 日签署了对华为有限参与的协议，华为将有机会参与到英国"非核心"部分的 5G 网络建设。欧盟于 1 月 29 日紧随英国发布新规，允许成员国决定华为在 5G 电信网络中的作用。法国经济和财政部长勒梅尔和加拿大创新、科学和经济发展部长贝恩斯也先后表示,不完全排除或限制华为参与本国 5G 网络建设。虽然各国对华为还抱有较为谨慎的态度,但也反映出美国针对华为 5G 的行动并未取得成功。

(三)美国 5G 技术的军事运用

2019 年,美国国防科学委员会(DSB)发布《5G 技术国防应用研究》,针对 5G 技术军事应用进行了研究。报告指出:5G 技术与 4G 技术相比,其速率大大提高,延迟更低,更加节能,可以为国防部提供先进通信和网络应用。5G 技术可以让国防部以更低成本采用这些更先进应用技术服务于作战需求。改进的商用 5G 技术在军事应用方面具备诸多优势,但也在网络安全、频谱管理和网络优化等方面面临挑战。为此,国防科学委员会建立了 5G 技术国防应用工作组,为国防部 5G 应用确定实施路径,以降低供应链风险,建立频谱共享程序,并改造现有通信基础设施。该研究报告指出,在国防部使用 5G 技术具有巨大的好处,但固有的供应链、网络、射频(RF)/电子战(EW)和虚拟/物理漏洞也存在巨大风险。国防部基础设施中关于 5G 的部署必须根据任务关键度和可接受风险进行衡量。

第一,《5G 技术国防应用研究》的研究结论。一是 5G 技术在带宽和服务、低功耗和低延迟等方面具有优势,可以增强国防部任务执行能力,且潜力巨大。5G 资源和测试床不足,无法评估当前和建议的标准、能力和技术。二是 5G 很大程度上是由 4G 演变而来,但在知识产权、标准主宰权和供应链方面发生重大转变。许多活动缺乏协调,缺乏战略方向;中国在重大标准决策前会协调立场,并寻求控制标准。三是固有供应链、网络、射频/电子战和虚拟/物理漏洞具有重大风险。美国的集成商和无线网供应商工业基础薄弱,面临挑战;持续测试和试验有助于降低风险,同时创造新的机会;DSB 早期和当前网络研究的结果和建议适用。四是网络功能虚拟化、新型无线电、安全增强呈现任务机遇。新的频谱和新的无线电能力为增加频谱共享、低截获率(LPI)/低检测率(LPD)/低干扰率(LPJ)高带宽传输创造机会;5G 安全性增强为 4G 提供了额外保护;5G 商业卫星为全球通信创造崭新机会。五是新兴技术提供了主宰 3GPP 标准的机会。高度依赖小型、微型和微微蜂窝网络的超致密化将创造新的任务机会,协议栈中的人工智能和机器学习将提高性能,可应用于天线阵列。六是 5G 部署必须对任务关键度和可接受风险进行权衡。

第二,《5G 技术国防应用研究》的研究建议。一是谨慎应用 5G 于轻微争议的军事环境中。国防部首席信息官应与国防部采办与保障副部长办公室 USD

（A&S）和国防部研究与工程副部长办公室 USD（R&E）合作，采用 5G，并在复杂作战环境中增强安全性，同时发布国防部关于 4G 采购/部署和 5G 采用的政策、指南和路线图；国防部应跨越基础设施 4G 长期演进服务采办，加快全频谱 5G 部署；国防部应对基础设施升级和资本重组实施"5G 优先"政策，以纳入无线应用；军兵种采购主管应优先考虑 5G 基础架构部署，而不是其他方式；国防部首席信息官应制定并实施试点程序，为未来标准、架构开发和部署积累经验。二是为有争议的环境和关键应用开发一个安全的 5G 系统。USD（A&S）应领导项目的规划和执行，保障 5G 技术和基础设施安全，并特别关注供应链；国防部应该更加重视系统安全，认识到新出现的用例包括关键任务应用，如工业控制和自主车辆。三是创建用于探索创新用例的测试床。USD（R&E）应创建一个创新测试床/试验场，以及一系列活动和挑战，以开发适合国防部在无竞争和有竞争环境中的 5G 应用程序；国防部应该进行演习，以识别漏洞、攻击载体、利用和缓解机会；与行业合作伙伴和 NIST 合作，国防部应该利用测试床来验证关键特性、安全性，并推动未来的标准发布。四是制订一个电信安全计划。USD（R&E）应与国家情报总监（DNI）合作建立电信安全计划，以识别漏洞、机会和缓解计划；国防部首席信息官应采用 FedRAMP 中等或高基线，辅以 FedRAMP＋控制/控制增强措施，以评估核心服务提供商是否获得国防部临时授权；DISA/CYBERCOM 应该为 5G 数据包提供连续、独立的监控，以验证系统的可用性、保密性和完整性。五是制定国防部 5G 供应链管理战略。USD（R&E）应招聘对零件设计和嵌入式软件有全面了解的优秀工程师、计算机科学家和制造专家；USD（A&S）和军兵种采购主管应建立采购程序，以多种方式购买，长期购买和快速购买——包括 COTS 和 GOTS；替代制造方法和插入"芯片"以确保可信度；USD（A&S）和 USD（R&E）应为关键组件的西方工业基础替代提供种子资金，例如无线电接入网络；USD（R&E）应建立并保持与其他实体的联系，影响不断发展的标准和技术；国防部首席信息官应与 NIST 合作，建立供应链标准，并在 3GPP 工作组内对其进行优先排序。六是创建"漏洞分析"程序。USD（R&E）和美国国防高级研究计划局（DARPA）应与情报部门合作，对 5G 硬件和软件进行漏洞研究。七是制定并执行为期 3 年的 5G 科技发展（S&T）路线图。USD（R&E）应与 DNI 合作，制定并执行为期 3 年的 5G S&T 路线图，以影响未来的 3GPP 标准版本，并开发 5G 系统、子系统和组件的新用途；DARPA 应利用正在进行的卫星研究工作来影响 3GPP 5G 卫星标准开发，并计划到 2021 年部署 5G 卫星同程;USD(R&E)应增加对 5G 技术的投资,如协议栈、云计算、大规模多输入多输出、毫米波芯片和用于战术和海上作战的 V2X 中的人工智能和移动通信技术;USD(R&E)和 DARPA 应与行业合作伙伴一起启动替代性自然资源管理开发计划;USD(A&S)应启动提供最低额度的采购,以吸引行业参与。八是制定"5G+"标准参与计划。USD(R&E)应招聘一批优秀工程师、计算机科学家和制造专家,他们对零件设计和嵌入式软件有全面的了解;标准协调机构应建立初步的标准研发清单。九是建立一个新的双向频谱共享模式。NTIA 和 FCC 应在国防部首席信息官的支持下,制定一项国家频谱战略;国防部首席信息官应制定与国家战略相一致的国防部频谱战略、路线图和行动计划,以确定未来的要求和监管变化,从而在不到一年的时间内支持国家安全任务的灵活频谱接入和电磁频谱作战;国防部首席信息官应在六个月内制定"5G+"路线图行动计划,并关注所需的政策变化政策。应特别注意利用 5G 技术,如带宽部分、可编程资源块、载波聚合、波束形成和自适应调零,以开发双向共享方法和新的低、中、高频段频谱共存特性;国防部首席信息官/DISA 和美国国防频谱局 USD(R&E)应申请拨款,以促进 R&D 先进的安全频谱共享技术和工艺,从而保障国防部频谱接入。十是加快推动毫米波技术的发展。USD(R&E)应先加快 28 GHz 和 37 GHz 波段的 5G 毫米波应用和技术发展,然后是其他波段;DARPA 应完善传播模型,并研究将 5G 固定毫米波技术应用于移动、机载和卫星链路的可行性;DARPA 应继续跟踪 5G 毫米波技术的发展,并创造新的发展机会。[①]

(四) 美国 5G 供应链安全的应对

2019 年 4 月,国防创新委员会(DIB)完成题为《5G 生态系统:国防部面临的风险与机遇》的研究报告,建议国防部拿出更多专属电磁频段与民用和商业运营商分享,帮助美国在 5G 技术部署方面更好地与中国竞争。2020 年 1 月 14 日,美国两党联合在议会提出《将频段拍卖所得收益用于支持供应链创新和多边安全》法案,该提案专门有一节名为"提升美国在国际组织和通信标准化机构中的领导力",要求联邦基金的使用要向提升美国在制定 5G 标准化机构的国际组织中的影响力倾斜。[②]

---

① 参见美国国防科学委员会发布的《5G 技术国防应用研究》。
② 参见段伟伦、韩晓露:《全球数字经济战略博弈下的 5G 供应链安全研究》,《信息安全研究》2020年第 1 期。

第二,系统设备建设方面。美国一方面加快部署本国 5G 设备,另一方面,通过强化立法,呼吁本土运营商不得采购别的国家 5G 通信设备。2018年 7 月,美国在《2019 会计年度国防授权法案》(NDAA 2019)中明确了限制政府机构采购中兴、华为设备的条款。在《5G 加速发展计划》中,为了使美国成为全球 5G 的领导者,美国将面向 5G 商用部署,更新修订"基础设施政策",鼓励促进联邦政府、州政府和地方政府加快对 5G 小微基站的审查,同时着手对旧法规进行修改和完善,以促进 5G 为所有美国人提供数字红利,包括鼓励投资和创新,保障互联网的开放和自由,提供一站式服务,加快 IP 转换、提升商业数据服务、确保供应链的完整性等。为确保美国 5G通信网络或通信供应链的完整性,FCC 提议,禁止用纳税人的钱采购可能威胁美国国家安全公司的设备或服务。[①] 2020 年 3 月 4 日,美国国会召开听证会,诺基亚、爱立信、英特尔等企业相关负责人参加。听证会调查了美国电信供应链的安全性和完整性,以及保障 5G 网络开发利用安全所作出的努力。听证会还审查了联邦政府在减轻美国和国外电信设备和服务风险方面的作用。

(五) 美国发布《保护 5G 网络安全的挑战与建议》[②]

2019 年,美国外交关系协会(CFR)发布题为《保护 5G 网络安全的挑战与建议》的文章,阐述了 5G 网络安全面临的主要风险,着重分析了华为对美国及欧洲 5G 网络安全构成的潜在威胁,并提出相应政策建议。

1. 5G 网络及其安全风险

文章指出,5G 网络是相互间可高速发送数据包的微处理器的集合,其重要构成部分包括:(1) 无线接入网,由新一代小蜂窝基站组成。智能手机、汽车和机器人等设备将连接到基站,使用 5G 频谱发送和接收数据。(2) 核心网,由路由器和交换机组成。无线接入网将用户设备连接到核心网,由此再与其他设备、互联网或云进行数据传输。5G 网络具有大宽带、超高速、低延迟特性,可实现大规模机对机通信或物联,将支持自动驾驶、智能电网、智能医疗和军事通信等关键应用。然而,与前几代网络不同,5G

---

① 参见段伟伦、韩晓露:《全球数字经济战略博弈下的 5G 供应链安全研究》,《信息安全研究》2020年第 1 期。

② 参见美国外交关系协会发布的《保护 5G 网络安全的挑战与建议》。

网络的用户访问控制、数据认证和路由等核心功能可在无线接入网完成。5G网络更复杂,涉及数十亿物联网设备在"轴辐式"网络架构中的相互连接。5G网络设备使用人工智能技术也增加了其安全风险。5G网络扩大了潜在漏洞的数量与规模,增加了恶意行为者利用漏洞的机会,并使恶意网络活动难以检测。

因此,5G网络面临的主要威胁包括:一是5G核心网设备易被操纵。核心网系统易被安装"后门",拦截和重定向数据或破坏关键系统;并且由于制造商不断向设备发送更新,已通过安全测试的系统也可能被安装"后门"。此外,5G核心网功能将主要在云端进行,依靠人工智能管理其复杂性和资源分配,黑客可攻击或操纵人工智能算法,进一步增加网络风险。二是5G接入网面临复杂的多重安全问题。"后门"可安装在移动基站,从无线接入点截获或操纵数据;数据被复制或提取时基站仍能正常工作,恶意活动很难被发现。此外,连接到5G网络的设备本身也增加网络威胁,2016年美国东部大规模互联网瘫痪,就是由于黑客通过劫持大量摄像头和数字录像机发动拒绝服务攻击,导致用户无法得到服务响应;物联网设备的"轴辐式"网络架构将大幅增加这种攻击机会。

2. 华为构成的潜在网络安全威胁

华为是世界上最大的5G网络设备生产商,研发投资大,产品成本低,可提供覆盖设备、网络和数据中心的端到端解决方案。美政府担忧华为设备及商业活动会带来网络安全风险,中国政府还可能通过华为等电信企业影响国际5G标准的制定,进而影响美国及欧洲的经济和安全优势。2019年5月15日,美国总统特朗普发布禁用华为设备的行政令,美国商务部随后将华为及其68个附属公司添加到威胁美国家安全的实体名单,并禁止华为购买美国半导体、芯片等零部件。2020年4月28日,美国再次将114个非美国分支机构列入实体清单。

美国外交关系协会发布题为《保护5G网络安全的挑战与建议》,认为5G给美国及其盟友带来安全风险。但是,美国及其盟友禁用华为设备,并不等同于确保5G网络安全,无法消除黑客对其网络的破坏活动。文章建议,美政府应在优化5G网络安全性的同时兼顾互操作性和效率,应采用技术、监管、制度、外交、研发等多层面方法,确保5G网络的安全性和可靠性。

第一,技术层面。一方面,增强5G网络内在弹性,以抵御设备受到的网络攻击;激励移动服务供应商使用机器学习工具识别并防止恶意攻击;采用专用的网络分段、跨层网络安全标准以及端到端加密和路由验证等技术手段,缓解不可信设备带来的风险。另一方面,应尽可能利用多个供应商设备,防止单一供应商资源断裂以及价格垄断等问题;创建开源硬件的设计与验证系统,统一硬件的设计标准与漏洞管理;与盟国和伙伴密切合作,制定共同的基于风险的供应链完整性准则,减轻网络设备漏洞。第二,监管层面。文章建议联邦通信委员会与国防部等机构合作,重新分配政府专用的中频段频谱,使美国商业公司能够更有效地参与全球 5G 竞争,塑造 5G 生态系统;要求制造商披露其确保网络设备全寿命安全性的做法;仅为符合国家标准与技术研究院的网络安全框架等最佳方法的服务供应商提供频谱许可;参与国土安全部信息通信技术供应链风险管理工作组,制定管理供应链风险的建议。第三,制度层面。文章强调完善法律责任制度对于提高私营部门网络安全的重要性,建议美国电信行业制定自愿标准,为法院审理网络安全侵权案件提供参考,并为网络风险的保险定价提供基础;同时激励私营部门与联邦政府共享网络威胁信息。第四,外交层面。文章强调美国应在制定全球网络安全规范中发挥领导作用,并推进其在网络安全方面的利益;建议美国政府可将新达成的"美国-墨西哥-加拿大协定"中基于风险的网络安全条款,扩展到亚洲和欧洲伙伴的贸易谈判中。第五,研发层面。美国政府应加大 6G 网络等基础研究投资,并将科技、工程、数学教育以及网络安全技能培训列为优先事项。美国的技术和贸易政策应致力于保护网络安全并促进美国技术发展,同时政府应全面考虑封锁华为设备的战略利弊,对驱动创新的投资和技术保持开放,使美国成为 5G 网络技术的全球领导者。

第三节 欧美对我国 5G 安全的态度与影响

一、欧盟对我国 5G 技术持谨慎合作态度

(一)允许我国有限参与

法国、德国和捷克几个欧洲国家纷纷在 2018 年末采取措施审查华为,为即将举行的频谱拍卖会做准备,并在 2019 年建立各自的 5G 网络。此前英国最大

的电信提供商 BT 已经宣布计划将华为设备从现有网络中删除,2018 年 12 月英国国内第二大电信运营商 O2 对外发布消息称将联合华为正式在英国测试华为 5G 信号,同时 O2 电信公司还主动联系英国的 EE 公司,希望能够达成合作,一起将英国的 5G 网络发展起来。

德国方面的忧虑主要来源于情报界。有专家担心中国政府会借助华为的技术访问加密数据用于间谍或破坏活动。美国政府一直向德国施加"诱惑",企图促使德国对华为采取限制行动。然而德国的态度似乎并不积极。2018 年 12 月初,德国电信表示已在华为设备支持下于华沙建立起东欧第一个"完整运作"的 5G 网络,并向部分商业客户与合作伙伴开放服务。2019 年 1 月,德国电信决定根据关于中国网络设备安全性的辩论结果来审查其供应商。法国电信运营商已经排除华为作为其国内市场的 5G 设备供应商,但是不会对华为实施全面禁令。尽管法国国家信息系统安全局(ANSSI)的指导下,中国制造商提供了非常有竞争力的报价,但法国安全机构警告,如果接受了中国技术,法国国内 5G 市场将一直存在潜在风险。欧洲市场对中国 5G 的争论不断,但许多欧洲供应商仍然选择与中国制造商(尤其是华为)合作并进行测试。

到 2019 年 1 月,至少 8 个欧洲国家的无线服务提供商与华为签署了谅解备忘录,并且在至少 12 个欧盟成员国中与当地供应商进行了测试。华为在欧洲市场的深度渗透性以及它极具竞争力的价格使其成为全球行业领导者已成为事实,因此,禁止华为向欧洲提供 5G 设备或将其从欧洲现有网络中移除是不太可能的。

(二)可能阻碍我国企业经营

2019 年 10 月,欧盟委员会发布了一份评估 5G 风险的报告。该报告称,5G 网络的推出预计将增加受攻击的风险,并为攻击者提供更多的潜在入口。报告还表示:"个别供应商的风险状况将变得尤为重要,包括供应商受到非欧盟国家干预的可能性。"来自欧盟的一份文件显示,除了安全风险外,欧洲各国政府还应该考虑在与 5G 供应商合作时会带来更为复杂的后果,这份文件可能会对华为产生影响。文件提到除了 5G 网络的网络安全相关技术风险,还应考虑非技术因素如供应商可能受到第三国的法律和政策框架约束。

2020 年 1 月 29 日,欧盟出台了 5G 网络安全措施指南,其中并未提到禁止华为等公司参与 5G 网络部署。这份名为"5G 网络安全工具箱"的指南旨在降低成员国和欧盟地区层面的网络安全风险,其中提到成员国应评估设备供应商的风险状况,对高风险的供应商实施相关限制,将他们排除在"关键、敏感"的核心网络功能外。成员国还应"制定战略,确保供应商的多样化"。虽然这份指南没有指名道姓,但是分析人士认为高风险供应商指的就是华为。

5G 将在欧洲未来的数字经济和社会发展中发挥关键作用。欧盟委员会的高级官员玛格丽特·韦斯特格说:"我们可以通过 5G 做一番大事,但前提是我们要确保网络安全。"欧盟成员国对是否以及如何让华为参与 5G 网络建设拥有最终决定权。欧盟委员会呼吁各成员国在 2020 年 4 月 30 日之前落实这份指南的关键措施。华为对欧盟的决定表示欢迎。华为驻欧代表刘康(Abraham Liu)说:"这种基于事实、无偏见的 5G 网络安全保障方法有助于欧洲建设更安全、更高速的 5G 网络。"①华为还表示,其在欧洲运营已有近 20 年之久,在网络安全方面一直保持着良好的记录。华为称将继续与欧洲政府和产业合作,开发通用标准,提升网络的安全性和可靠性。

(三)限制中国对欧 5G 投资规模

2017 年 9 月,欧盟委员会向欧洲议会建议欧盟建立外商直接投资审查框架,并同时建立外资协调团,以加强欧盟层面对外资的安全审查。一旦该审查框架生效,将会限制中国对欧洲 5G 的投资规模。首先,关键基础建设、关键技术等领域的准入会受到限制。其次,与欧盟国家交易的复杂性和不确定性必将增加。最后,交易成本也会明显上升。此外,欧盟还计划建立欧洲网络安全局(European Cybersecurity Agency),以应对日益严重的网络攻击,降低欧洲国家对中国 5G 设备的依赖性。

除去美国方面的压力,欧洲对中国 5G 采取严格态度,主要有两方面原因:一是国家安全问题。欧盟委员会认为,华为能够通过获得中国银行和其他金融公司的补贴在短时间内成为欧盟最大的电信供应商,欧洲国家利用中国技术建立的关键基础设施可能会让中国公司获得大量敏感数据和工业信息,这些数据可能会被移交给中国政府。此外,有外媒谣称中国制造的基础设施可能使欧洲国家更容易受到中国间谍活动的影响,遭到网络攻击从而对国家整体安全造成威胁。二是经济问题。5G 及其相关基础设施有望成为全球经济数字化的关键组成

---

① 参见程琳琳:《欧盟 28 国　限制但不排除中国企业参与 5G 建网》,《通信世界》2020 年第 3 期。

部分,应用于各个领域,如推进人工智能系统和物联网。5G能给欧洲经济复苏带来巨大希望,产生大量新的工作岗位,创造巨额经济利润。欧盟委员会的一项研究估计,在5G网络中投资566亿欧元可以产生每年1133亿欧元的经济效益。同时,专利控股公司预计能创造数十亿美元的专利费,拥有大型可靠网络的国家也能够以更快的速度开发新技术。因此,欧洲迫切希望在5G时代能实现数字领域的"战略自治"。以上原因,决定了欧盟在5G领域对华的政策不会放开,而是持相对谨慎的态度。然而,目前欧洲关于如何加强数字领域"战略自治"的辩论过于狭隘,主要侧重于脱离美国政府的领导,保持自身外交政策的独立性。

二、美国对我国5G技术采取严格限制战略

(一)针对中国5G厂商的《布拉格提案》

2019年5月2日至3日,以美国为首的32个西方国家代表在捷克首都布拉格召开5G安全大会,并在会后发布了《布拉格提案》。这次会议是近年来全球有关5G安全方面的最高级别官方会议,但中国以及中国相关厂商作为5G的重要建设者,却没有受邀参加这次会议。《布拉格提案》的内容,分为5G网络安全观点和主席建议两部分,在主席建议中提及第三国政府对5G供应商施加影响的总体风险,被业界认为主要是针对华为及其他中国5G厂商,从而引发关注。但提案还有诸多值得关注的地方,其意义也不仅仅是一项非约束性建议。

1. 提案将5G网络安全高度复杂化

《布拉格提案》在前言中指出:"通信基础设施是社会的基石,5G网络将成为新数字世界的基石。"5G通信网络的发展促进运输、能源、制造业、国防等领域快速进步的同时,5G和通信技术的安全问题也将影响日常生活、社会功能、经济发展,甚至是国家安全。在此背景下,提案公开了大会对5G安全的10项观点,其中值得注意的有以下6项:网络安全不是纯粹的技术问题;网络安全需要国家层面的努力;适当的风险评估至关重要;网络安全措施覆盖面应该足够广泛;不存在普适性的网络安全解决方案;提升供应链安全。若将以上6项观点综合起来则会发现,大会旨在将5G网络安全由技术问题定义为囊括国家政策、商业生态系统、数据维护等多因素在内的一个复杂难题。大会认为5G网络安全不存在普适性解决方案,也即针对某一国家的解决方案可能不适用于另一国家,这或将迫使华为等厂商在与国外合作时,必须向各国单独证明其5G设备

的安全性。大会提升供应链安全的观点,则将 5G 网络安全的关注点由单独的设备厂商,扩展至为其提供原件的众多供应商,针对目标由华为等"单独点"增加至 5G 的整个"生产线"。

2. 明确提出"第三方国家对供应商影响的总体风险"

提案以 5G 安全观点为基础,提出政策、技术、经济、安全隐私及弹性 4 个层面的主席建议,其中值得注意的为:应考虑第三方国家对供应商影响的总体风险;对供应商产品的风险评估应考虑所有相关因素,包括适用的法律环境和供应商生态系统的其他方面;对供应商和网络技术的安全风险评估应考虑法治、安全环境、供应商渎职行为以及是否遵循安全标准等因素。该提案首次在国际会议中提出"第三方国家对供应商影响的总体风险",明确将涉及 5G 供应商的问题政治化。5G 网络安全被赋予了政治意义。此外,建议也依据安全观点提出了具体的内容,要求对供应商进行风险评估时,需考虑其适用法律和国家政策制度等与其产品不相关的因素,以及安全标准和供应链生态系统等问题。其中,安全标准涵盖标准的具体制定、执行和监管等多个复杂环节,供应链生态系统更是涉及硬件设备、软件代码、从业人员、用户、代理商等方方面面,整个体系错综复杂。由此看来,大会方提出的安全观点和建议,存在着将 5G 网络安全问题政治化、复杂化的倾向。

（二）中美 5G 安全领域数据之争

1. 技术层面

当前,美国在 5G 技术发展和数据保护方面面临来自我国的若干挑战。首先,美国无线运营商由于网络基础设施的低利润率深陷 4G 债务泥潭,这迫使他们寻求除投资 5G 技术之外的其他商机。网络运营商无法还清 4G 投资债务,这导致美国 5G 网络的部署进程缓慢。美国政府坚持只开放毫米波（高频带）频段,这进一步拖延了 5G 网络的基础设施建设,毫米波频段是美国政府允许广泛使用的唯一频谱,在该频率下需要 13 倍以上的天线才能确保无线电波的短距离传输。没有其他国家像美国这样主要在高频段建立全国性通信网络。

其次,由于华为和中兴的快速发展,美国电信基础设施的生产基地已经被淘汰。长期以来,美国在生产线上的投入过度突出软件而忽略硬件,导致美国电信基础设施的产能严重不足。虽然美国政府一再出台政策要求制造业回归本土,但在短期内,仍然无法与华为、中兴等中国公司抗衡。

再次,华为和其他中国公司非常积极地开发与制定 5G 标准和技术,特别是在 5G 安全领域。由于美国对于 5G 行业标准的制定持"放手"的态度,而我国则积极寻求以国家主导的方式制定标准。通过提交标准并申请相关专利,我国公司确保了符合 3GPP 标准的网络基本都是由我国设计的。制定全球标准的原因是确保各国标准之间的兼容性,以便通信设备在所有国家或地区都能正常工作。因此,通过主导标准制定,我国增加了所有国家使用其 5G 网络技术的可能性。

最后,即使采用了量子加密或其他新的防护措施,5G 网络仍将受到现有的许多以数据为目标的网络攻击。如果不重新设计网络的安全性,那么 5G 通信的数据保护方式就不会有根本性变化。从更深层次角度来看,互联网的建立首先是为了提高数据传输速度及效能,其次才考虑到安全性。这意味着,无论由哪家企业来构建 5G 网络,数据安全都仍然处于危险之中。

2. 商业层面

当前,美国五大科技巨头 FAANG(即脸书、苹果、亚马逊、奈飞、谷歌)使用开放数据模式开展业务,以便利用大数据分析、金融技术、电子商务以及人工智能和机器学习。与此同时,我国通过国内科技公司与美国五大科技巨头之间的研究合作关系来发展自己的技术,百度、阿里、腾讯(合称为 BAT)正在努力拓展全球 5G 经济和物联网市场。

我国科技公司拥有的数据集使其可以在全球市场开展竞争。数据的多样性及深度意味着我国公司未来将享有竞争优势。从经济上讲,这种情势对我国公司极为重要。如果我国 BAT 能够取代美国 FAANG,那么这将使我国公司以及我国政府获得数万亿美元的潜在收入。抖音海外版(Tiktok)和微信的发展表明,我国的应用程序可以在境外其他地区广泛使用。我国以国家为主导的商业模式使其比资本主义国家更有优势。美国运营商无法与这种商业模式竞争,导致美国面临未来不仅将失去大部分产业能力,而且还将失去技术创新领导地位的风险。

3. 社会层面

在互联网连接的世界里,技术和商业层面的主导地位将转化为社会层面的主导地位。例如,腾讯公司开发的微信拥有超过十亿用户。我国境内外很多人的日常生活都与该应用程序密切相关,例如从约会和日常交流到送餐和旅行安排等。这些数据不仅增强了微信的主导地位,而且还潜移默化地改变了人们的生活习惯。而在此领域,美国目前离我国还有一段不小的距离。此外。随着我国通过"一带一路"倡议和"数字丝绸之路"建设将数字基础设施普惠到海外,在国际上进一步增加了挑战美国话语权的空间。因此,在 5G 安全领域的数据之争中,我国对美国形成了巨大挑战,引发美国对我国华为、中兴等高科技企业的密切关注。

(三)美国、日本就 5G 技术竞赛形成联盟

2021 年 8 月 10 日,美国智库型研究机构国家亚洲研究局在其旗下期刊《亚洲政策》上刊发了由兰德公司亚洲政策高级专家哈罗德主笔撰写的文章《赢得与中国的 5G 技术竞赛——美日合作阻绊竞争、快速发展、解决问题的制胜策略》。文章指出,中国将 5G 技术作为"一带一路"倡议和军民融合发展战略的组成部分进行推广,旨在提升中国在世界各地国家、商业和军事方面的影响力。华为和中兴等 5G 信息通信技术公司必须允许中国政府访问任何涉及其系统的数据,这将对数据隐私、经济竞争力和国家安全构成日益增长的现实威胁。作为回应,美国和日本应当考虑采取切断有关中国企业进入关键市场、技术投入、人才和资本渠道的方式来阻绊竞争;研发全球性技术替代产品,生产更有竞争力与吸引力的 5G 产品以"快速发展";最终在保护数据隐私、提升经济竞争力和维护国家安全等方面扭转 5G 技术领域全球竞争态势以"解决问题"。

一是将中国信息与通信(ICT)公司驱逐出美国和日本市场。近年来,美日两国联合其盟国,通过出台法案、实施贸易实体清单限制、污蔑中国设备对个人隐私和国家安全构成威胁等方式,在美国、日本和部分盟国的技术市场上加快驱逐中国 ICT 企业。具体而言,美国通过了《2018 年外国投资风险评估现代化法案》,以提高美国外国投资委员会(CFIUS)的有效性。与此同时,采取行动,将其声称威胁个人隐私和国家安全并妨碍其进口关键投入品能力的中国科技公司排除在外,先后将华为、中兴等企业列入实体清单。美国国务院也于 2020 年启动了清洁网络计划,并一直敦促美国盟友和合作伙伴将华为和中国其他 ICT 公司从其 5G 网络中移除。日本也采取了措施禁止华为和中兴与日本政府签订合同。在 5G 频谱分配之后,日本政府还施加了一些条件,这些条件实际上起到了消除中国公司与日本移动电话供应商竞争合同的作用,将中国 ICT 公司排除在其网络之外。此外,日本政府设立经济科以阻止中国对技术优势的追求,并加速日本与美国的合作。

二是限制中国 ICT 公司获得必要技术组件。除了切断进入美国和日本市场和技术投入之外,美国和日本还试图说服芯片和其他组件的第三方供应商不要与中国 ICT 公司合作并提供市场替代品。例如,美国商务部颁布了相关法规

禁止中国台湾公司向中国大陆出口含有美国知识产权的芯片。2020年9月,韩国公司也停止了向华为销售内存芯片。文章指出,美国与日本必须采取持续、协调的外交手段,对先进的ICT组件进行出口管制;同时也允许企业继续出口不太先进的硬件并提供一些优惠,以支持以前严重依赖向中国企业销售先进软件或设备的企业。

三是限制ICT人才回流中国。通过适当的筛选、报告要求和激励结构,美国可以以其规范性的软实力吸引中国人才,帮助本国公司。日本也在着手审查和收紧签证政策,以应对华为和中兴通讯等中国企业引起的所谓知识产权流失威胁。

四是限制中国ICT企业在美国和日本的资本市场融资。"阻绊竞争"战略最后一部分,是确保中国ICT公司及其子公司无法在美国和日本的资本市场筹集资金。2021年1月,纽约证券交易所启动了对中国三大国有移动服务提供商中国联通、中国电信和中国移动的摘牌程序。2020年5月,日本政府修订了《外国投资条例》,对外国人投资被视为对国家安全至关重要的公司股票实施了更严格的审查。

三、《美国出口管理条例》对我国的综合影响

(一)ERA管辖范围变化对我国5G发展的影响

1. 有危有机:对我国5G技术发展的影响

5G借助诸多关键技术,呈现出能耗低、速率快、容量大等特点,为传统产业更新和新兴产业发展奠定数字化和智能化基础,成为振兴传统经济和优化经济结构的重要动力。同时,5G并非简单的技术问题,5G安全与发展已经上升到国家安全战略的高度。美国深刻认识到5G领域的重要性,不断通过国内政策的制定和修正来对我国5G发展进行"长臂管辖"。EAR在宽泛的管辖范围内不断从产品层面向技术层面倾斜,加大对新型和基础技术的管制范围与力度,对我国5G技术的发展造成了直接影响。美国对我国在5G领域采取的限制措施,在短期内无疑会对我国5G技术的发展起到负面影响,减缓我国5G技术研究进度与发展速度。但基础技术受限的弊端在长期意义上能够推动5G技术自主性的增强,这是EAR管辖范围对我国5G技术的有利影响。在此情形下,5G技术的发展必须

贯彻习近平总书记"关键核心技术是国之重器"①的重要指示,在技术攻关方面采取更多有力举措,实现技术上的自立自强。

2. 短期限制:对我国 5G 企业发展的影响

我国 5G 技术发展迅猛,成果突出,依赖于我国 5G 企业的雄厚实力,华为更是 5G 领域的龙头企业。科技型企业强调国际合作,以此推动技术进步和商业发展,一旦陷入美国技术出口管制,我国 5G 企业的发展步伐将会受到限制,其在全球的正常经济贸易也将受阻。EAR 对高新技术管控的升级,对"军事最终用途"和"军用最终用户"的更新,更为直接的是将华为等 5G 企业列入 EAR 的实体清单,这些举措让 5G 企业的运作受限,从而陷入极其不利的境地。但客观上讲,管制举措将为华为等中国 5G 企业带来科技发展的商业运作上的困难,抑制我国在 5G 领域的领先态势。为应对此局势,5G 企业应当做好 EAR 合规审查,完善内控制度,尽量在合规范围内开展商业合作与技术交流,为企业发展赢得最有利条件。同时,在风险预估前提下,企业要做好危机处理方案,在 EAR 管辖导致的技术受限情形下,应加紧技术自力,降低技术依赖,同时积极拓宽科技供给渠道,做好应急储备。

3. 冲击巨大:对我国 5G 产业链安全的影响

EAR 管辖范围不断修改与更新对我国 5G 产业链造成根本性冲击。在技术产业链方面,5G 产业链是复杂的整合体,频率、芯片、终端、运营商等每个环节都不可或缺。我国在 5G 建设中的网络与终端设备的关键软硬件上依然存在诸多不足,核心技术对外依赖度高,部分基础技术还不成熟。5G 芯片即是其不足之一,BIS 针对性地就半导体修改 EAR 管辖范围,意在通过关键技术的管控,来影响我国 5G 产业链的完整性与自主性。在价值产业链上,EAR 将"军事最终用途"管辖范围扩大,并将中国 5G 企业以产品用于军事目的等为由列入 EAR 实体清单,在全球范围内造成我国 5G 技术和相关企业威胁国家网络安全的负面形象。

---

① 国防科技大学党的创新理论研究中心:《努力把关键核心技术掌握在自己手中》,《红旗文稿》2023(10).

（二）EAR 一般性禁止条款对我国 5G 发展的影响

1. 严格管控：我国 5G 技术发展受阻

EAR 一般性禁止条款的十大禁令涵盖美国原产物项、含有美国成分物项以及使用美国技术和软件的物项，几乎是将与美国相关的物项都纳入了管控范围。基于国家利益、安全需求和技术竞争等因素，美国可依据 EAR 进行物项审查，对相关的 5G 技术中的基础和关键技术产品施加管控。多次修改 EAR 的实践已经表明，美国在对半导体材料、空间影响技术进行管制，意图达到约束我国 5G 技术发展的目的。对此，我国 5G 技术的发展需要坚持独立自主，一方面正视技术发展历程上的不足，通过不断的技术积累与资金投入，扭转传统核心技术被垄断的困境，以此摆脱 EAR 等出口管制的束缚；另一方面，把握暗流涌动的 5G 技术革命，在新技术和新应用到来之际加大关注与投入，在研发与应用 5G 技术上牢牢占据有利地位，掌握 5G 发展的主动权，从根本上摆脱他国的出口管制和技术控制。

2. 喜忧参半：我国 5G 企业发展机遇与挑战并存

无论是单纯的 5G 技术发展，还是逐步推广的 5G 商用，以华为为代表的我国 5G 企业在业内领跑，优质的运营商与设备商、广泛的用户和复杂的移动网络等因素推动我国在制定 5G 标准中处于主导地位，国内 5G 企业占领先机并不断获取发展优势。也正因为忌惮我国 5G 企业的规模现状与发展前景，BIS 才有针对性地将华为及其关联公司纳入 EAR 实体清单，并在修正 EAR 一般性禁止条款时，将管制采用美国技术和软件的外国直接产品的一般禁令与实体清单直接关联，对违反禁令向实体清单的实体出口使用美国技术或软件的厂商进行制裁，结合 EAR 一般性禁止条款的其他管制内容，以求最大限度地影响我国 5G 企业的商业合作与技术发展。必须承认，尽管国内 5G 企业抓住 5G 来临的发展契机，在 5G 领域取得发展领先，但进行 5G 布局的企业数量、5G 关键技术储备等方面仍存有不足，在他国出口管制造成的技术竞争背景下，以往的技术和产品的供应中断将使得我国 5G 企业的不足之处被放大，在短期内 5G 企业的商业运作和技术发展将受到影响。但危机的存在也可以提升我国 5G 企业的危机处理的意识与能力。5G 企业在面对出口管制导致的困境时，一方面需要目光长远以谋求发展，在 5G 领域继续投入以守住领先地位，另一方面需要脚踏实地克服困难,针对 EAR 一般性禁止条款做好合规审查,在技术和产品供应受限状态下放眼全球市场做好供应替代方案,并不断进行技术研发,逐步摆脱困境。

3. 着眼长远:我国 5G 产业应全盘布局、全链优化

5G 从某种意义上来讲已经不再单纯是一门技术,而是一项产业,是一项自身快速发展并带动相关产业变革的基础产业。5G 产业在功能上既有面向大众群体的消费性功能,又有帮助智慧城市构建等管理性功能,还有与传统行业融合的生产性功能,可以说是"改变社会"的新兴产业。支持 5G 产业功能建设与发挥的因素包括国家战略部署、5G 技术储备、企业竞争与协作以及市场消费诉求等。其中,技术是核心因素,而核心底层技术自主研发是我国 5G 产业中的薄弱环节。EAR 一般性禁止条款对美国技术产品与含有美国技术的其他国家产品施加管制,使得我国 5G 产业发展更难突破高频段、大带宽的射频器件、测量仪器设备等瓶颈,并且技术因素的出口限制会引发连锁反应,对全球化依赖性的供应链的断裂,将导致 5G 企业面临技术和商业运作双重困境。企业一旦违反 EAR 一般性禁止条款规定,将招致相应制裁措施,严重的甚至面临破产危机,影响其在 5G 领域的竞争和协作,减小市场份额,从而达到阻碍我国 5G 产业发展的根本目的,降低我国 5G 产业的核心竞争力。面对此局势,我国 5G 产业要做好全局部署,针对 EAR 一般性禁止条款的管制内容更新与落实发展方案,整体把握 5G 产业的供应链、生产链和消费链。同时,为实现均衡健康发展,5G 产业需要在薄弱环节实现突破,加快技术研发步伐,不断深化在芯片、光器件、射频器件等方面的技术积累,并在面向全球市场扩展技术来源的过程中,不断实现关键技术的独立自主,以此应对他国出口管制措施对我国 5G 产业的限制与影响,实现 5G 产业的可持续发展。

4. EAR 一般性禁止条款的两层意图

一是表面意图:美国维护其国家安全,履行对华外交政策。EAR 一般性禁止条款贯彻美国在出口管制方面的基本原则,即国家安全原则和外交政策原则,因此表面上的对华意图主要表现为美国维护其国家安全和履行对华外交政策。一方面,EAR 一般性禁止条款限制对其他国家或地区的军事最终用途和军事最终用户的产品或技术的出口,以限制其他势力军事实力的增强,并将军事最终用途和军事最终用户范围不断拓展,以防范对本国安全的不利影响;另一方面,在国家利益博弈之中,美国制定大量对华外交政策,内容涵盖政治、经济等多个方面,并在时间推移中呈现出矛盾性和曲折性,EAR一般性禁止条款也成为美国履行对华外交政策的一种手段,通过限制产品和技术的出口和再出口、对指定国家的出口禁运和途径等禁令内容,美国寻得理由对我国企业、高校等进行制裁,进一步加强其对华外交政策。

二是深层意图:有效限制我国高科技企业,维护美国传统霸主地位。在维护本国国家安全的冠冕堂皇的意图之下,EAR一般性禁止条款所体现出的深层意图是美国通过多方位阻碍我国高科技企业正常发展来遏制我国和平崛起,试图维护其在国际社会的强悍话语权。通过EAR一般性禁止条款可以看出,美国忌惮我国的发展现状及潜力,试图实现与中国的全面脱钩,以打压中国的发展势头,继续保持美国的影响力,维护其霸主地位,与之相关的目的和措施在美苏、美日关系的历史演进中足以体现。而在当前的科技与信息时代,技术出口管制成为保护美国敏感技术、遏制他国发展的一种重要方式,具体手段在EAR一般性禁止条款中主要体现为通过物项禁令和行为禁令来增加我国技术发展成本,进一步加大我国在国家竞争中的战略压力。美国依靠其既有的国际话语权和同盟体系,阻挠、减缓甚至打击我国重要的科技发展进程。

5. EAR一般性禁止条款对我国5G供应链安全的影响

一是短期风险:中断我国5G供应链。5G供应链是围绕5G核心企业形成的从原件配置到产品制造再到成品销售的整体功能网链结构。复杂的5G供应链具有布局范围广、涵盖内容多、边界动态化等特征。5G的发展历程也决定我国5G供应链的全球化特质,任一环节出现问题都将影响到整条5G供应链安全。公平、公正、非歧视的5G发展环境,是各国在推动全球5G发展过程中应当履行的义务,不滥用国家安全、外交政策等理由来限制5G技术合作和产品出口,理应逐步成为各国共识。但美国逆5G时代潮流,阻挠5G产品与技术出口,这对我国5G发展造成影响。EAR一般性禁止条款将使得我国5G供应链面临中断风险,无论是物项禁令还是行为禁令,都足以对技术性和合作性要求极高的5G供应链造成巨大影响。基于EAR一般性禁令条款及相关规定,美国已经对芯片等5G核心技术加以管控,而这些正是我国5G发展中的重要且欠缺之处,一旦其目的达成,我国5G将遭受"空芯"打击,5G供应链的完整性与自主性也将受损,这将直接影响到我国 5G 产业链的生存与发展。中断风险的隐患来自我国 5G 产业发展中前代技术的欠缺和基础技术的薄弱,这也提醒我国 5G 供应链的发展需要以坚持技术为发展基础,时刻牢记技术自主性的需求。

二是长期风险:迫使我国 5G 技术发展偏离世界主流。美国对我国 5G 的高度关注来自美国自身在 5G 领域发展的相对滞后,美国缺席 5G 无线接入网主要供应商的技术现状,凸显其 5G 发展中的软肋,这也促使美国必须在 5G 供应上对我国采取措施。一方面是继续创新和发展美国 5G 技术,另一方面需要依托 EAR 一般性禁止条款的一般禁令对美国生产或相关的 5G 基础产品和技术加以管控,争取在全球 5G 发展中牢牢把持其技术霸主地位。在目前的全球 5G 进程中,我国在制定 5G 标准和推进技术合作等方面都发挥着中流砥柱作用,可以说是发展现状良好、发展前景光明。但 EAR 一般禁止条款的物项限制和行为管控,并与实体清单的直接关联,让我国 5G 企业面临生存和发展困境,5G 技术研发和进步放缓,这些都极可能造成我国 5G 供应链在全球 5G 加速发展中落后。

(三)实体清单对我国 5G 供应链的影响

在美国加紧技术领域的出口管制和我国 5G 技术飞速发展的背景下,实体清单的存在与变化给我国 5G 供应链发展带来影响。从前端的设计研发、采购原材料,到中端的设备的生产制造,再到后端的销售和物流,5G 有其独特的供应链,具体环节上包括芯片商、设备商、运营商、终端厂商、专利提供者等多类企业。在全球经济一体化的趋势下,5G 的开发与制造由全球不同的公司运用来源广泛的技术和原料分工合作完成,并在全球范围销售,一旦 5G 企业被纳入实体清单,其供应链上的任一环节都将面临风险。5G 供应链的风险主要包括中断风险和内部管理、技术障碍导致的非中断风险。相较而言,中断风险的影响和致命性更加严重,而 EAR 实体清单给我国 5G 带来的影响主要就是中断风险,被列入实体清单的实体,其与供应链各环节上的国外企业将难以继续合作,这意味着从美国采购 EAR 管制的物项和技术的难度加大,极有可能造成 5G 供应链上原有材料和关键技术的突发性缺失。与此同时,在国际信誉受到影响的情况下,我国 5G 企业在与美国出口管制保持步调一致的其他国家进行交易也变得困难。2017年的"中兴事件"、2019年的"华为事件",不仅为给我国5G供应链带来实质性影响,而且对我国军事安全、经济安全、网络安全等方面带来连锁反应,也给我国5G供应链敲响警钟,亟须确定应对困境和进一步发展的举措。

（四）最终用户和最终用途管控政策对我国5G企业的风险

EAR基于最终用户和最终用途的管控政策是美国在国家安全和外交利益理由下维护其技术地位和阻碍竞争对手的举措,尤其将国家安全和外交利益的出口限制原因具化到军事相关,成为限制技术全球范围内的合作与分工的新理由。基于最终用户和最终用途的管控政策在限制内容上除了传统的核活动、航空航天活动等限制外,近来格外关注与网信技术相关内容的出口、再出口限制,5G技术也被囊括在内。其中,对微处理器的专项条款限制规范,给以芯片为核心的5G技术带来极大挑战,且在科技竞争背景下以军民融合为借口对我国实施出口管制,给我国5G企业带来诸多发展风险,包括基于支持军事最终用户和最终用途的怀疑而被BIS调查的风险、产品被用于制裁清单进行制裁的风险、因受制裁而导致自身发展海外业务受阻的风险等,这些风险整体上给我国5G产业链的安全和完整性造成不利影响,且随着美国及其盟友对影响军事能力的技术的封锁、对我国优势5G企业的打压的趋势加剧,这种影响将进一步扩大。

第三章
东盟 5G 安全规制与发展动态

第一节 《东盟数字总体规划 2025》解读

东南亚国家联盟,简称东盟。1967 年 8 月,《曼谷宣言》的出台,标志着东南亚国家联盟正式成立。目前其成员国有十个,分别是文莱、柬埔寨、印度尼西亚、老挝、马来西亚、缅甸、菲律宾、新加坡、泰国、越南。2021 年 1 月 26 日,东盟数字部长系列会议启动《东盟数字总体规划 2025》(ADM2025)以代替《东盟信息通信技术总体规划 2020》(AIM2020),旨在指引东盟 2021 年至 2025 年的数字合作,将东盟建设成一个由安全和变革性的数字服务、技术和生态系统所驱动的领先数字社区和经济体。①

ADM2025 的架构遵循着"愿景—预期结果—行动计划—详细说明、行动实施时间表、监控指南"的逻辑。其中,"愿景"是指将东盟打造为一个以安全和变革性的数字服务、技术和生态系统为动力的领先的数字社区和经济集团。实现这一愿景需要:广泛和高质量的数字基础设施,支持经济社会发展的相关数字服务,使用这些数字服务所需技能的东盟人口和拥有发展和实施这些服务所需技能的劳动力。为实现愿景,ADM2025 规划了在未来五年应达到的八个理想成果:

第一,ADM2025 所制定的行动加快东盟从新冠肺炎疫情中恢复;第二,提升固定和移动宽带基础设施的质量和覆盖范围;第三,提供可信的数字服务,同时保护消费者免受伤害;第四,提供一个可持续竞争的数字服务供应市场;第五,提高电子政务服务的质量和使用量;第六,提供连接商业和促进跨境贸易的数字服务;第七,增强企业和个人参与数字经济的能力;第八,建成一个数字包容的东盟社会。为达到预期成果,ADM2025 接着为每个预期成果制订了多个有利

---

① 参见梁雅洁、罗圣荣:《东盟:2021 年回顾与 2022 年展望》,《东南亚纵横》2022 年第 1 期。

于其实现的行动计划。例如对于第一个预期成果,ADM2025 规定了包括"优先考虑 ADM2025 行动的经济案例"在内的两项扶持行动。详细说明、行动实施时间表、监控指南则具体规定在其附录 B 中。[①]

一、"恢复"行动

新冠肺炎疫情使得东盟区域内数字服务领域的供求关系严重失衡,这本身是对区域经济发展的重大威胁。然而,已有研究发现,高水平的数字服务将有助于应对新冠肺炎疫情的冲击。国际电联召集的专家小组表示,中期(例如2021 年),拥有顶级连通性基础设施的国家可以减轻多达一半的负面经济影响。行业本身的供求矛盾与行业在疫情期间的重要作用使得在东盟区域内发展数字通信行业的必要性与紧迫性大大增加。为此,ADM2025 制定了"优先加速推动东盟从新冠肺炎疫情中恢复"行动(简称"恢复"行动)。东盟成员国政府需要优先资助和支持 ADM2025,各成员国政府被建议采取有效行动,为上述政策提出经济理据,并酌情向全球机构寻求资金。同时,ADM2025 提出要建立一个跨成员国的法规审查部门以广泛地消除阻碍各成员国某些行业使用数字服务的法律障碍。

与 ADM2025 中其他七项行动不同的是,"恢复"行动以结果为导向,具有先天的包容性与宏观性。这意味着数字融合、提升固定和移动宽带基础设施质量和覆盖范围等其他行动在广义上也属于"恢复"行动的范畴。ADM2025 之所以将"恢复"行动单列一项,意在强调 ADM2025 的战略高度,提高各国对ADM2025 的重视高度。这从"'恢复'行动项下的举措必须是东盟成员国部级水准"这一要求中便可窥见。

然而,"恢复"行动项下的两项措施的贯彻难度并不小。ADM2025 提出东盟各成员国应优先、全力支持规划贯彻执行,但仅将希望寄托于每个东盟成员国的通信部去游说财政部以获取全额资助。ADM2025 还提出要采取东盟一级举措以扫除各国阻碍数字服务使用的法律法规。尽管东盟层面给出了优先审查的法规领域,但这一举措的工作量和推行难度仍大到难以想象。

二、基础设施行动

为实现规划宗旨,规划制定了八项预期行动,其中"提升固定和移动宽带基

---

① 董宏伟、王琪:《从〈东盟数字总体规划 2025〉说开去……》,《人民邮电报》,2021 年 3 月 29 日。

础设施质量并扩大覆盖范围"这一预期行动(简称基础设施行动)内容最为丰富,涵盖通信基础设施的投资、建设、应用全流程。

ADM2025 在基础设施行动中规定了九项子措施,涵盖基础设施的投资、建设和应用全流程。基于调查,东盟认为"投资不足"与"基础设施建设许可"是预备时期阻碍基础设施落地的两大原因。因此,ADM2025 提出两项子措施:鼓励外来投资投向数字及信息通信技术领域,为包括海底电缆维修在内的地方和国家基础设施争取建设许可。此处,所谓鼓励"外来"投资并非指东盟之外的国家之于东盟,而是指东盟中一国之于东盟中另一国。这意味着东盟国家此处着力构建的一个跨境投资和合并的共同框架将仅局限于东盟范围内。

在扩大基础设施覆盖范围方面,规划亦从两个方面入手:一是解决各国国内农村地区连接受限问题,努力实现农村互联互通;二是建设卓越的国际光纤连接,以确保充足的国际互联网连接。基础设施的应用也是本预期行动的重要内容。基于全球气候变化趋势,规划提出要减少东盟电信运营商的碳足迹;对于频谱资源,规划提出应提升并协调东盟地区的频谱分配;对于通信技术应用的具体内容,规划提及人工智能治理和道德、物联网频谱和技术等方面的共同政策。

三、数字服务行动

依托《东盟经济共同体蓝图 2025》和《东盟信息通信技术总体规划 2020》,东盟于 2016 年出台《东盟个人数据保护框架》。基于《东盟经济共同体蓝图2025》和《东盟个人数据保护框架》,东盟又于 2018 年颁布《东盟数字数据治理框架》(ASEAN Framework on Digital Data Governance)。2021 年 1 月 22日,第一届东盟数字部长会议一举出台三大举措,即包括用以承继《东盟数字总体规划 2020》的五年阶段性规划《东盟数字总体规划 2025》、作为《东盟数字数据治理框架》重要组成部分的《东盟数据管理框架》以及旨在对标亚太经合组织跨境隐私保护系统与欧盟《通用数据保护条例》的《东盟跨境数据流动示范合同条款》。

叠床架屋的各类文件层级不同,各有侧重,但共同点都在于对一议题的强调:增加东盟区域数字服务可信赖性,保护消费者个人信息安全。由于ADM2025 上承《东盟信息通信技术总体规划 2020》,与《东盟个人数据保护框架》存在交叉,又与《东盟数据管理框架》同时出台,因此,ADM2025 在发展数字服务这一问题上,体现出较强的政策综合性与体系感。

对于数字服务这一议题,ADM2025大致遵循了从微观到宏观、从本体到应用的规划思路。其中,与数字服务相关的有三项,分别是第三项"提供可信的数字服务,防止消费者受到伤害"(简称数字服务可信行动)、第四项"提供数字服务的可持续竞争市场"(简称数字服务市场行动)以及第六项"连接商业和促进跨境贸易的数字服务"(简称数字贸易行动)。这三项预期行动既各有侧重,又有着内在的逻辑关联。数字服务可信行动聚焦于微观层面,旨在提高东盟内各经营者提供的数字服务质量;数字服务市场行动聚焦于宏观层面,着力于构建健康、高效的数据服务市场;数字贸易行动聚焦于数字服务在国际货物与服务贸易领域的应用。

(一)数字服务可信行动

该行动项下有五个子项目,分别聚焦数字服务发展的不同方向:

一是确定东盟地区先进数字技术指标。如上所述,东盟重视区域内数字技术的发展。为此,其设想确定索引和衡量制度用以衡量和改进数字技术的安全与性能。理想的指标有如IXP(当代数据流交付和交换的关键技术)等。五年计划中,ADM2025设想于第三年完成部署常规、公开、可靠的关键安全技术指标测量,于第五年利用指标指导部署安全技术的其他区域项目工作。

二是在金融、医疗保健、教育和行政四个部门制定数字服务信任和安全框架,包括为每个行业建立数据保护、网络安全和安全对策方面的最优解决方案。数字服务的应用场景是极其广泛的,东盟之所以选择上述四个部门优先进行数字服务信任安全框架的搭构是因为这四个部门在使用通信技术方面最具创新性。

三是加强数据保护和有害数据活动方面的立法与监管。在现有东盟倡议的基础上,数字服务行动将从三个方面拓展该任务:第一,监管巨头数字服务平台,建立跨东盟立场;第二,就东盟云数据进行示范立法,内容涵盖隐私保护、访问规则等方面;第三,协调成员国立法,促进跨境数据传输。①

四是全面建立东盟区域计算机应急小组。根据2025年东盟发展战略的可行性工作,为东盟建立一个区域计算机应急小组可以提高区域内应急水平。

---

① 参见蒋旭东、周士新:《制度复杂性视角下的东盟数据保护一体化分析》,《世界经济与政治论坛》2022年第6期。

　　五是特别强调对消费者个人信息的保护,希望实现消费者权利和保护的趋同。消费者的意见是衡量数字服务的可信任性的重要指标。作为一个区域规划,ADM2025 更致力于推进消费者权益保护的区域统一,使区域消费者确信产品是安全的,其权利在其他成员国也可得到承认,从而促进跨境贸易。

(二)数字服务市场行动

　　一是防范巨头垄断,保障自由竞争。正如德国著名社会学家乌尔里希·贝克所言,任何一项新兴科技的产生与运用在给人们带来机遇与便捷的同时,亦可能产生新的挑战。[①] 当我们希望通过发展数字技术克服既有的经济发展阻碍时,我们不得不面对数字技术给经济社会带来的新的负面影响,数字服务领域垄断就是其中之一。数字服务领域的垄断是易于理解的,因为推动数字经济发展的两大要素——技术与数据——如同资本一样存在聚集效应。具体审视更为细化的数字服务市场,如数字广告市场、搜索引擎市场、社交网络市场,就可以发现,诸如谷歌、脸书等网络巨头之所以能够保持强势地位,正在于其依赖自身强势地位提供的全球规模的服务。自由充分的竞争是市场发挥资源配置作用的前提条件。因此对于垄断行为,适当的监管有助于促进有效竞争,保护其他经营者、消费者免受非竞争性市场的一些不利影响。然而,需要注意的是过度的负担管制会限制投资,阻碍市场发展。因此,ADM2025 提出必须在干预以促进竞争以及允许市场有机创新和发展之间取得平衡。

　　二是促进数据跨境流动,构建高效市场。亚太地区的数据跨境流动机制主要有两个:一个是亚太经合组织所倡导的跨境隐私保护机制,另一个是东盟着力构建的跨境流动机制。从两大组织的积极动作中可见,数据跨境流动对于提高市场效率的正面作用不可忽视。东盟关于促进数据跨境流动的最初举措,可以追溯至 2018 年的《东盟数字数据治理框架》。该框架设立的四大战略重点之一,即跨境数据流动。此次东盟在 ADM2025 中仍强调要继续寻找机会,协调数字监管,促进跨境数据流动。

四、数字贸易行动

　　数字贸易行动项下有五个项目,大致可分为三类。

---

① 参见乌尔里希·贝克:《风险社会》,何博闻译,译林出版社 2004 年版,第 39 页。

首先,项目一与项目四旨在提高东盟领域内的电信服务水平,消除区域内电信服务壁垒并降低电信服务价格。东盟此前曾出台有关电信服务的自由贸易协定以改善东盟内企业在电信部门的准入门槛,同时降低其他参与国在东盟地区投资的壁垒。这两项举措都将进一步推动东盟内电信服务质量发展,并为东盟带来实质性利益。同时,东盟注意到高昂的国际移动漫游服务费会在一定程度上阻碍跨境数字贸易。因此,数字贸易行动还规划在借鉴欧盟经验的基础上,重新审视电信企业的成本和收益,说服各国逐步减少国际移动漫游服务费。

其次,项目二旨在实现贸易流程数字化,例如贸易单据与物流的数字化。在这一项目中,ADM2025引入"贸易自动化"这一概念,并称东盟各国贸易设施的自动化程度——例如贸易数据交换、边境自动化程序和跨国界电子支付——差异很大。新加坡和泰国在这方面较为突出。但许多其他东盟国家的自动化水平明显低于贸易伙伴国家。从相关表述中可以发现,东盟所谓的"贸易自动化",本质上是指贸易流程的数字化,即订立合同、交付单据、货物清关、货款支付等各贸易环节的数字化。

最后,项目三与项目五旨在引进工业4.0的标志性技术以实现贸易便利化。东盟认为,如果这些技术能够成功地应用,那么这将进一步增加贸易量并刺激外国直接投资,特别是希望将东盟企业纳入其生产价值链的跨国企业。为此,东盟选择与其亚洲的主要贸易伙伴(即中国、日本和韩国)对标,以衡量其在这一领域工作成功与否。

五、电子政务行动

为指引东盟2021年至2025年的数字合作,将东盟建设成一个由安全和变革性的数字服务、技术和生态系统所驱动的领先数字社区和经济体,ADM2025制定了八项预期行动,其中第五项以"提高电子政务服务的质量和使用"为目标(简称电子政务行动)。电子政务行动与前述的数字服务行动、数字服务市场行动是双生关系。如果说后二者的目标是市场参与者所提供的数字服务,那么前者的目标便是政府所提供的数字服务,即电子政务。正如ADM2025所言:"整个东盟都需要高质量和相关的数字服务。尽管市场参与者将创建许多此类数字服务,但东盟成员国政府在使数字服务与所有公民相关以及消除数字包容性的主要障碍之一方面发挥着重要作用。"

电子政务行动遵循从建立衡量指标到具体的电子政务应用的思路,区分政府部门之间、政府与公民之间、成员国与成员国之间的关系,并具体规划了四个子项目。

首先,电子政务行动要求根据国际电联的要求,建立东盟范围内的电子政府服务使用水平指标,以便追踪并衡量东盟国家电子政府服务的成效。其次,电子政务行动要求通过在政府内部使用信息通信技术,以促进政府内部职能的数字化转型,助力主要政府部门提高生产效率。这一项目是通过"以优带弱"的方式进行的,例如通过将某个东盟成员国的成功电子服务的现有设计在其他成员国中重复利用,以降低推行成本,或者由最落后东盟成员国向最先进东盟成员国进行电子政务建设方面的学习。再次,电子政务行动要求探索如何在保障公民自由前提下,在东盟成员国内引入数字身份制度。数字身份制度不仅能够使电子政务更容易使用和实施,还能提高非公有部门,即商业数字服务的服务质量。在东盟十国内,到目前为止只有新加坡启用了允许公共和私营部门进行电子交易的数字 ID。因此,在未来五年内,东盟在发展数字身份制度方面还有相当大的发展空间。如何更好地处理公民自由、身份证遗失和被盗,以及交易安全等问题,如何制定所有东盟成员国都可以使用的数字身份制度通用原则,这些问题都是东盟在 ADM2025 中列明应当思考的。最后,电子政务行动还规划通过建设可跨成员国操作的电子政务系统,以提高东盟成员国的凝聚力。这是建立在东盟各国推行相同的电子政务服务的基础之上的。这种跨成员国操作的电子政务系统可以适用于司法机关之间的电子证据交换、国际贸易合同登记簿、跨境电子公共医疗服务等领域。

六、数字生产力行动

东盟发布 ADM2025 以指引东盟 2021 年至 2025 年的数字合作,将东盟建设成一个由安全和变革性的数字服务、技术和生态系统所驱动的领先数字社区和经济体。[①] 这一宗旨看似圆融,却没有指出 ADM2025 的本质。为何需要用数字合作代替传统的合作方式? 何以构建一个数字驱动的社区与经济体? ADM2025 中的第七项预期行动"提高企业和个人的数字生产力"(简称数字生产力行动)回答了上述问题。单从数字生产力行动所包含的四个子项目的重要程度而言,该行动在 ADM2025 中的重要性远不及基础设施行动、数字服务行

---

① 参见梁雅洁、罗圣荣:《东盟:2021 年回顾与 2022 年展望》,《东南亚纵横》2022 年第 1 期。

动等。但在笔者看来,唯 ADM2025 行文至数字生产力行动处,其宗旨才被挑明:通过构建数字能力来推动生产力的提高。

(一)数字生产力概念

生产力是一个相对宽泛的概念,可以用单位产出与单位投入的比值(生产率)进行衡量。ADM2025 所界定的"产出",并不局限于按 GDP 衡量的市场产出,还包括一系列其他"无形的"产出,例如生活质量和环境舒适度。这是 ADM2025 的宗旨中同时提及"先进数字社区"与"先进数字经济体"的原因。前者对应着生产产出的有形部分,而后者则对应着无形部分。生产力提高和数字技术之间的联系是 ADM2025 的安身之本。应用数字技术带来的生产力效益可能非常巨大,ADM2025 中用"数字颠覆"一词来形容数字技术对生产力的影响。对企业来说,数字技术意味着更低的成本、更高的效率和新的机遇。对政府来说,机会包括提供更好的服务、提高内部效率和更多的税收。对公民和消费者而言,数字技术意味着服务的优化、就业机会的增加,以及整体福利水平的提高。数字技术在上述方面的效益,便是数字生产力的含义。数字生产力行动的目的在于提高东盟范围内企业与个人的数字生产力,而政府数字生产力的提高,则依赖于电子政务行动。

(二)数字生产力的提升

无须再进行论证的是,提高社会生产力能够在社会、经济和环境三个领域都能产生明确的利益。但是,在国际竞争的语境下,社会生产力是一个相对且高度动态的概念,它意味着随着时间的推移,生产力更高、竞争力更强的经济体能比生产力较低的经济体更快地提高社会水平,并从国际贸易中获取更多利益。因此,对于生产力而言,相对标准比绝对标准更有意义。

如何提升"数字生产力"? 为解答这一问题,ADM2025 首先梳理了数字生产力的发展障碍。例如:数字基础设施和互联互通不足;企业、员工、政府和公民缺乏数字技能;本地创新和数字初创企业不足,无法开发出满足特定国家或地区需求的新应用和服务;使用数字工具和应用程序的当地语言障碍;数字工具的应用不足以改善东盟主要城市的功能和效率;等等。其中,某些问题已经被其他预期行动所解决,例如与数字基础设施相关的障碍,而某些问题的解决则需要以其他问题的解决为前提,如统一开发语言这一问题。

而在剩下的问题中,数字生产力行动确立了两个优先项:提升公民数字技能与开展智慧城市工作。前者包括继续支持在信息技术的技能标准和东盟资质参考框架方面的工作、大力发展高级数字技能课程等；后者则直接延续了前一个五年规划的相关举措，例如确定适合智慧城市发展的国际和政策模型与实践等。需要解释的是，为何开展智慧城市工作能够帮助提升企业与个人的数字生产力？这里引用东亚峰会领导人在 2018 年 11 月 15 日关于东盟智慧城市的声明中对"发展区域智慧城市生态系统的潜在益处"的表述："该生态系统将加强区域捕捉有关当前数字和第四次工业革命的机遇的能力，进而实现广泛而有益的经济、社会和环境成果。"国际电信联盟也认为智慧城市可以"使用信息通信技术和其他手段改善生活水平，提高城市运行和服务的效率和竞争力。"①

如上所述，数字生产力是一个宏观的概念，即使将主体限缩在"企业与个人"，也不意味着提升数字生产力的任务能够以一项"数字生产力行动"实现。再退一步说，即使是数字生产力行动所聚焦的两个子项目——提升个人数字技能与开展智慧城市工作——也难以凭借数字生产力行动一己之力完成。实际上，无论是提升个人数字技能，还是开展智慧城市工作，东盟都已经做了充分的前期工作。例如在提升个人数字技能方面，东盟早就出台了《东盟信息通信技术技能升级和发展项目》等文件，并分三个阶段开展信息技能培养工作。而在开展智慧城市工作方面，也早有《东盟智慧城市网络框架》等文件出台。ADM2025 作为一项五年规划，此次重申上述项目，意味着对于东盟而言，想要从上述两个方面提升其数字生产力，尚有一段很长的路要走。

七、数字包容性社会行动

数字包容性社会行动是 ADM2025 的最后一项预期行动，它与第二项预期行动"基础设施行动"联系极为密切，但二者侧重点大不相同。数字包容性社会行动着眼于数字技术与社会的交互影响，而基础设施行动则着眼于数字技术本身。下文将从数字包容的概念讲起，介绍数字包容性社会行动的具体内容，最终审视该项行动对于东盟及其各成员国的现实意义。

数字包容这一概念，最早可以追溯至 2000 年 7 月 22 日。当天美、日、英、法、德、意、加、俄八国首脑发布了《全球信息社会冲绳宪章》，其中提出信息社会的包容原则，即"任何人、任何地方都应该参与到并受益于信息社会，任何人都

---

①　参见周士新：《试论东盟智慧城市网络建设》，《上海城市管理》2019 年第 4 期。

不应该被排除在外"。而"数字包容"第一次被提出,是在美国统计局 2000 年 10 月发布的互联网发展报告《网络的落伍者:走向数字包容》中。该报告用数字包容替换此前四次系列报告中的数字鸿沟,但其并没有明确界定数字包容,只是作为前些年数字鸿沟不断扩大的反向趋势而提出来,表现在家庭互联网和电脑的普及率、个人互联网和电脑普及率、残障人士的互联网和电脑的利用状况。此后的若干年中,不同学者分别从不同角度对"数字包容"这一概念进行了解读。有学者强调数字技术的更新、普及与使用;有学者强调对弱势群体的关注与帮助;有学者强调对社会壁垒的突破;有学者直接利用数字鸿沟概念,认为数字包容是弥合数字鸿沟的过程,是一个动态概念。

ADM2025 并没有为"数字包容"下一个明确定义,但是总结了数字包容的四项障碍。从中,我们可以窥见东盟对于数字包容性社会的预期。

第一,是数字服务的便利性,这在弱势群体上体现得最为明显,例如残疾人、老年人。第二,是可负担性。东盟认为上网的成本对于数字包容性社会而言,是一个很大的障碍,可能会将收入较低的人群排除在外。第三,是动机。一些非网络用户或许认为使用数字技术没有任何好处,或因畏惧网络风险而没有使用数字服务的动机。第四,是技能。非网络用户或许会因缺少数字技能而被排除在数字服务市场之外。从上述四项障碍来看,ADM2025 语境下的数字包容性社会需要从以下两个方面来进行建构:一是数字服务的门槛应当不断降低,以接纳社会边缘群体;二是公民的开放程度与数字技能应不断提高,以适应与接收数字服务。

既然明确了数字包容性社会的四大障碍,明确了建构数字包容性社会的两大路径,ADM2025 应当在数字包容性社会行动项下采取的子行动就十分明确了。

首先,降低上网的可访问性障碍。其核心是促进无障碍访问服务的创建、部署和应用。东盟可进行无障碍访问技术的研究,并在东盟成员国内制定无障碍政府服务行业守则。ADM2025 认为,虽然政府不能强迫私人提供的服务都能无障碍访问,但一个公开的可访问行业守则能够帮助企业了解其自身需要如何做才能使其产品和软件可无障碍访问。

其次,减少上网负担能力方面的障碍。对于东盟境内的许多公民来说,上网仍然是遥不可及的。政策可以帮助确保在农村地区也能获得社区互联网服务,并确保低收入者也能够从数字服务中受益。ADM2025 还计划建立乡村互联网中心并向全球发展机构筹集资金,并制定政策让连接宽带的计算机进入学校和社区中心。

最后,确保公民和企业拥有使用数字服务的技能和动力。为此,东盟促进数字包容的资源中心可以通过提供易于获取工具包和教授基本数字技能的资源,帮助东盟成员国克服技能和动机障碍。学校、社区中心和慈善组织可以利用这些工具来帮助用户学习这些技能并克服动力障碍。另外,在提升数字技能方面,数字包容性社会行动还特别强调培养公民与企业在数字金融服务等高专业性数字服务方面的数字素养。

第二节　《东盟数字总体规划 2025》的发展动态

一、《东盟数字总体规划 2025》的出台背景

（一）角色定位

ADM2025 是东盟为数字经济发展做出的一揽子计划中的重要一项。2015年 11 月,东盟发布《东盟信息通信技术总体规划 2020》,阐明了东盟 2016 年至2020 年期间的信息和通信技术发展计划。2018 年,东盟批准了《东盟数字一体化框架》(DIF),作为东盟数字经济领域的综合指导性文件,AIM2020 成为 DIF下一项重要举措。为全面落实 DIF,东盟又于 2019 年制定了《〈东盟数字一体化框架〉行动计划 2019—2025》(DIFAP)。从体系的角度出发,此次 ADM2025 的启动,至少需要先解决两方面的问题:一是对已经到期的 AIM2020 继位问题,二是与 DIFAP 的对应衔接问题。

根据规划,东盟塑造 ADM2025 的全球背景主要有:新冠肺炎疫情、气候变化以及全球技术趋势。首先,新冠肺炎疫情显著增加了东盟各国对数字服务的需求。然而,由于经济发展被疫情迟滞,用户购买服务的能力也有所降低。加速东盟从新冠肺炎疫情中复工复产成为 ADM2025 制定过程中的重要目标。其次,气候变化威胁是全球性问题,它在东盟地区尤其严重。ADM2025 在减缓气候变化方面的主要作用是更多地促进使用数字服务,从而使碳排放量随着实现率的提高而减少,这一目标也已纳入 ADM2025 的所有授权行动中。最后,

全球数字化趋势及其对未来数字化服务提供方式是 ADM2025 出台的重要背景,是东盟在国际竞争中寻求自身定位的重要考量因素。

(二)新冠肺炎疫情与规划的相互作用

ADM2025 与新冠肺炎疫情是作用与反作用的关系。一方面,新冠肺炎疫情的肆虐是 ADM2025 出台的重要背景;另一方面,ADM2025 的预期目标之一即加速推动东盟从新冠肺炎疫情中恢复。世界银行关于新冠肺炎疫情对东亚地区影响的研究表明,新冠肺炎疫情严重打击了重度依赖贸易和旅游业的东亚和太平洋经济体,其数字发展方面情况也非常严峻。首先,由于医疗保健、促进就业等项目的财政预算增加,东盟成员国政府部门将难以为发展数字服务提供充足的财政支持。其次,由于员工失业与企业倒闭情况增加,市场参与者对新数字服务和基础设施的投资可能会下降。最后,与供应市场的疲软形成对比的是,受新冠肺炎疫情影响,东盟地区的人们对于数字服务的需求激增。

新冠肺炎疫情的暴发使得东盟地区数字服务行业的供求失衡现象凸显出来。这种失衡的负面影响是巨大的。世界银行相关研究表明:如果不加以补救,新冠肺炎疫情的后果可能会在未来 10 年间使东亚区域经济增长每年减少 1 个百分点。正因为疫情的重大影响,政策制定者们将其列为塑造 ADM2025 的全球背景之首。ADM2025 的出台表明,任何政策的制定都不能脱离时代背景。同时,以新冠肺炎疫情作为一份 5 年规划的出台背景,这也暗含着政策制定者的假定命题:较长时间内,东盟各成员国仍背负着疫情阴霾。

(三)数字服务旧秩序与新挑战并存

数字服务行动与欧盟发布的《欧盟数据治理法案》的意趣相同,都旨在提高数字服务的可信赖性,以激活数字服务市场,促进区域经济发展。但东盟与欧盟的数字发展水平的差异使得二者在构建制度时选取了不同的侧重点。ADM2025 坦言:"在数字化转型时期提供信任是困难的。"数字服务的发展必须在优化公共政策的同时不损害区域创新和创业,补齐数字技术的发展短板。反观《欧盟数据治理法案》,则更少强调基础技术方面的问题。

同时,东盟前期的相关政策也会对 ADM2025 中的措施构建产生影响。例如,AIM2020 确定的两项重要举措(即加强东盟信息安全与网络突发事件应急协作能力,以及在该方面取得的既有成果)应当分别作为 ADM2025 在数字服务方面的目标与继续努力的基础。但是,尽管 ADM2025 应当承继 AIM2020 在数字服务发展方面尚未完成的任务,我们必须注意到 5 年内数字经济领域的重大变化,尤其是互联网架构和互联网技术方面的发展。这些变化与发展使得东盟在未来 5 年中将面临互联网传输方式、跨境合作、争端解决和纠正等方面的新挑战。数字服务行动正是在旧秩序与新挑战并存的情况下被提出的。

(四)跨境数字贸易发展

根据 ADM2025 的调查,东盟的经济发展在很大程度上依赖国际贸易,既依赖东盟国家之间的贸易,也依赖与其他国家的贸易。近年来,随着云计算、大数据、人工智能、区块链等新一代网络信息技术的发展,数字经济正以前所未有的速度急剧扩张,并引发了从需求端到供给端技术特征以及行为方式的重大变革。基于对国际贸易的重视,东盟敏锐地意识到了互联网技术对于国际贸易活动所产生的显著影响并及时做出反应。这种反应主要体现在实质与形式两个方面。

实质上,东盟着力促进数据跨境流动。尽管各国目前对于数字贸易的定义并无定论,但国际数字贸易的本质——数据的跨境流动——已成定论。这个本质上源于数字经济时代对于资本形式的革新。在互联网时代,国际数字贸易不再仅将数据作为企业管理的辅助工具,而将其作为贸易的手段甚至标的。"数据跨境流动的通道越是顺畅,国际数字贸易就越能蓬勃发展。"[①]在此背景之下,东盟自然要紧握数据跨境流动的动脉,于是《东盟跨境数据流动示范合同条款》《东盟数字数据治理框架》等官方文件先后出台。在东盟范围之外,《区域全面经济伙伴关系协定》(RCEP)也对电信服务、电子商务着墨甚多,强调限制各国政府实行管制范围、促进贸易文件数字化等等。而在形式上,东盟则着力促进贸易环节数字化,即加大贸易数据产出,为数据跨境流动提供素材。而这一点正是数字贸易行动的核心与重点。

二、《东盟数字总体规划 2025》的发展现状

(一)通信基础设施发展历史

根据国际电信联盟 2020 年发布的《衡量数字化发展:2020 年事实与数字》,在全球范围内,到 2020 年底,近 85% 的人口被 4G 网络覆盖。2015 年至 2020 年间,全球 4G 网络覆盖率增长了 2 倍。可见广泛普及通信基础设施、扩大信号覆盖范围已是各国共识。国际电信联盟秘书长赵厚麟指出:"加快数字基础设施建设是当前全球最紧迫和最关键的问题之一。不改善数字基础设施,弥合数

---

① 参见杜振华、何曼青:《抓住 RCEP 数字贸易发展的中国机遇》,《全球化》2022 年第 5 期。

字鸿沟就是一句空话。"①然而,东盟各国信息通信基础设施发展不均衡且总体水平不高。根据国际电信联盟 2017 年发布的全球国家与地区信息与通信发展指数(ICT Development Index,IDI)榜单②,176 个国家与地区当中,东盟十国仅有 4 国位列前 100,分别是新加坡、文莱、马来西亚与泰国。东盟各国中,新加坡 IDI 8.05,排名最高,位列全球第 18;老挝 IDI 2.91,排名最低,位列全球第 144。③ 可以看出,东盟内部信息通信基础设施发展差异巨大,大部分东盟国家信息通信基础设施发展相对落后,信息通信基础设施投资需求潜力巨大。

意识到了通信基础设施重要性的东盟于 ADM2025 中表示:"卓越的电信基础设施是任何数字转型的核心。"同时,基于各国发展水平的差异,东盟层面也不得不承认:"期望所有东盟成员国在相同级别投资于连接性改进是不现实的。"因此,在基础设施行动中,东盟的预期成果在于"帮助单个国家增强其通信基础设施",而非统一各成员国发展水准。

基础设施行动是 ADM2025 中系规模最大、项目最多的预期行动。同时,考虑到基础设施建设周期较长、耗资巨大的特点,可以认为,基础设施行动是整个 ADM2025 中实施难度最大的预期行动。在时间、精力、资源都有限的情况下,东盟必须着重突出主要矛盾。为此,东盟对基础设施行动中的九个项目进行了重要度分级,并将"鼓励对数字和信通技术的外来投资""争取地方和国家基础设施的最佳做法许可和使用权""确保增加和协调整个地区的频谱分配""建立农村互联互通最佳实践中心"作为重要程度较高的项目着重推进。

根据东盟官方调查,"基础设施投资不足"是受访者认为 2025 年愿景实现的三大障碍之一。因此,"鼓励对数字和信通技术的外来投资"这一项目反映了行业内的普遍呼声。但是,东盟在制定这一项目时,仅将中心放置于东盟内部,这实际上并未最大化利用东盟外充足的投资者力量。况且,东盟内部有能力在其他东盟国家进行通信基础设施投资的成员也寥寥无几。因此,东盟在鼓励基础设施投资方面或有"抓错重点"之嫌。"建立农村互联互通最佳实践中心"这一项目同样存在效果如何的疑问。最佳实践中心的设立旨在使东盟各国和经营者了解最适合

① 参见方莹馨:《弥合数字鸿沟　共享发展红利》,《人民日报》2020 年 12 月 8 日。
② 自 2009 年以来每年发布的 ICT 发展指数是一个综合指数,截至 2017 年,该指数将 11 项指标合并为一项基准指标。它用于监测和比较各国之间以及随着时间的推移在信息和通信技术方面的发展。
③ 参见 International Telecommunication Union: *International Telecommunication Union*（*ITU*）(2017) *Trust in ICT Report* 2017. https://www.itu.int/dms_pub/ITU-t/opb/tut/T-TUT-TRUST-2017-PDF-E.pdf

自己的办法,并从其规划和部署的专业知识中获益。然而,农村通信基础设施的建设并非一个方法选择的问题,而是一个经济问题:农村通信基础设施建设的障碍不在于各国无法选择最适宜的建设方法,而在于商业实体往往基于营利角度而拒绝入驻。因此,设置一个研究性质的农村互联互通最佳实践中心,而不对商业实体的选择做出实质性影响,很难想象该项目能够起到预想中的效果。

(二) 电子政务发展现状

ADM2025 相关调查显示,东盟十国的电子政务发展情况参差不齐,但总体向好。电子政务的发展与人均 GDP 显著相关。例如,新加坡位列全球前十,而柬埔寨和缅甸排名较低。但这也存在例外。例如文莱,其电子政务服务质量的世界排名就显著低于其人均 GDP。2016 年至 2020 年间,大多数东盟成员国在改善其电子政务服务质量方面都取得了良好进展,但越南和老挝的世界排名却大幅下降。ADM2025 制定之前,东盟就已经多次提出了改善电子政务服务的倡议。例如在 2011 年,东盟根据《东盟信息通信总体规划 2015》(AIM2015)制定了《东盟电子政务战略行动计划》,这份文件列出了将使东盟公民受益的 15 种电子政务服务。而现已被 ADM2025 取代的 AIM2020 则包含了一个名为"发展电子服务交付的最佳实践"的项目,以制定提供电子服务的最佳做法。

(三) "恢复"行动的执行障碍

ADM2025 制定了"恢复"行动:首先,东盟成员国应提出优先考虑 ADM2025 行动的经济依据;其次,东盟成员国应当评估有助于从新冠肺炎疫情中恢复的数字服务的经济情况。然而,"恢复"行动的贯彻执行或会遇到阻碍,其执行效果也并不如 ADM2025 设想的那般乐观。"恢复"行动的出台具有时代性。东盟方面认为,现有证据表明:考虑到新冠肺炎疫情对政府预算的影响,东盟成员国政府将削减数字发展方面的财政预算;在东盟地区使用更好的数字服务可以加速成员国经济从新冠肺炎疫情中恢复。因此,ADM2025 提出"恢复"行动建议。然而,"恢复"行动项下的两项措施的贯彻难度并不小。

ADM2025 基于数字发展的重要性,提出东盟各成员国应优先、全力支持该规划的贯彻执行。但规划仅将希望寄托于每个东盟成员国的通信部去游说财政部以获取全额资助。在此意义上,"恢复"行动仅是纲领性、原则性和方向性的,能否真正落实还要看各成员国的意愿。东盟是由 10 个政治制度、社会经济发展水平、宗教信仰和文化价值观均有较大差异的国家组成的。即使各国均采取较为配合态度,各国落实"恢复"行动的现实障碍与实际能力也有较大差异。

ADM2025 并未就此在东盟层面进行协调,制定有关帮扶计划,或会迟延"恢复"行动的执行进度,甚至拉大东盟各国的经济差距,由此加剧各国之间的利益冲突,有损东盟一体化进程。ADM2025 还提出要采取东盟一级举措以扫除各成员国阻碍数字服务使用的法律法规。这本质上是希望在数字发展方面以反向选择的方式进行法制统一。法律作为上层建筑,决不能脱离一国的经济、政治、历史、宗教与文化。东盟十国在上述方面差异巨大,尽管东盟层面给出了优先审查的法规领域,但是这一举措的工作量和推行难度仍大到难以想象。

(四)数据跨境流动具体行动

对于保障数字服务市场竞争,ADM2025 提议从国家电信部门、内容服务市场、数字服务市场等不同的领域采取行动以帮助维护东盟的区域竞争环境。但 ADM2025 并未在"数字服务市场行动"下提供切实的操作指引,它只是强调要深化信息通信技术部门在数字经济方面的研究,同时跟踪国外立法机构在数字平台治理方面的立法进展。但这两项子措施明显过于原则化,难以具有可操作性。此外,尽管 2016 年东盟出台了《东盟竞争行动计划》(ACAP),但该计划出台之初似乎并未考虑到数字服务市场内严峻的垄断情势。因此,可以认为,至少在 ADM2025 出台前,东盟对于数字服务行业反垄断尚未进行深刻检视。在促进数据跨境流动这一议题上,ADM2025 的工作更像查漏补缺,而非拓荒。规划称:"东盟应该在现有工作的基础上,开展一个研究项目,绘制东盟内部跨境数字数据流动的剩余障碍。"从 ADM2025 来看,东盟开始逐渐将促进跨境数据流动的发力点放在了数字企业上。

这一转变还可以从另一事实上得到印证。除了本书着重关注的 ADM2025,2021 年 1 月 22 日第一届东盟数字部长会议还有另外一项极其值得关注的成果,即《东盟跨境数据流动示范合同条款》(*ASEAN Model Contractual Clauses for Cross Border Data Flows*,MCCs)。MCCs 作为实施东盟跨境数据流动机制的第一步,旨在推动企业建立区域性数据传输的最低标准。它是一份任意性示范合同条款,企业可以自主选择使用。这与数字服务市场行动中所表现出来的倾向是有一致性的。

三、《东盟数字总体规划 2025》的预期结果与评估指标

(一)"恢复"行动的预期结果

ADM2025 对"恢复"行动设置了成功标准:增加东盟成员国政府用于促进

数字化的投入的典型经济案例。严格来说,这一标准是易于达成的。但典型案例并不能代表普遍水准;达到该成功标准,也并不能保证"恢复"行动的宗旨完成:优先加速推动东盟从新冠肺炎疫情中恢复。从中可以推见,即使是规划制定者,似乎对于"恢复"行动的实施效果也有着清醒预期。其实,"恢复"行动与 ADM2025 中其他七项行动的不同之处在于其宏观性与战略性,因此更涉及东盟与各国之间的利益整合与协调。"恢复"行动的贯彻效果在极大程度上取决于东盟的一体化程度。

东盟在成立之初,其活动仅限于探讨经济、文化等方面。后来,东盟加强了政治、经济和军事领域的合作,逐步加强成员国协同。值得关注的是 2003 年 10 月发表的《东盟协调一致第二宣言》(亦称《第二巴厘宣言》)。2003 年正是非典疫情肆虐之时。东盟于彼时发表《第二巴厘宣言》,强调加强东盟一体化,推进东盟协作走进新阶段。17 年后的新冠肺炎疫情时期,东盟能否继续顶住压力,ADM2025 中"恢复"行动是否能达成预期效果,其关键仍在于东盟能否真正达成国家间的协调一致。

(二)基础设施的评估指标

基础设施行动的预期结果是在没有宽带的地区建设宽带,在已有宽带的地区建设质量更好的宽带。因此,衡量成功与否的总体标准是,每个国家的固定和移动宽带覆盖范围是否有所扩大,服务质量是否有所提高。然而,首先,影响通信的因素很多,因此如此宽泛的衡量标准不可能准确反映这里基础设施行动的成功与否。其次,本行动提出九项子行动,聚焦基础设施建设的不同阶段,其实施效果的衡量标准自应当具体分析,各标准间亦有所差异。再次,九项子行动的重要性与紧急性不尽相同,在资源有限的情况下,很难且也无必要在每个子行动项下都做到同水平的成功。最后,考虑到通信基础设施建设周期长的特点,很有可能出现的情况是:直到 2025 年也鲜有基础设施建设完成。因此,如何选择衡量基础设施行动成功与否的衡量标准是需要思考的问题。

ADM2025 建议衡量标准重点应放在固定和移动网络的投资额、海外移动虚拟运营商(MVNOs)的出现、频谱的协调三个方面。相较其他子行动而言,将基础设施建设投资列为衡量标准重点是理所应当的。充足的投资是建设完善的通信基础设施的最重要的必要条件,在获取投资后,基础设施建设只是时间问题。值得一提的是,ADM2025 之所以选取投资额而非基础设施建成情况作为衡量标准,大概是考虑到基础设施建设工程量大、工期长这一特点。海外移动虚拟运营商是指不拥有而通过租借无线网络基础设施,向消费者提供无线通信服务的电信运营商。[①] 该指标与基础设施投资之间存在逻辑上的因果关系,表征东盟通信基础设施发展的两个阶段。投资充足后,东盟范围内的通信基础设施才有可能发展到足以将其租借给海外移动虚拟运营商经营的地步。频谱分配问题则是许多举措的关键,包括引入 5G、在农村地区覆盖无线网络和连接以及实现物联网解决方案。频谱分配与促进投资在基础设施建设与应用中都处于相当基础位置,为其他活动提供基础的条件。综上,ADM2025 在成功衡量指标选取时稳扎稳打、较为保守,采取了"有抓有放,重点突出"的原则。

(三)数字服务的评估指标

数字服务的可信任度是难以衡量的,因其并非纯然客观指标,因而易受社会资本与消费者主观情绪的影响。ADM2025 认为,虽然很难直接衡量信任,但可以采用其他经验性的指标。例如对于先进数字技术指标,ADM2025 建议评估标准是与 DNSSEC 签署的 DNS 区域、每个国家的 IXP 数目以及该区域现有证书主管部门的数量等可量化的指标。而对于制定数字服务信任和安全框架这一项目,应该通过进度来评估行动效果。

(四)数字包容的评估指标

由于数字包容本身是一个相对概念,因此,在多大的范围下去衡量"均与不均"将影响对"包容与否"的判断。例如在 4G 覆盖率为 100% 的新加坡,数字包容程度应当很高;而在 4G 覆盖率仅有 43% 的老挝,数字包容程度应当还有很大的提升空间。同样,当我们以东盟为尺度,东盟各国在数字服务使用方面存在的显著差异或许会使数字包容性社会的建设成为一个长期目标。但当我们以世界为尺度,东盟与日本、美国等数字服务发达国家的数字鸿沟或许又会成为长期目标外的另一个长期目标。ADM2025 所选择的数字包容概念,是以东盟为衡量尺度的,即其现阶段所关注的仅仅是东盟各国之间的数字服务发展差距。或许东盟所制定的下一个规划,就应当在世界范围内衡量数字包容程度,毕竟任何规划都是面向未来的。

[①] 参见徐洲:《移动互联网背景下 GX 公司移动业务营销策略优化》,广西大学 2019 年硕士学位论文。

第三节　东盟数字建设对我国的影响

一、东盟有望成为我国 5G 技术投资地

（一）打造跨国经营环境

对于东盟而言，ADM2025 概述了 8 项预期成果和 37 项扶持行动，这些成果将指导东盟从 2021 年至 2025 年的数字合作，实现东盟作为领先数字社区和经济集团的愿景，其动力来自安全和变革性的数字服务、技术和生态系统。然而，这仅是 ADM2025 自拟的应然作用，该规划究竟能否对东盟产生预期效果，还需结合规划具体条文以及实践情况做具体分析。ADM2025 尽管仅在东盟成员国内发生作用，但从"人类命运共同体"的角度出发，该规划的意义与影响绝不局限于东盟十国。作为东盟战略伙伴的中国更应意识到这一点。

2003 年，中国与东盟建立战略伙伴关系。截至 2021 年，中国连续 12 年保持东盟第一大贸易伙伴地位。国际关系的本质是利益关系，鉴于中国与东盟之间密切的交往，对于东盟数据发展战略的了解、分析、学习、运用及批判是维护我国利益、给予我国有关部门治理灵感的重要手段。同时，东盟有希望成为我国 5G 技术的重要投资领地。随着我国 5G 技术的不断发展，5G 基础措施与应用的成熟落地，我国 5G 基础设施建设等 5G 相关产业有望像高铁一般走出国门。为此，厘清东盟数字发展计划，明确跨国经营环境，把握商业机会将对于我国抢占世界 5G 发展高地至关重要。

（二）降低中国与东盟的贸易壁垒

ADM2025 中的基础设施行动是整个规划中规模最大的预期行动。基于对"卓越的电信基础设施是任何数字转型的核心"这一命题的认识，东盟层面力图"数量与质量并举"，构建了覆盖通信基础设施投资、建设、应用全生命周期的基础设施行动。在检测与评估政策上，东盟则"有抓有放，重点突出"，确立了"固定和移动网络的投资额、海外移动虚拟运营商的出现、频谱的协调"三大衡量标准。但是正如东盟在 ADM2025 中承认的那样，由于东盟各成员国之间经济发展差异巨大，"期望所有东盟成员国在相同级别投资于连接性改进是不现实的"。然而，尽管东盟确立了"帮助单个国家增强其通信基础设施"这一更易达

成的预期目标,这也并不意味着东盟在践行基础设施行动时能够顺风顺水。

有效地引进与利用外资能够较好地解决东盟基础设施建设过程中的资金短缺与技术不足问题,更进一步,能够提供就业岗位,拉动内需从而促进经济发展。在批判资本主义的同时,马克思也未否认资本的伟大作用:"资本克服了在一定范围内闭关自守、满足于现有需要和重复的旧的生活状况,摧毁了一切阻碍生产力发展和利用交换的自然力量和精神力量的限制,创新了新的生产力。"①

ADM2025 显然注意到了这个问题。不论是"优先加速推动东盟从新冠肺炎疫情中恢复"行动,还是基础设施行动,投资对于东盟数字行业发展的重要性都在不断被强调。但是单就基础设施行动来看,对外资的引进,无论是在力度上,还是在范围上,都还不够。这种软弱性或许是 ADM2025 作为国际法而不可避免的,但至少在大的导向上,ADM2025 应当采取一种更为大胆的态度,而非将引进外资的范围限定在东盟成员国之内。

二、中国与东盟有望加强数字经济合作

(一)实现数字基础设施合作

2020 年,中国与东盟发布《中国-东盟关于建立数字经济合作伙伴关系的倡议》,该倡议明确强调加强双方数字基础设施合作。倡议强调"强化双方在通信、互联网、卫星导航等各领域合作,共同致力于推进 4G 网络普及,促进 5G 网络应用,探索以可负担价格扩大高速互联网接入和连接,包括对《东盟互联互通总体规划 2025》框架下东盟数字枢纽的支持,发展数字经济,弥合数字鸿沟"②。这是对于中国与东盟在通信基础设施建设合作方面现有成果与未来蓝图的最好写照。在"人类命运共同体"理念的指导下,广西积极推进中国-东盟信息港基础设施建设项目,云南与缅甸和老挝的多家运营商连接,2022 年 9 月已建成互联网出省总带宽能力达到 32 Tb/s……无数实践表明,在数字经济日益发展的今天,应当加强中国与东盟在通信基础设施方面的合作,构建新的发展格局,实现互利共赢。

---

① 参见谭培文:《正确认识"资本的文明作用"》,《中国社会科学报》2019 年 7 月 25 日。

② 参见 Merle A Hinrich and Amb. Kurt Tong: *Southeast Asian Nations Should Tell the US What They Want on the Digital Economy*, https://www.hinrichfoundation.com/research/article/digital/southeast-asian-nations-digital-economy/。

（二）东盟可借鉴中国数字化应对方式

新冠肺炎疫情是新中国成立以来发生的传播速度最快、感染范围最广、防控难度最大的一次重大突发公共卫生事件，对中国而言是一次危机，也是一次大考。在应对新冠肺炎疫情时，我国充分运用大数据、人工智能等技术构建疫情数据库，进行疫情趋势研判，开展流行病学调查。5G 视频实时对话平台的运用使得医护人员得以跨越距离障碍实现实时交流；公民健康码、通信大数据行程卡等数据的收集与运用使精准识别、精准施策和精准防控成为可能。这一切的实现都离不开广覆盖的通信基础设施、成熟的数字信息技术与强有力的数据治理模式。如果说 ADM2025 的出台表明东盟意识到了信息通信技术与数字服务在抗击新冠肺炎疫情中的重要作用，那么中国则已经在这个方面树立了成功的实践典型，并借新冠肺炎疫情之契机推动"数字化转型"进入新发展期。当然，中国在运用数字技术与通信技术应对新冠肺炎疫情的过程中，也面临着多种多样的问题，但从疫情控制角度而言，中国政府向人民交出了一份优质答卷。

（三）东盟可学习中国智慧政务模式

大力发展电子政务是当下世界各国的普遍做法，但各国发展情况参差不齐。依照电子政务发展的深度，大致可以将其划分为两个阶段：其一是政务数字化，其二是政务智慧化。通过观察 ADM2025 可以发现，尽管东盟也强调提高电子政务处理效率，但大体上，东盟目前的电子政务还停留在政务数字化阶段。对比而言，我国已经向政务智慧化转型，力图打造精准治理新模式、经济运行新机制、惠民服务新体系。

早在 2018 年，中国电子政务市场规模就已突破 3 000 亿元。随着 5G 技术的成熟落地，我国的电子政务早已不再只是停留在行政数字化的表层，而是开始向真正的"智慧政务"迈进。通过 5G 网络，结合人工智能、虚拟现实等技术，各地均在部署 5G 技术加持下的智慧政务。例如，宁波市打造全国首个 5G 智慧海关，推动 5G 技术、物联网、大数据、云计算、人工智能等在智慧海关的应用，强化智能卡口、全景监管、移动查验等海关监管要素。截至 2019 年，已实现"5G＋AR"全景监管和"5G＋智能卡口"两项应用。诸如新华三技术有限公司、华为软件技术有限公司等市场力量也早已被运用到探索智慧政务发展路径的过程中。这为东盟各国提供了可借鉴经验。

第四章
5G 安全规制与发展的中国实践

第一节　我国 5G 发展的基本情况

2019 年 6 月 6 日，工信部正式向中国电信、中国移动、中国联通和中国广电发放 5G 商用牌照，中国正式进入 5G 商用元年，成为全球首批实现 5G 商用化的国家之一。《中国制造 2025》提出，要全面突破 5G 技术，突破"未来网络"核心技术和体系架构，中国国民经济和社会发展第十三个五年实现"信息随心至，万物触手及"的 5G 愿景。

中国经过 30 多年的自力更生和艰苦创业，完成了从"1G 空白""2G 跟随""3G 突破""4G 并跑"到"5G 领跑"的突破。5G 商用牌照的发放是建设网络强国和引领 5G 发展的重要里程碑，对提升我国信息通信产业发展的质量效益和核心竞争力，以及经济社会信息化水平具有重要意义。根据德国专利数据公司 IPlytics 发布的 5G 专利报告《谁在引领 5G 专利？》，中国企业在 5G 赛道表现抢眼。根据国务院新闻办公厅发布的数据显示，截至 2019 年 9 月，我国 5G 标准必要专利声明，全球占比达 42%，为推动全球 5G 发展提供中国方案。[1]

一、5G 发展的整体布局

2013 年 2 月，工信部、国家发改委以及科技部成立了由中国主要运营商、制造商、高校和研究机构组成的 IMT-2020(5G)推进组。该战略推进组是聚合中国产学研用力量、推动中国 5G 研究和开展国际交流与合作的主要平台。2016 年，《国家信息化发展战略纲要》《"十三五"国家信息化规划》《国家标准化体系建设发展规划(2016—2020 年)》等政策文件陆续发布，对推动 5G 发展作出了明确部署。2019 年 6 月，工信部发放 5G 商用牌照，加速推动 5G 发展应用。

---

[1]　董宏伟：《从全球 5G 态势看中国发展之路》，《中国电信业》2019 年第 11 期。

2019 年 11 月,工信部印发《"5G＋工业互联网"512 工程推进方案》(工信厅信管〔2019〕78 号),明确到 2022 年实现一批面向工业互联网特定需求的 5G 关键技术突破,加快垂直领域"5G＋工业互联网"的先导应用。2020 年 3 月,工信部印发《关于推动 5G 加快发展的通知》(工信部通信〔2020〕49 号),全力推进 5G 网络建设部署,加大 5G 技术研发力度与应用推广。2020 年 5 月,《政府工作报告》提出"加强新型基础设施建设,发展新一代信息网络,拓展 5G 应用",再次就加快 5G 网络等新型基础设施建设做出战略部署。2021 年 3 月,《中华人民共和国国民经济和社会发展第十四个五年规划和 2035 年远景目标纲要》中指出,"加快 5G 网络规模化部署","构建基于 5G 的应用场景和产业生态"。2021 年 7 月,工信部、中央网信办等十部门联合印发《5G 应用"扬帆"行动计划(2021—2023 年)》。该计划指出:到 2023 年,我国 5G 应用发展水平显著提升,综合实力持续增强。实现重点领域 5G 应用深度和广度双突破,构建技术产业和标准体系双支柱,网络、平台、安全等基础能力进一步提升,5G 应用"扬帆远航"的局面逐步形成。①

二、5G 标准的出台

在 5G 的技术演进中,标准化构建发挥着提升效率和扩大合作等促进作用,加快了 5G 的发展和普及速度。在技术层面上,历经标准竞争和版本迭代,3GPP 标准成为经由国际电信联盟认定的唯一 5G 标准,终结以往移动通信技术的多标准时代。围绕 5G 三大场景,3GPP 标准不断进行技术变革,初代版本 R15 主要针对增强型移动宽带场景,为移动网络用户与行业用户提供更好的通信体验。在 R15 版本的技术基础上,R16 版本则着重于增强超可靠低延迟通信场景,推进 5G 在垂直产业上的应用,实现自动驾驶、远程医疗、工业自动化等新用例。R16 版本已于 2020 年 7 月宣布冻结,它大大改进了 5G 标准的实用性,为 5G 的具体应用时代的到来奠定了技术基础。而到了 R17 版本,3GPP 标准继续延展 5G 能力,将研发重点侧重于大规模机器类通信场景,实现制造、物流等行业中的大规模设备连接,完成 5G 对物联网的支持。随着 R17 标准版本的布局规划、标准立项及进程推进的加快,5G 助力应用发展的潜能更是被不断释放。

---

① 参见吕欣:《推动 5G 安全体系建设》,《信息安全研究》2020 年第 6 期。

（一）5G 安全行业标准

中国通信标准化协会(CCSA)已发布的 5G 网络安全相关行业标准主要聚焦在基础共性、终端安全、IT 化网络设施安全等方面。CCSA 在 5G 网络安全领域重点标准包括：

第一,在基础共性方面,《5G 移动通信网安全技术要求》(YD/T 3628—2019)明确了对 5G SA 网络和 NSA 网络的基本安全要求,包括 5G 网络安全架构、安全需求、安全功能实现等。在研标准《5G 网络中的 IPSec 需求和方案研究》,主要围绕 5G 网络中的 IPSec 需求和方案开展研究。第二,在终端安全方面,CCSA 已发布的标准主要关注移动智能终端安全和特定行业专用终端安全,发布了《移动智能终端安全能力技术要求》(YD/T 2407—2013)、《移动智能终端安全能力测试方法》(YD/T2408—2013)、《手机支付 移动终端安全技术要求》(YD/T2502—2013)。第三,在 IT 化网络设施安全方面,在研标准《网络功能虚拟化安全技术要求》主要聚焦于网络功能虚拟化安全技术要求。第四,在通信网络安全方面,相关标准涵盖了 5G 边缘计算安全、5G 移动通信网络设备安全、5G 网络组网安全等领域。第五,在应用与服务安全方面,《网络关键设备安全通用要求》(GB 40050—2021)、《互联网新技术新业务安全评估要求基于 5G 场景的业务》分别提出 5G 业务安全通用防护和互联网新技术新业务安全评估的要求。第六,在数据安全方面,《5G 数据安全总体技术要求》(YD/T 4249—2023)从 5G 业务应用、5G 终端设备、5G 无线接入、5G 核心网等方面规定了 5G 数据安全的总体技术要求。第七,在安全运营管控方面,在研标准《5G 移动通信网通信管制技术要求》主要关注 5G 移动通信网通信管制技术要求。

（二）5G 安全国家标准

第一,强制性国家标准。2021 年 2 月,国家标准化管理委员会发布了强制性国家标准《网络关键设备安全通用要求》(GB 40050—2021)。该标准主要用于落实《中华人民共和国网络安全法》(简称《网络安全法》)中第二十三条关于网络关键设备安全的要求,为 5G 网络设备的安全性提供技术保障和依据。该标准主要内容包括网络关键设备的安全功能要求和安全保障要求。其中,安全功能要求聚焦于设备的技术安全能力,安全保障要求则对网络关键设备提供者在设备全生命周期的安全保障能力提出要求。

第二,全国信息安全标准化技术委员会(TC260)推荐性国家标准。在 5G 网络安全标准研究方面,TC260 针对 5G 网络安全推动了 5G 网络安全标准体系研究,涵盖了安全基础共性、终端安全、IT 化网络设施安全、应用与服务安全、数据安全和安全运营管理等方面,并持续完善相关配套标准。[①] TC260 在 5G 网络安全领域相关的重点标准包括:

一是在基础共性方面,《信息安全技术　网络安全等级保护基本要求》(GB/T 22239—2019)规定了第一级到第四级保护对象的安全保护的安全通用要求和安全扩展要求,用于指导网络运营者按照网络安全等级保护制度的要求,履行网络安全保护义务。二是在终端安全方面,《信息安全技术　移动通信智能终端操作系统安全技术要求》(GB/T 30284—2020)、《信息安全技术　移动智能终端应用软件　安全技术要求和测试评价方法》(GB/T 34975—2017)、《信息安全技术　移动终端安全保护技术要求》(GB/T 35278—2017)、《信息安全技术　物联网感知层接入通信网的安全要求》(GB/T 37093—2018)分别对通用固件和操作系统安全、移动智能终端安全、终端侧应用软件安全开展了研究。三是在 IT 化网络设施安全方面,TC260 已发布标准主要聚焦于云平台安全,《信息安全技术　云计算服务安全指南》(GB/T 31167—2014)、《信息安全技术　云计算安全参考架构》(GB/T 35279—2017)、《信息安全技术　云计算服务安全能力评估方法》(GB/T 34942—2017)、《信息安全技术　云计算服务安全能力要求》(GB/T 31168—2014),提出了针对云计算服务的安全指南、安全参考架构、安全能力评估方法和安全能力要求。四是在网络安全方面,《信息安全技术　边缘计算安全技术要求》(GB/T 42564—2023)分析边缘计算系统因云边协同控制、计算存储托管、边缘能力开放等引入的安全风险,提出了边缘计算安全参考模型,并从应用安全、网络安全、数据安全、基础设施安全、物理环境安全、运维安全、安全管理等方面提出边缘计算的安全技术要求。该标准可用于指导边缘计算相关方提高边缘基础设施研发、测试、生产、运营过程中应对各种安全威胁的能力。五是在应用与服务安全方面,《信息安全技术　智慧城市安全体系框架》(GB/T 37971—2019)、《信息安全技术　智慧城市建设信息安全保障指南》(GB/Z 38649—2020)从安全角色和安全要素的视角提出了智慧城

---

① 参见张祺祺、韩晓露、段伟伦:《5G 供应链安全现状及标准化建议》,《信息安全研究》2022 年第 1 期。

市安全体系框架,为智慧城市建设全过程的信息安全保障机制与技术建设提供指导。此外,TC260正在开展新业务应用领域安全标准研制,涉及的领域涵盖了物联网、工业互联网、车联网(智能网联汽车)等。六是在数据安全方面,TC260发布了《信息安全技术 数据安全能力成熟度模型》(GB/T 37988—2019)、《信息安全技术 个人信息安全规范》(GB/T 35273—2020)、《信息安全技术 移动智能终端个人信息保护技术要求》(GB/T 34978—2017)等相关标准用于指导数据和个人信息的保护工作。七是在安全运营管理方面,《信息技术 安全技术 IT网络安全 第1部分:网络安全管理》(GB/T 25068.1—2012)、《信息技术 安全技术 信息安全事件管理指南》(GB/Z 20985—2007)、《信息安全技术 网络安全等级保护安全管理中心技术要求》(GB/T 36958—2018)、《信息安全技术 网络安全管理支撑系统技术要求》(GB/T 38561—2020)、《信息安全技术 信息安全应急响应计划规范》(GB/T 24363—2009)、《信息安全技术 ICT供应链安全风险管理指南》(GB/T 36637—2018)等标准提出了网络安全管理、信息安全事件管理、应急响应计划和ICT供应链安全风险管理等方面的要求。

第三,全国通信标准化技术委员会(TC485)推荐性国家标准。目前,TC485正在推进关于5G网络相关标准的研究,在研标准主要涵盖基础共性、通信网络安全等方面。《5G移动通信网通信安全技术要求》(YD/T 3628—2019)主要围绕5G移动通信网中的通信安全总体技术要求展开研究,为运营商和监管机构在5G安全方面工作的开展提供技术参考。《5G移动通信网络设备安全保障要求 核心网网络功能》(YD/T 4204—2023)和TC485在研标准《5G移动通信网络设备安全保障要求基站设备》主要围绕5G设备安全,从核心网网络功能、基站设备等方面,对5G移动通信网络设备安全提出保障要求。[①]

(三)5G法律标准[②]

1. 基础性法律框架层面

在5G发展的基础性法律框架层面,《中华人民共和国电信条例》(简称《电信条例》)规定,电信管理遵循"政企分开、破除垄断、鼓励竞争、促进发展和公

---

① 参见张祺祺、韩晓露、段伟伦:《5G供应链安全现状及标准化建议》,《信息安全研究》2022年第1期。

② 参见朱莉欣、李康:《网络安全视野下的5G政策与法律》,《中国信息安全》2019年第9期。

开、公平、公正的原则",电信网络和信息的安全受法律保护;任何组织或者个人不得利用电信网络从事危害国家安全、社会公共利益或者他人合法权益的活动;我国电信实施电信业务经营许可,要求电信网间要"互联互通"、互联规程要遵守"非歧视和透明化的原则"。该条例第五十六条规定,不得利用电信网络制作、复制、发布、传播违反宪法原则、危害国家安全等九类信息;第五十七条规定,任何组织或者个人不得有对电信网的功能或者存储、处理、传输的数据和应用程序进行删除或者修改等四类危害电信网络安全和信息安全的行为。

此外,为适应时代的发展变化,我国目前在起草《中华人民共和国电信法》,以进一步完善电信法律制度。该立法将涉及 5G 的设施建设和安全、5G 业务经营的开展和服务、5G 电信服务商之间的关系和与客户的关系、5G 涉及的信息和行为合规等一系列内容,是支持和规范 5G 发展基础性的法律。

2. 网络与数据安全方面

首先,《中华人民共和国网络安全法》提出了总体要求和规范;运用 5G 技术和网络收集、存储、分析、运输和处理数据,要符合有关数据法的规定,如《中华人民共和国人类遗传资源管理条例》《金融信息服务管理规定》等。其次,在行政法规层面,应当按照《关键信息基础设施安全保护条例》的部署做好对关键信息基础设施的保护。《中华人民共和国电信条例》规定,任何组织或者个人不得利用电信网络从事危害国家安全、社会公共利益或者他人合法权益的活动,不得有危害电信网络安全和信息安全的行为。《网络安全审查办法》要求"关键信息基础设施的运营者采购网络产品和服务。可能影响国家安全的",应当通过"有关部门组织的国家安全审查"。再次,在政策方面,《关于推动 5G 加快发展的通知》要求加强 5G 网络基础设施安全保障、强化 5G 网络数据安全保护、培育 5G 网络安全产业生态、构建 5G 安全保障体系,并要求开展安全评估,积极防范安全风险。2021 年 3 月,工信部科技司在《2021 年工业和信息化标准工作要点》中明确,将推动开展 5G 及下一代移动通信、网络和数据安全等标准的研究与制定。最后,在知识产权方面,5G 相关的技术和发展同时也受《中华人民共和国著作权法》《中华人民共和国专利法》《中华人民共和国商标法》《信息网络传播权保护条例》等知识产权法律法规的保护。

3. 个人信息方面

如果数据涉及个人信息,应当遵守个人信息保护法的相关规定,如《最高人民法院关于审理利用信息网络侵害人身权益民事纠纷案件适用法律若干问题的规定》、《信息安全技术个人信息安全规范》(GB/T 35273—2017)等。2012 年我国通过《全国人民代表大会常务委员会关于加强网络信息保护的决定》,对个人信息保护的基本原则、数据控制者的义务等做了规定。2014 年,最高人民法院发布《关于审理利用信息网络侵害人身权益民事纠纷案件适用法律若干问题的规定》,通过侵权责任保护个人信息。2016 年,《中华人民共和国网络安全法》出台,对个人信息的概念做了界定,其第二十二条、第三十七条、第四十一至第四十五条从个人信息的收集、使用、应用到储存都进行了规范,并在法律责任一章规定了相关责任者的处罚措施。这种保护力度,宣示国家保护个人信息的决心,也对 5G 发展应用中个人信息保护提出了明确的遵从要求。

4. 5G 基础设施规划、建设和运营方面

有关键基础设施保护法的相关规定,如《中华人民共和国网络安全法》《信息安全技术网络安全等级保护基本要求》规范关键基础设施安全的条款,且《关键信息基础设施安全保护条例》也于 2021 年 9 月出台。5G 相关的技术和发展同时也受《中华人民共和国著作权法》《中华人民共和国专利法》《中华人民共和国商标法》等知识产权法律法规的保护。围绕 5G 的发展和应用涉及方方面面社会关系,这些相关的法律法规可以发挥各自的功能,指引、协调和规范由于 5G 应用而形成的新的社会关系。

(四) 5G 应用标准

5G 应用标准的构建,体现了 5G 技术迭代下规范具体应用发展的急迫需求。它在技术层面上能够促进技术发展与运用,在应用层面上发挥规范应用开发与推广的作用。5G 的核心价值在于技术与具体应用场景的融合,而在 5G 技术区分的不同场景下,也具有不同的 5G 应用标准。

随着 5G 的技术发展和政策完善,我国被认为已进入 5G 时代,但 5G 时代所带来的不仅有技术的跟进,还有产业化与应用性的全面变革。只有当 5G 在技术和应用这两个方面实现发展与协同,才能真正实现 5G 的预期功效。标准化构建在 5G 的技术迭代方面已然发挥重要的促进作用,而在技术条件达成后的 5G 具体应用落地和全面铺开的伊始,标准化构建将助力降低 5G 应用的出资与部署成本,提升互联与互操作性,促进生产生活更加便利。

在国际层面上,5G 建设方面的国际组织在应用标准层面的发力着重于推进应用相关技术的发展。如 3GPP 讨论统一边缘计算标准,意在支持实时交付和点播内容以及高度交互性的应用程序。AR/VR、云游戏等,或为 3GPP 5G 中的垂直应用标准化铺平道路,并促进 5G 标准在跨越不同行业情景的适用。但在本质上,这些仍然属于 5G 技术标准自身演进的举措,并未就具体场景下的 5G 应用确定标准。究其原因,5G 应用标准的制定并未在国际层面达成统一共识,制定权仍把控在国家层面,国际组织仅能提出关于标准的建议。我国要求在已有技术标准的基础上优化标准整体布局,前瞻性地部署一批 5G 新技术应用标准,加快行业急需标准的制定和适用推广。

1. 5G 应用标准的作用分析

第一,技术层面:5G 应用标准促进技术发展与运用。5G 作为移动通信技术发展至今的技术迭代产物,在众多关键技术上较 4G 有了显著提升,技术进展带来的应用范围也得到明显扩大。也正因此,5G 成为各国争相布局的战略重点,我国也从政策和资金等方面予以支持,从而极大推动 5G 技术发展,实现由"4G 并跑"到"5G 领跑"地位的重大转变。5G 技术标准的制定与出台推动了 5G 技术的进一步发展,而技术的发展则是 5G 应用得以落地与铺开的前提,在促进 5G 整体发展的进程中,具备可行性的技术是发展的基础,得以应用才是 5G 的价值与关键所在。而 5G 应用标准的制定与出台,其意义不仅在于能够为应用的推广铺平道路,使之可以在标准化轨道中产生最好效率和最高收益,还在于能够在客观实践方面检验技术的实用性,从而推动 5G 技术的发展。5G 的应用标准是将已有实践成果固定并从预期角度指引与评估应用建设开展,其中将对技术进行实践层面上的考验,从而淘汰或转变过时技术,在客观上推动技术进步。此外,5G 应用的演进不仅依赖 5G 技术,其中还需要人工智能、边缘计算、视觉技术、传感技术等多项技术的支持,5G 应用标准不仅能够在应用过程中对各项技术进行实践考验,还可以促使所需技术能够有机高效地整合,从而在应用中发挥集合力量。

第二,应用层面:5G 应用标准规范应用开发与推广。数字化技术已经悄然推动了零售、金融、传媒等行业的创新,为生产和生活带来了极大的改变。其中一系列技术发挥着功效,而移动通信技术则是起到连接性的基础作用。随着 5G 技术标准版本的不断更迭,5G 的高速率、低时延、大容量等能力不断显现。5G 商用的愿景已经从梦想走进现实,与 5G 密切相关的系列行业和应用已经落地。国内火热的 5G 产业和市场,展现了 5G 进展的高速度和促进 5G 技术和应用发展的积极性。然而,百花齐放下的 5G 应用,需要标准建设以规范应用的开发与推广。相较以 5G 为本体的技术标准构建，5G 具体的应用标准建设和 5G 应用开发一样还略显不足，在许多具体场景下的 5G 应用标准仍一片空白，一系列指标和参数尚无据可依，这将不利于 5G 应用的开发和商业性推广。而在统一标准下的 5G 应用可以节约开发成本继而提高开发的效率，且统一的应用规范下，进行市场推广也将更为便捷。当然，除了 5G 技术与应用标准的构建外，5G 应用的开发与推广还需市场准入、人才培养等方面的统一规范。通过对应用开发与推广的规范，实现 5G 与相关应用场景的深度融合，不断催生新业态和新模式，最终发挥 5G 商用拉动我国经济增长和促进高质量发展的作用。

2. 具体场景下的 5G 应用标准

5G 的核心价值在于技术与具体应用场景的融合，从而改进传统产业模式并催生新需求、新产品和新服务。基于 5G 创新性提出的三个业务场景的基础上，以技术的演进阶段划分来分析具体应用场景下的 5G 应用标准。

第一，增强型移动宽带场景下的应用标准。随着 3GPP 标准中 R15 版本的冻结，eMBB 成为 5G 中最先实现商用的场景。eMBB 使 5G 较前代移动通信技术具有更高速率，因此可以实现对已有的音频、视频、游戏产业的技术变革，并催生增强现实与虚拟现实技术（AR/VR）应用。

在影视音像方面，5G 音频标准规定了 5G 条件下的超高清音频内容生成规则与流程，通过软件、硬件和网络条件的论证，分析在不同网络环境下的音质技术要求，完善超高清音质的质量管理规范，能够推动数字音乐向高品质化方向发展。5G 的高速率更是给超清视频带来更大的发展空间，除了传统的影音视频播放功能的技术更新，从而承载 4K 乃至 8K 的超清视频播放，5G 网络下的超清视频还具备远程超清直播、景点展示、超清医疗、安防监控等应用场景，是 eMBB 落地后的最理想应用。国际电信联盟既明确 5G 网络标准，为超清视频提供快速且稳定的网络条件，又发布视频超高清的技术标准，界定 4K 和 8K 的画质。而 5G 超清视频标准将规定我国在 4K 和 8K 等超高清视频领域的覆盖采集、制作、传输、呈现、应用等全产业链的标准体系，重点关注超高清视频与重点行业领域的融合应用，就 5G 下的视频应用场景提出创新应用方案。在数字游戏方面，5G 对数字游戏尤其是云游戏、VR 游戏等均起到极大的技术支持作用，并提供更优质的移动端游戏体验。在传统数字游戏中，5G 将以更高的网络速率支持画质等方面更高要求的游戏体验与改善游戏时延；云游戏是以云计算为基础的游戏模式，使游戏玩家在云端助力下摆脱硬件的限制，体验高配游戏；VR 游戏使游戏从平面真正走向立体,带来游戏玩家身临其境的代入感与交互性。5G游戏标准规范5G环境下的网络架构支持,防范产业碎片化,为数字游戏应用的发展提供技术底座。

第二,超可靠低延迟通信场景下的应用标准。3GPP 5G标准在R15版本基础上继续进行技术更新,并实现对R16版本的冻结,该版本侧重于增强uRLLC场景,以支持5G在垂直产业上的应用。uRLLC具有低时延性和高可靠性的双重特性,低时效性可实现响应0.5 ms的时延,该时延仅为前代技术的百分之一。高可靠性则是指在满足时延需求的同时极大提升数据传输的安全可靠性。上述特性促使5G可以在车联网(V2X)和工业互联网等领域的应用得以实现,加速自动驾驶和工业自动化等成为现实。在车联网领域,一直存在美国电气电子工程师学会(IEEE)制定的DSRC和3GPPG制定的C-V2X两个标准流派的主导之争,而3GPP标准在完成R16版本冻结后,实现对LTE-V2X技术的升级以达成5G-V2X标准,对主要采用C-V2X标准的我国车联网标准有指导价值。我国已完成相关接入层、网络层、消息层和安全等标准制定,初步形成车联网的技术标准体系,但仍需完成5G环境下面向汽车、交通、公安、通信行业的车联网具体应用标准的制定,以此促进车联网的技术进步和产业构建,使车联网在5G助力下健康发展。在工业互联网领域,网络是这一信息通信技术与先进制造业深度融合所形成的新兴业态和应用模式中的基础组成部分,5G网络的低时延与高可靠特征能够满足其发展需要,实现工业生产中的人、机、物等要素的互联。当下结合5G的工业互联网产业应用正在探索中,标准的制定也正处于起步阶段,面向具体行业的"5G＋工业互联网"应用标准的研制,将有助于对已取得成效的实践成果予以固定并加以推广,达成产业共识,夯实发展基础,推动工业领域向全面网络化、信息化和智能化的转型。

第三,大规模机器类通信场景下的应用标准。在3GPP 5G标准的R17版本中,mMTC场景成为新的增强方向。mMTC场景意在扩大移动通信的范围,在以人为中心前提下扩展人与物、物与物的联系,使移动通信技术与广泛的行业领域融合,实现真正的万物互联。实现对物联网的支持是5G的目标之一,但前期的物联网发展尚不完全,所能实现的连接也相对低端,究其原因,是网络时延、连接规模等难以满足需求。而在mMTC场景中,除了兼具低时延、高可靠的特征外,单位面积支持大量设备的大规模特征使得5G能够支持要求更高的预期应用,包括环境监测、智能农业甚至智慧城市等。2020年7月,NB-

IoT正式被纳入5G技术标准,凭借覆盖广、成本低、功耗少等优势成为mMTC场景中的核心技术,从而能够支撑物联网向更广阔的领域发展。而随着万物互联愿景的展开与深入,5G环境下的物联网应用标准制定也终将提上日程,成为5G物联网建设的指引和规范,最终推动万物互联的理想变成现实。

三、5G赋能社会领域数据治理

(一)5G赋能卫生数据治理

健康医疗大数据是指与健康医疗相关,满足大数据基本特征的数据集合,是国家重要的基础性战略资源,正快速发展为新一代信息技术和新型健康医疗服务业态。2006年以来,我国开始建立区域卫生信息平台,整合区域范围内医院、基层卫生机构、公共卫生各类数据,形成以个人为中心的电子健康档案库。2019年6月,工信部向中国移动等四家企业颁发5G商用牌照,开启我国5G商用元年,5G赋能千行百业成为5G时代的响亮口号。医疗行业一直被认为是5G时代大发展的行业之一。依托于以大带宽、高可靠、低时延及大连接为关键技术指标的5G网络,个性化医疗、远程诊断、远程治疗、突发事件指挥等技术实现成为可能。而这一切都是以一个体量庞大、读取迅速的医疗卫生数据信息库为基础。医疗卫生数据也是5G助力医疗行业的关键发力点之一。

我国在医疗卫生数据建设方面成果显著。2016年10月25日,中共中央、国务院印发了《"健康中国2030"规划纲要》。该纲要明确指出要推进健康医疗大数据应用,加强健康医疗大数据应用体系建设,推进基于区域人口健康信息平台的医疗健康大数据开放共享、深度挖掘和广泛应用;消除数据壁垒,建立跨部门跨领域密切配合、统一归口的健康医疗数据共享机制,实现公共卫生、计划生育、医疗服务、医疗保障、药品供应、综合管理等应用信息系统数据采集、集成共享和业务协同。

截至2023年11月,卫健委在全国建立了国家数据中心、区域数据中心和应用发展中心。全国建成2 600多家互联网医院,助力医疗卫生大数据技术应用创新,形成上下左右整体联动态势。尤其是近年新冠肺炎疫情当中,医疗卫生大数据技术在病毒溯源、疫情防控等方面发挥关键性作用。5G时代背景下,

5G 网络将会承载大量的物联网数据,为海量数据的产生、储存、运算提供可能性。可以想见的是,我国的医疗卫生数据将在规模上和质量上迎来新的飞跃。

(二)5G 赋能交通运输数据治理

5G 与交通运输行业的结合是大势所趋。智慧交通系统由若干子系统构成。5G 的应用将着重助力自动驾驶技术、智能交通数据技术及智能共享交通服务技术的技术飞跃。例如,5G 超高可靠、低时延通信能够助力车路协同多目标优化及自动驾驶技术的发展。在 5G 环境下,通信可靠性可以达到 99.99%,用户在车中娱乐不会影响车辆间通信的及时性、稳定性和安全性。[①] 5G 加持的智慧交通系统在中国的落地时机已经成熟。这一方面得益于中国世界领先的5G 技术发展情况,另一方面,中国庞大的人口规模、市场容量共同造就的城市样貌正是智慧交通系统的最佳试验场。

从运输对象的角度而言,交通运输行业可被划分为货运与客运两大类。笔者分别选取智慧物流以及高铁两个典例,对我国交通运输数据的建设成就进行说明。

第一,货运方面。各大物流企业活跃在 5G 应用最前沿。早在 2018 年,菜鸟裹裹就将物联网战略定义为物流智能化发展的关键。2019 年,京东物流在北京"亚洲一号"建设并落成国内首个 5G 智能物流示范园区,它实现了 5G 网络通信与物流应用的深度融合创新,打造了智能物流园区的数字化与智能化。[②] 2020 年 2 月 26 日,国家邮政局和工信部联合印发《关于促进快递业与制造业深度融合发展的意见》,该意见表示,应当建设智慧物流,加快推动 5G、大数据、云计算、人工智能、区块链和物联网与制造业供应链的深度融合,提升基础设施、装备和作业系统的信息化、自动化和智能化水平。加快 5G 技术在快递业的推广应用,丰富 5G 物流应用场景,推动物流全环节信息互联互通。

第二,客运方面。2030 年 5G 信号覆盖的广深港高铁正式投入春运,成为我国 5G 建设发展在应用落地上的又一里程碑事件。中兴通信根据应用场景分类,将智能高铁 5G 需求分成 4 大类场景:铁路正线连续广域覆盖、铁路站场和枢纽等热点区域、铁路沿线地面基础设施监测、智能列车宽带应用。[③] 如今,相关技术难题正在被逐步攻破,5G 高铁逐渐走入人们的日常生活。

---

① 参见赵鹏军、朱峻仪:《智慧交通的发展现状及其所面临的挑战》,《当代建筑》2020 年第 12 期。
② 参见北京商报:《"5G＋智能物流":我们的快递会有什么变化?》,2021-1-29.
③ 参见艾渤、马国玉、钟章队:《智能高铁中的 5G 技术及应用》,《中兴通讯技术》2019 年第 6 期。

（三）5G 赋能环境数据治理

5G 技术能在环保领域的优势是巨大的：一方面，由于 5G 技术高速度、低延迟的特点，数据监测站的运行将更加高效，数据收集将更为准确、快捷；另一方面，以 5G 技术为基础发展的智能技术将为传统环保监测、执法、作业等多个环节带来改变契机。例如，在环境监测方面，5G 和区块链、物联网、大数据等技术联合，不仅可以实现环境数据的高速、准确收集，还可以实现环境与平台、平台与人之间的实时信息交互，避免找不到污染源头事件的发生。同时，多地间的数据实时共享、联防联控也成为可能。在数据处理方面，5G 技术带来的大容量数据，可以让环境数据分析从抽样分析变为全量数据分析，能带来更多样更复杂的分析方法和分析模型以及更精准、更具普遍性的分析结果。

我国在利用 5G 技术进行环境数据建设方面已经取得重大成就。早在 20 世纪 80 年代，我国就开始了环境数据的共享与服务。2001 年，科技部启动"科学数据共享工程"。2004 年起，中国在基础科学、农业、林业、海洋、气象、地震、地球系统科学、人口与健康 8 个领域建成国家科技资源共享服务平台；2019 年，为规范管理国家科技资源共享服务平台，又将其优化调整为国家科学数据中心。2019 年 10 月开始，成都市温江区就开始建设 5G 智慧环保监测平台，目前 5G 智慧环保监测站已陆续投用，可以实时了解环境指标变化、精准进行溯源治理。雄安新区以 5G 网络为依托，基于"物联网＋人工智能＋大数据"前沿技术，通过空气监测微型站、4K 高清视频监控系统与无人机相结合，实现对空气质量与周围环境的全方位立体监测，有效对污染源、污染轨迹等进行定位、溯源分析，助力环保督查。

（四）5G 赋能农业数据治理

5G 赋能农业首先是 5G 赋能农业数据。信息时代下，农业现代化的发展需要建立在农业大数据的基础之上。早在 2015 年，农业部就发布《关于推进农业农村大数据发展的实施意见》，明确农业农村大数据已成为现代农业新型资源要素，发展农业农村大数据是破解农业发展难题的迫切需要。同时，该文件也清晰地指出：我国农业农村数据历史长、数量大、类型多，但长期存在底数不清、核心数据缺失、数据质量不高、共享开放不足、开发利用不够等问题，无法满足农业农村发展需要。以大带宽、高可靠性、低时延、大连接为关键技术指标的 5G 技术是传输、处理、储存我国大体量农业数据的得力工具。

农业在我国国民经济体系中占据着极其重要的地位,从政府对于"三农"问题的重视程度上也可见一斑。除上述原农业部于 2015 年颁布的意见之外,《中共中央　国务院关于全面推进乡村振兴加快农业农村现代化的意见》也提及了农业大数据的建设问题。该文件是 21 世纪以来第 18 个指导"三农"工作的中央一号文件。该文件指出:发展智慧农业,建立农业农村大数据体系,推动新一代信息技术与农业生产经营深度融合,将建立与 5G 技术融合的农村农业大数据体系作为"三农"工作的重点之一。全国政协委员、台盟原中央常委、泉州市政协副主席骆沙鸣也认为,通过大数据开发利用,以数据生产要素打通农业的生产、分配、流通、消费各环节,能够助力我国乡村振兴高质量发展。在政策的保障之下,我国开发的全球质量溯源体系使得农产品实现可溯源化;基于大数据的云计算、物联网等新技术使得农业智能化管理成为可能。

(五) 5G 赋能公共行政数据治理

5G 技术一直是《中国制造 2025》提出的制造强国战略和"十三五"规划的核心,国家赋予了 5G 技术极高的战略地位。5G 赋能将是我国新时期高质量发展的主线。通过信息技术的前沿成果与传统产业的"嫁接",5G 技术能够提升我国传统产业的技术水平,推动产业变革,为我国发展注入新动能。5G 赋能对我国经济均衡和高质量发展的战略价值,除经济发展之外,它对于社会进步能做出的另一个贡献就是:助力我国智慧政务建设,提高政府治理水平。依托 5G、人工智能、大数据等新一代信息技术,政府治理将在更广范围、更深层次、更高水平上实现提升,促进社会治理和经济发展实现质量变革、效率变革和动力变革,从而也带动智慧政务的创新应用。

2016 年,中共中央办公厅、国务院办公厅印发的《国家信息化发展战略纲要》中就已经提及应当积极开展第五代移动通信(5G)技术的研发、标准和产业化布局,扩大网络覆盖范围,提高业务承载能力和应用服务水平,实现多制式网络和业务协调发展。由此可见,在我国,5G 技术与政府政务相结合既是时代必然,也是长远战略。2018 年,中国电子政务市场规模就已突破 3 000 亿元。随着 5G 技术的成熟落地,预计我国公共行政数据产业将迎来新的增长黄金期。目前,中国已经正式开启 5G 商用进程。通过 5G 网络,结合人工智能、虚拟现实等技术,各地均在部署 5G 技术加持下的智慧政务。深圳市发展和改革委员会于 2020 年 12 月 22 日发布《关于大力促进 5G 创新应用发展的若干措施》,明确要着力推进 5G 数字政府建设。运用 5G、物联网、大数据、人工智能等新一代信息通信技术手段,整合城市运行核心系统关键信息,打造精准智能的城市管理体系。新华三技术有限公司、华为软件技术有限公司等多家企业也早已运用市场力量探索政务大数据解决方案,协助政府沉淀数据资产、积累数据模型,打造精准治理新模式、经济运行新机制、惠民服务新体系。

四、5G 网络的高速建设与 6G 同步发展

2021 年 7 月,工信部等十部门印发《5G 应用"扬帆"行动计划(2021—2023年)》,旨在推进 5G 在产业和社会中的应用。行动计划指出,为了贯彻落实习近平总书记关于加快 5G 发展的重要指示,虽然部分 5G 采用的指标有所改善,但在媒体、交通、农业、节水、能源、矿业、智慧城市、智慧教育、智慧医疗、智慧文化旅游等关键设施领域中还有很大的发展空间。该计划提出中国的 5G 网络要实现的目标:未来几年中,个人手机用户的 5G 渗透率达到 40%。到 2023 年,中国的 5G 用户将超过 5.6 亿。计划发布后,据报道,中国电信设备供应商华为技术有限公司在中国移动和中国广播网络(CBN)共享的三份合同中赢得了多数股权,且在大部分农村地区建设了 700 MHz 5G 基站。这些合同价值约 384 亿元人民币,约占计划中 480 297 个新 5G 基站的 60%。报道指出,华为技术有限公司的中标表明来中国政府对这家公司的长期信任。

(一)5G 高速发展

我国政府以及科研人员、分析技术人员等,已经将国家 5G 网络的推出与发展升级国家制造业基础和促进技术更先进经济的目标联系起来。由此可知,国家 5G 发展已经与国家的整体进步与地位紧密相连。例如,近年对于持续的新冠肺炎疫情的防控,5G 技术的应用也得到了提升。同时,一些报道称,5G 解决方案在行业中的利用进度要比预计来得缓慢,并且人们对 5G 基站能源耗用量增加的担忧日渐加剧(根据华为的一篇报告,5G 能源的耗用量高达 4G 能源耗用量的 3.5 倍)。但与此同时,为了实现即将到来的碳中和目标,我国也在尽力推动国内减少能源消耗。

而我国在垄断层面改革的遇阻,既阻碍了更强大的私有网络的发展,也可能减缓了企业对 5G 科技的采用。实际上,网络应用程序和解决方案在很大程

度上还处于试验阶段,但是研究人员和政府机关仍然将希望主要寄托在 5G 的成功推广与应用上。2021 年 7 月 13 日,第 20 届中国互联网大会宣布:我国已经建成 5G 基站 91.6 万个,占全球 5G 基站总数的 70%。根据工信部公布的数据,在 2020 年 12 月 3 日到 2021 年 6 月 30 日期间,我国的活跃 5G 连接数增加了一倍,这一数字占全球 5G 链接总数的 80%。

据行业媒体报道,我国的 5G 发展预计带动 1.2 万亿元人民币的网络建设投资。虽然 5G 建设的规模和速度令人惊叹,但全国的 5G 建设还有很长的路要走。业内人员经过粗略的计算发现,由于 5G 技术的信号覆盖率相对有限,我国的 5G 基站网络比现有的 4G 网络密度大 4 到 5 倍的情况下,才能实现全面覆盖。无论如何,中国 5G 的进展仍然保持飞速发展态势。《日经亚洲》报道称,中国三大电信公司(中国移动、中国联通和中国电信)在 5G 网络和其他基础设施中的支出较 2021 上半年下降了 25%,低至 1 376.5 亿元人民币(约 213 亿美元),这从侧面反映了不同企业之间通过共同建设和共享 5G 基础设施来降低成本,以达成"共建、共享"目标。中国电信的一位高层指出,虽然联合共享计划能够简化资本方面的支出,但是由于全球芯片的短缺导致了部门网络设备的延迟交付,进而影响了 5G 网络的建设。尽管存在某些供应链上的不足,但是总体来说,行业分析师依然认为中国电信投资正处于高峰期。

(二) 6G 启动研发

2019 年 11 月,科技部召开 6G 技术研发工作启动会,宣布成立国家 6G 技术研发推进工作组和总体专家组。其中,推进工作组负责推动 6G 技术研发工作实施;总体专家组负责提出 6G 技术研究布局建议与技术论证,为重大决策提供咨询与建议。工信部也于 2019 年成立国家 6G 技术研发总体专家组,后又更名为 IMT-2030(6G)推进组,聚集工业界和高校等各方力量,研究内容涵盖需求、无线及网络技术,加强前瞻性愿景需求及技术研究,目标在于明确 6G 推进思路和重点方向。据统计,截至 2021 年,我国企业在 6G 领域的专利数达到整体的 40.3%。2022 年 1 月 12 日,国务院发布《"十四五"数字经济发展规划》,要求加大对 6G 研发的支持,并"积极参与制定第六代移动通信技术的国际标准"。[①]

---

① 参见刘珊、黄蓉、王友祥:《全球 6G 研究发展综述》,《邮电设计技术》2021 年第 3 期。

我国的电信发展战略基于"使用一代、建设一代、研究一代、研发一代"的原则,确保持续创新,让我国在接下来的科技创新年代继续走在电信技术领域的前沿。2021年6月,由政府支持的中国信息通信研究院(CAICT)IMT-2030(6G)推进组发布了全国首份6G白皮书——《6G总体愿景与潜在关键技术》,其中规划了2030年实现6G商业化的计划,旨在启动集中推动中国6G研发进程的计划。6G的支撑技术,广义上包含电磁频谱上的更高频段,包括毫米波、太赫兹波和可见光,以提供更高容量和更低延迟的通信(后者可能低至1 μs)。如果5G技术代表"万物互联",那么6G则代表着实现"万物智能互联"的可行性。一些专家预测,6G将创造一个融合物理空间和虚拟空间的下一代"数字孪生"的世界,融合了物理和虚拟,大致类似于"扩展现实"(XR)的概念。最主要的是,与6G相关的技术解决方案还可以帮助我国政府解决当前主要的系统性问题:我国政府目前面临的挑战,包括收入差距大、人口问题、劳动力的短缺、社会治理和环境可持续性等问题。

我国分析师还提出,6G技术具有实现"空天地海一体化系统"的潜力,6G技术对提高数字监视、通信和控制能力具有重要意义。2020年11月,我国发射了世界上第一颗6G卫星——"电子科技大学号"(星时代-12/天雁05)。这表明了我国的军事和工业研究人员也积极参与到将太赫兹技术应用到通信、雷达等安全领域的工作中来。2021年4月,国务院知识产权局发布了《6G通信技术专利发展报告》。该报告称我国6G专利申请量居于全球领先地位,占世界总数的35%(38 000项专利中的13 000项)。但这种说法受到了质疑:一项国外分析指出,6G专利前10名专利申请人中只有一个来自中国,其余为美国、韩国和日本公司。此外,中国专利申请主要由国家支持的研究机构主导,这些机构可能会积极申请,以提高对国家资助者的吸引力。

虽然我国的6G研发质量存在不确定性,但一些首创成就是值得肯定的。另有媒体报道称,北京邮电大学的研究人员首次成功实现了低轨宽带6G卫星与地球表面5G设备连接。2021年8月24日,我国又成功发射了三颗实验通信卫星。我国力争在6G卫星技术上保持领先,"5G竞争在地面,6G竞争在天空。谁率先建设6G通信卫星网络,就会将具有市场先发优势和行业领先话语权"。

5G和6G的电信应用仍在开发中,而我国政府已经优先考虑到将这两种技术作为未来经济发展和国家竞争的关键因素。商业化的进展主要是由国家支持而非私营企业推动的。我国政府把在下一代技术中取得主导定位作为提高中国国际标准制定能力和影响力的一种手段——就像近十年来,美国在互联网技术方面的先发优势有助于巩固其全球超级大国的地位。随着我国巩固 5G 领域的全球主导地位,并寻求在 6G 领域形成类似的"代际领先地位",我国将会利用其知识和技术、利用数字丝绸之路等投资和合作工具向其他国家出口利润丰厚的产品。我国行业专家认为,在与美国日益激烈的战略竞争中,6G 技术可以帮助我国突破 5G 建设中的"瓶颈技术"(如美国对华为设备的出口管制),促进我国发展更加自给自足和更具韧性的经济。

(三) 6G 发展的重点选择

2019 年 11 月 3 日,科技部会同发展改革委、教育部、工信部、中科院、自然科学基金委在北京组织召开 6G 技术研发工作启动会,成立国家 6G 技术研发推进工作组和总体专家组,我国 6G 研发正式启动。

1. 安全是 6G 发展的重中之重

网络将产生前所未有的大量关于个人的信息(物联网、工业物联网、电子健康、身体区域网络等),IIoT 将生成大量商业敏感数据和个人数据。互联网公司已经证明利用私人信息是多么有利可图。从物理世界收集的私人信息可能非常敏感,并在许多方面被用来损害人们的利益。我们相信,要使 6G 为社会所接受,保护私人信息将是实现其全部潜力的关键因素。公平的市场要求能够保护商业敏感数据,用户最终应该能够通过简单直观的用户界面来控制和管理他们的私有数据,个人资料的所有权和控制权应交给有关的个人或实体。在公共和私有网络中,6G 设备和元素生成的一些数据对许多社会功能有价值,对收集数据的公司以外的其他私有公司也可能有价值。6G 数据市场提供了一个自然的新业务案例,国家及有关部门需要为这个市场制定明确的规则,以便包括普通消费者在内的所有类型的参与者都可以进入该市场,并能确保自己的信息受到法律的保护。

2. 6G 需要网络模式的升级

为了满足差异化服务质量的需求,5G 设定了切片技术,通过应用流量管理、连接和计算机资源分配,以及选择控制和处理切片中的流量的虚拟网络功能,来定制网络资源、容量和功能。在 6G 网络中,5G 范式将得到进一步的细化和扩展。其中一种可能性是虚拟(关键)设备之间通过移动网络到分组数据网络以及到云的端到端连接。在 6G 范式下,网络通过寻求多种技术手段(例如智能流量管理、边缘计算、用户主动或针对每个交易或通过流量编排设置的策略）来最大限度地提升用户的使用感知。当我们实现 6G 时，网络中立性规则可能会进一步被更新，为那些无法保护自己设备安全的用户定义合理和可理解的责任，以防他们被用于攻击其他用户。同时，网络应该为服务和应用程序的竞争提供公平的基础，以最大限度地满足用户的选择。此外，6G 研究还需要明确私有网络和公共网络之间的责任划分，短程连通性解决方案与大覆盖蜂窝系统的无缝集成需要变得更加普遍，并在开发和标准化方面给予更多的关注。

3. 借力人工智能和区块链技术推动 6G 网络发展

近年，人们对机器学习和人工智能研究得越发深入。机器学习依靠挖掘大数据来获取信息和知识。这种方法是检测远程实体恶意行为的合理候选方法。此外，对于人工智能来说，除了需要大数据，人工智能还依赖于丰富的计算能力。6G 将使用不断增长的计算能力来处理更高的数据转化需求，同时还需要系统进一步提升智能化水平。这要求研究者在整个系统设计中进行优化处理，否则这将极大地增加功耗。另一项备受期待的新技术是区块链，也称为分布式账本。区块链技术允许以一种分布式的方式存储和共享不经常变化的信息，变更的完整记录也被保存。这可能会产生组织数据市场的新方法，或者有助于维护运营商间的信任。很显然，对于 6G 技术的发展与进步，机器学习与人工智能可以节约大量的人力物力，而区块链技术的协作机制促使通信网络更加扁平化，同时提升通信网络服务节点之间的协作效率，推进不同运营商之间的网络协作能力，这对于 6G 技术发展是至关重要的。

第二节　我国 5G 安全的立法规制

一、涉 5G 安全保障的基础性法律

在科技革命和产业变革的时代背景下，5G 作为信息通信技术迭代下的新一代产物，对实现万物互联和推动数字经济发展具有重要意义。然而，5G 在给经济和社会带来深刻变革的同时，它也面临着不同场景下的数据安全挑战。数据是基础性和战略性的资源，对国家安全、经济发展、社会治理和人民生活都产

生着影响,为应对其中的安全问题,我国立法持续跟进,《中华人民共和国网络安全法》《中华人民共和国数据安全法》(简称《数据安全法》)等不断出台,构建起数据战略的法治化基础,同样也为 5G 数据安全提供法制保障。而作为数据中反映个人特征的内容,个人信息的安全不容忽视,针对个人信息安全保障的专门立法,《中华人民共和国个人信息保护法》(简称《个人信息保护法》)于 2021年 8 月公布,其规定的个人信息保护的行为规范、权利规范和治理规范等内容,丰富与完善了数据安全的保护体系,成为保障 5G 数据安全的重要依据。

(一)《个人信息保护法》解读

在数字化与经济社会深度融合的背景下,数据安全充满挑战,立法保护重要性与急迫性更为凸显。《个人信息保护法》就个人信息的行为规范、权利规范和治理规范作出明确,为个人信息安全提供更为有力的法律保障。

1. 立法目的

随着信息网络的应用普及,对个人信息的收集与使用越发广泛,这导致在商业利益驱使下针对个人信息的违法行为的类型和数量不断增多,对个人信息安全的保障成为备受关注的重点问题。《个人信息保护法》应时而生,其目的即在于以"严密的制度、严格的标准、严厉的责任"保护个人信息权益,规范个人信息处理活动,维护网络空间良好生态,回应社会对个人信息安全的保护需求。但在强调个人信息安全的同时,还需统筹好个人信息保护与数字经济发展的关系,不能忽视数据的合理利用和有序流动。

当前,以数据为生产要素的数字经济成为科技革命与产业变革中的核心力量,《个人信息保护法》以追求个人信息保护和利用的平衡为目的,通过立法建立权责明确、保护有效、利用规范的制度规则,既充分保护信息主体的合法利益,也重视个人信息的合法利用问题,以此推动数字经济持续健康发展。5G 环境下数据安全的目标追求同样要契合《个人信息保护法》的要求,既要加强个人信息保护以维护信息主体的权益,又要充分且合规地推动个人信息的流动与利用,以数据为基础发挥 5G 功能和价值。

2. 行为规范

《个人信息保护法》健全和完善了个人信息的处理规则与跨境提供规则。在个人信息处理规则方面:首先,明确"个人信息"以及"个人信息的处理"的范围和定义(第四条),将个人信息的界定从《网络安全法》和《中华人民共和国民法典》(简称《民法典》)采用的"识别说"拓展到"关联说",并在此范围内排除匿名化处理后的信息。其次,确立个人信息处理应遵循的要求,包括合法性和正当性(第五条)、目的性和必要性(第六条)、公开性和透明性(第七条),上述要求贯穿于个人信息处理的全过程各环节。再次,确立"告知-同意"原则在个人信息处理中的核心地位,要求个人信息的处理应当充分告知并取得个人同意,且个人有权撤回其同意,重要事项发生变更还需重新获得同意等(第十三条至第十八条)。最后,对敏感个人信息作出界定,并作出更为严格的限制,需要满足特定的目的性和必要性,且"告知-同意"要求更高(第二十八条至第三十二条)。在个人信息跨境提供规则方面的主要内容有:明确了个人信息处理者跨境数据流转的规范要求(第三十八条)、对跨境提供个人信息的"告知-同意"提出更严格的要求(第三十九条)、因国际司法协助或者行政执法协助需要向境外提供个人信息的需经有关主管部门批准(第四十一条)、对针对我国采取不合理措施的国家和地区可以采取的相应措施(第四十二条和第四十三条)。

《个人信息保护法》中的行为规范,对 5G 数据安全保障有指引和规范作用。主要体现在:第一,虽然"告知-同意"是个人信息使用的核心原则,但狭义适用下不利于网络环境下信息的利用,因此该法律在"取得个人同意"的基础上拓展出其他几种合法情形,这有助于满足 5G 场景下数据依赖性的现实发展需求。第二,将个人生物特征、医疗健康、金融账户、个人行踪等信息列为敏感个人信息,而 5G 物联中使用此类信息频繁,因此该法律需要满足对敏感个人信息规定的更为严格的规范要求。第三,5G 的高速率特点使得数据跨境更为便捷,应用呈现国际化趋势,但为确保我国境内个人信息不会由于跨境数据的流转导致泄露风险,应当做好储存、提供等方面的安全保障工作。

3. 权利规范

5G 发展的初衷是以人为本,它在应用中会涉及大量的个人信息。因此,必须注重对个人的信息权益保障,施行相应的举措来满足个体的权利实现,如为保障个人复制查阅权需要及时制定相应规则,明确与公布个人查阅和复制的方式和流程。落实数据处理者的具体义务和责任同样是 5G 领域关注的焦点问题,也是做好数据合规工作的重要内容,处理者需要主动承担《个人信息保护法》中明确的义务,尤其在涉及私密个人信息时,5G 网络需要就业务作出释明,明确个人信息的感知方式和处理规则,以此打消个人的疑虑。

《个人信息保护法》明确了个人信息处理活动中个人的权利和个人信息处

理者义务。在个人的权利方面,首先,个人对信息处理享有知情权和决定权(第四十四条),这是"告知-同意"原则的具体化,是个人信息处理的前提条件。其次,个人享有对其个人信息的查阅和复制权(第四十五条)与更正和补充权(第四十六条),这与《民法典》中的相关规定一致,并相应地对个人信息处理者提出义务要求,即提供查阅复制的方便和核实进行更正补充。再次,个人对信息享有删除权(第四十七条),在满足条件后可主动要求信息处理者删除其个人信息,若个人信息处理者在符合相应情形时也需要承担主动删除义务。最后,个人享有对其个人信息的解释权(第四十八条),个人信息解释权在《个人信息保护法》中被首次提出,为避免信息处理中偏差与误解,个人可要求信息处理者就处理规则进行解释。在个人信息处理者的义务方面,除去上述满足个人权利所需承担的告知、帮助、解释等义务外,个人信息处理者还需承担对个人信息的安全保障义务(第五十条),通过建立完备的管理制度、对个人信息进行分级分类管理、运用相应技术手段等措施保障个人信息安全。此外,个人信息处理者的义务还包括指定个人信息保护负责人、设立专门机构或者指定代表、委托专业机构开展审计工作、事先风险评估等要求(第五十一条至第五十五条)。

4. 治理规范

保护个人信息安全需要多个领域和部门的协作分工,为此,《个人信息保护法》明确了履行个人信息保护职责的部门。其中,网信部门负责统筹协调,而国务院有关部门与县级以上地方人民政府有关部门负责具体落实(第六十条)。上述履行个人信息保护职责的部门的职责范围包括具有开展宣传、指导监督、处理投诉、调查违法等,国家网信部门和国务院有关部门还可制定个人信息保护有关规则和标准(第六十二条)。在职能范围之内,个人信息保护部门可采取询问当事人、查阅复制资料、现场检查、查封扣押等相应措施(第六十三条),在可能存有重大风险还可约谈相关个人信息处理者(第六十四条),以有效落实保护个人信息安全的职责。同时,《个人信息保护法》规定了个人信息处理者违法后的法律责任(第六十六条),《个人信息保护法》采取相较《网络安全法》更为严厉的处罚力度,加大了个人信息处理者的违法成本,且会将其违法行为记入信用档案,并予以公示(第六十七条),从而对其商业声誉造成不利影响。此外,《个人信息保护法》还规定了国家机关不履行个人信息保护义务的法律责任、侵害个人信息权益的民事赔偿和个人信息公益诉讼制度等内容。

(二)《数据安全法》的多维解读

随着信息技术和传统社会的不断交融,数据呈现出爆发式增长与大量集中的态势,其重要性也越发显著。2017年12月召开的国家大数据战略学习会议上,习近平总书记强调:"数据是新的生产要素,是基础性资源和战略性资源,也是重要生产力。"2019年10月,党的十九届四中全会正式将数据作为生产要素,以坚持和完善社会主义基本经济制度,推动经济高质量发展。数据对国家安全、经济发展、社会治理和人民生活产生深刻影响的同时,其所带来的数据安全治理、数据开发利用、数据权益保护等问题也日益严峻,因此针对数据的专门法律的出台在当下显得十分迫切与必要。2020年7月,《数据安全法(草案)》经第十三届全国人大常委会第二十次会议审议后向公众公开征求意见。《数据安全法》于2021年6月发布,成为国家大数据战略中至关重要的法制基础,也是数据安全保障和数字经济发展领域的重要基石。准确领会《数据安全法》的深刻内涵和功能作用,需要从理论维度、价值维度、制度维度三个层面加以解读。

1. 理论维度

(1)安全保障与开发利用并重

数据价值及其应用场景激增的背景下,围绕数据安全的事件风波也在不断增多,保障数据安全成为社会的强烈需求,这也是《数据安全法》的立法核心。《数据安全法》第三条规定,数据安全是指通过采取必要措施,确保数据处于有效保护和合法利用的状态,以及具备保障持续安全状态的能力。据此,可以将数据安全归纳为两个方面:一是数据自身的安全,即数据保持机密、完整等应有特征;二是数据保障措施的安全,即要求数据保障措施应有效和合法等。在强调数据安全的同时,作为一种全新的生产要素,数据承载着信息时代下促进经济发展的使命,因此对数据的开发利用同样不容忽视。

对数据安全和发展关系的正确认知,于二者自身而言都具有重要意义。过分强调数据安全将阻碍对数据价值的合理利用,从而降低数据的作用与功能发挥;而一味追求数据的发展利益则会诱发对数据的不当甚至违法使用,从而损害数据主体权益。《数据安全法》第一条规定,为了规范数据处理活动,保障数据安全,促进数据开发利用,保护个人、组织的合法权益,维护国家主权、安全和发展利益,制定本法。从中可以看出,《数据安全法》所追求的是数据安全和开发利用并重的立法目的,在二者动态平衡与协同发展的辩证关系下,保障数据安全治理和数据开发利用。

（2）境内管辖和域外效力齐备

在世界各国针对互联网划定网络边界的趋势下，数据跨境流动带来的风险问题成为各国关注的焦点，数据管辖权是数据立法中必须讨论的问题。《数据安全法》第二条强调，在我国境内所开展的数据活动适用本法，这是基于领土的属地管辖原则在数据管辖中的体现，有利于实现对境内数据的管理应用和安全保障，也符合国际社会中对本国数据管辖的惯常做法。此外，《数据安全法》以国际视野看待数据流动，在第十一条中规定积极开展数据国际交流合作和国际标准制定，促进数据跨境安全、自由流动。但在此过程中，对数据管辖的域外效力不可或缺。

《数据安全法》第二条中规定了对境外组织、个人在开展数据活动时损害我国国家安全、公共利益或公民、组织合法权益的行为追究法律责任。《数据安全法》明确了以保护管辖原则构建数据管辖的域外效力，这既是对《网络安全法》和《数据安全管理办法》中只适用于境内网络活动与数据活动的管辖突破，也是对二者"采取措施，监测、防御、处置"境外网络和安全风险与威胁的责任完善，同时也是对美国属人管辖原则和欧盟效果原则的积极回应。我国以保护管辖原则制定数据管辖的域外效力，更在于追求对数据主权的保护。

（3）外部监管和自我管理配合

数据安全的保障，应该明确多监管主体的共同参与，同时也需要数据主体自我管理的配合，构建多元协作的数据安全保障模式。外部监管主体承担监管责任，以动态化和全程化监管克服数据监管的难题，以设置牵头机构总体协调和分行业、分职能具体监管的机制化解数据监管的主体矛盾。外部监管之外，数据活动开展主体对数据的自我管理也不可或缺，数据活动开展主体对数据的特征、功能等内容有其内部理解，架构的内部风险防控机制能够在数据安全保障中发挥基础性作用。

《数据安全法》中设定了"一个领导机构、多个监管主体"的外部监管模式。"一个领导机构"是指《数据安全法》第五条规定的中央国家安全领导机构，它在数据安全工作中发挥决策和统筹规划的领导作用。"多个监管主体"包括工业、电信等各行业主管部门，它们承担本行业数据监管责任、公安机关、国家安全机关承担职责范围内数据监管责任、网信部门负责网络数据监管责任。同时，《数据安全法》规定了各地区、各部门对工作中产生、汇总、加工的数据及数据安全负主体责任。这是明确数据主体的自我管理责任，以外部监管和自我管理的配合,以"有关部门、行业组织、科研机构、企业、个人等共同参与数据安全保护工作"的数据安全协同治理体系,来维护数据安全、促进数字经济发展。

2. 价值维度

(1) 维护国家数据主权

国家数据主权作为国家主权中的网络空间主权的进一步延伸,是指一国对其领域范围内所有数据享有的最高权力,包括数据的使用管辖权、自由处置权、排除危害权、地位平等权等。国家数据主权具有两大属性,对内而言体现为领域内数据的最高管辖权力,对外而言则体现为各国数据主权的平等独立。在数据时代,数据安全关乎国家安全,对国家数据主权的强调,是因为数据主权是国家主权的组成部分,维护国家数据主权是数据安全和发展之必须。假如国家无数据主权则意味着其在国际社会上数据话语权的缺失,必将沦为数据霸权主义国家的傀儡,继而影响该国政治、经济等领域的主权安全,可以说危害巨大。

维护国家数据主权,首先需要的就是配置和完善数据相关立法。《数据安全法》中开篇即明确维护国家主权、安全和发展利益为本法的立法目的,奠定《数据安全法》维护国家数据主权的任务和使命。《数据安全法》规定的对数据境内管辖和域外效力,体现了数据的管辖权和排除危害权;规定的各种关于数据的制度体系,体现了数据的自由处置权;规定的数据领域国际交流与合作、数据安全相关国际规则和标准的制定,体现了数据的地位平等权。《数据安全法》中虽然未就国家数据主权原则作明确铺陈,但无不体现数据主权原则的属性和内涵。

(2) 保护合法数据权益

大数据时代的到来,被冠以"新石油"之称的数据蕴含着巨大的商业价值,凭借其规模性、多样性、价值性、高速性特征,带给企业以思维变化与生产变革,成为企业发展的重要资产,保护企业的数据权益是数据立法之必须。我国高速发展的互联网企业在近几十年中积攒了大量的数据,一旦出现数据安全问题与挑战,就将意味着企业的客户和市场的流失风险,既不利于企业的经营和竞争,也不利于市场的良性发展。数据权益不仅和企业相关,也和公民个人密切关联,个人数据载体之上的个人信息蕴含公民的财产性和人身性权益,于个人而言,数据安全保障的缺失,可能将会造成个人财产与名誉的双重损失。

对《数据安全法》中进行全文检索,发现共有六项条款明文规定对"公民、组织的合法(数据)权益"的保护,从立法目的、管辖规定、活动要求、惩罚措施等多方面保护合法数据权益。尤需注意的是,不论是以"个人信息包含个人数据"观点,还是以"个人数据包含个人信息"观点,抑或是以"个人信息等同个人数据"观点,《数据安全法》对个人数据的权益保护与《个人信息保护法》的保护都存在重叠,虽然二者对个人信息或数据保护并非此消彼长的关系,但在保护中通过取舍来把握平衡是两部法律发挥功能最大化的关键,在个人信息(数据)保护上应该将《个人信息保护法》作为主要规范,而将《数据安全法》作为重要补充。

（3）促进数字经济发展

数字经济作为经济运行模式的一次形态重构,是指人们通过对数据的一系列使用,优化社会资源的配置和生产,从而实现经济高质量发展。党的十九大报告指出,我国经济已由高速增长阶段转向高质量发展阶段,正处在转变发展方式、优化经济结构、转换增长动力的攻关期。在此过渡阶段,数字经济将作为新的经济增长点和新动能,发挥关键作用。中国信息通信研究院发布的白皮书显示,2019 年,我国数字经济占 GDP 总量比例达 36.2%,增速为 15.6%。数据表明,数字经济的重要性进一步凸显。作为数字经济发展的关键生产要素,数据充当"引擎"角色,正是通过对海量数据的开发利用,才得以挖掘数据背后的价值,实现传统行业的创新,推动数字经济的发展。

数字经济的发展需要数据规则的保障,《数据安全法》则为数据的开发利用提供底线规范。《数据安全法》中追求数据安全和发展,无论是第一条对立法目的的阐明,还是"数据安全与发展"的第二章内容,都说明加设在数据安全基础之上的数据利用,其价值在于促进数字经济的发展。通过保障数据自由流动、推进数据基础设施建设、鼓励支持数据创新应用等具体内容,来达到促进数字经济发展、增进人民福祉的目的。

3. 制度维度

（1）数据分级分类保护制度

数据的庞大体量和快速生成等特征,为数据保护带来盲目和烦琐等难题,数据分级分类保护制度的构建和应用很好地应对这一现状。数据分级分类保护是将数据按照类型与级别加以适当的保护,从而满足不同数据的保护需求。数据的分类主要取决于数据自身的内容和保护的切入点,常见的分类有国家秘密、商业秘密、个人信息等,基于不同场景相应的数据可能会被纳入不同分类。数据的分级是将数据按照价值或重要性的不同从而划分等级,不同级别数据的保护方式和程度有所不同。通过业务细分、主体明确、数据归类、级别判定等流程对数据分级分类保护加以实现。《数据安全法》第二十一条中明确规定了数据的分类分级保护制度,要求国家根据数据的重要程度和危害程度确定数据的分类分级保护,并确定地区、部门和行业的重要数据保护目录,对列入目录的数据加以重点保护。这一制度的构建,既是对《网络安全法》分级处置网络安全事件和我国网络安全等级保护制度 2.0 标准的承接,也是对证券期货业数据、工业数据等已有分类分级相关制度的参考,有助于防控数据风险、保障数据交易、释放数据价值。

(2)数据安全监管制度

数据价值的逐渐显现,让针对数据的安全问题数量激增,并不断呈现复杂化趋势。以往立法中,针对网络安全的保护着重于技术防控,而忽视制度防控,因而大量网络安全事件因防控制度不完善而发生。在数据安全保护过程中,既要重视技术防控,又要着眼于内控制度建设,以全面的数据监管制度体系和切实可行的数据保护操作规范,落实数据安全保护责任,推动数据安全和发展的前进步伐。《数据安全法》从国家角度构建了一个相对完整的数据安全监管制度,涵盖事前保护、事后处理、安全审查、出口管制等多方面内容,具体包括:数据安全风险评估预警机制,通过对数据安全风险信息的获取、分析、研判、预警起到数据安全的事前保护作用;数据安全应急处置机制,发挥安全事件发生后的应急处理功能;数据安全审查制度,赋予国家对影响或者可能影响国家安全的数据活动进行审查的职责;出口管制机制,要求国家对与履行国际义务和维护国家安全相关的属于管制物项的数据依法实施出口管制。

(3)数据交易管理制度

数据成为生产要素的地位提升和数字经济的快速发展,要求数据交易市场和行为的规范化。近年来,数据交易平台井喷式涌现,数据变现能力逐步加强,数据交易行为在数据流动中比比皆是,同样数据市场的无序竞争也屡见不鲜,这些因素让数据交易充满变数,高质量的数据交易难以得到保障。数据交易管理制度的建构成为破题的关键所在,成为提升数据交易服务质量、规范数据交易市场行为、划分数据交易主体权责、推动数据流通安全自由的制度保障。

《数据安全法》中从三个方面构建数据交易管理制度。首先,《数据安全法》十九条规定:"国家建立健全数据交易管理制度,规范数据交易行为,培育数据交易市场。"这是首次肯定数据交易活动的法律地位,与 2017 年习近平总书记在中共中央政治局第二次集体学习并讲话中谈到的"要制定数据资源确权、开放、流通、交易相关制度"遥相呼应。其次,《数据安全法》第三十三条对数据交易中介服务机构的义务加以规定,要求其承担审核数据来源和交易双方身份的义务。最后,《数据安全法》第四十七条规定了数据交易中介机构为履行义务的法律责任,通过惩戒手段助力数据交易合法合规。

二、 涉 5G 安全数据领域的立法情况

(一) 数据市场构建

为充分发挥数据在经济发展中的关键作用,2019 年,党的十九届四中全会创新性地提出将数据作为生产要素。2021 年 3 月,《中华人民共和国国民经济和社会发展第十四个五年规划和 2035 年远景目标纲要》进一步指出要建立健全数据要素市场规则,发展技术和数据要素市场。2022 年 1 月,国务院印发内容更详细的《"十四五"数字经济发展规划》,为数据要素市场的构建提出了具体的目标与措施。数据要素市场是具有中国特色的提法,旨在将数据要素作为一种新型生产要素,由市场实现数据要素资源的最优配置,从而进一步激发数据对各产业的创新与推动作用,赋能数字经济的发展。

在中央多次提纲挈领地发布有关数据要素市场建设相关政策文件的政策引领下,我国数据要素市场的建设开展得如火如荼。就发展条件而言,我国的数据要素市场构建有着自己的优势:一是我国有着全球领先的信息基础设施,如我国的 4G 网络覆盖面全球最广,5G 网络建设和应用居于世界领先地位;二是我国在部分领域数字化程度较高,在移动支付、电子商务等方面已取得先发优势与成功经验;三是我国作为世界第二大经济体,在数据需求方面,存在着巨大的潜在市场。但数据作为一种独特的新型生产要素,具有不同于劳动力、土地、资本等传统生产要素的特点,其可复制性、非排他性、非实体性等特征决定了传统的市场规则难以直接适用于数据要素市场。数据权属不明、数据市场规则缺失、数据定价机制尚未成形,都是目前建设数据要素市场面临的主要难题。

(二) 数据采集

我国数据采集规制仍处于起步阶段,整体表现为"实践先行,立法滞后,文件治理,政策推动"。2015 年 7 月,《国务院办公厅关于运用大数据加强对市场主体服务和监管的若干意见》指出,要"创新统计调查信息采集和挖掘分析技术",为数据采集做好技术准备。2015 年 8 月,国务院印发《促进大数据发展行

动纲要》,要求通过政务数据的公开共享,形成以政府为主导,企业、行业协会、科研机构、社会组织等多主体互动共享的数据采集新格局。2016年《中华人民共和国网络安全法》实施,弥补了我国在网络安全领域对个人数据保护的法律空白,并提出了合法、正当、必要的数据采集原则。2020年3月,《中共中央　国务院关于构建更加完善的要素市场化配置体制机制的意见》进一步提出要通过推动人工智能等领域数据采集标准化来提升社会数据资源价值,培养数据要素市场。2021年9月,我国首部系统地对数据安全做出保障的法律——《数据安全法》出台,要求采集者在法律规定的范围内,以合法、正当的方式收集数据,并且对所得数据负安全保护责任。《数据安全法》仅搭建起了数据保护的核心框架,尚未形成完整的法律体系,规范性文件强制力不足,对数据采集的主体、标准、原则、内容、程序等规定就较为空泛,大多将其直接纳入数据处理范围内笼统管理,缺乏具体可实施的细则。也正因如此,我国数据市场鱼龙混杂,黑产猖獗,亟须治理。

(三)数据处理

自2012年起,全国人大常委会出台的多项保护指南和保护规定中都涉及对数据处理的规制,但是都侧重于指导和建议,而不具有强制力。随着实践发展,原有的文件不能满足治理需要。由此,《网络安全法》《数据安全法》《个人信息保护法》应运而生。2017年6月,《网络安全法》正式实施,首次将数据处理主体区分为"网络运营者""网络产品或者服务提供者""关键信息基础设施的运营者"等类别;规定了数据处理者负有不得泄露、篡改、毁损数据,禁止非法出售数据等义务及违反义务的惩罚性措施;赋予了个人在发现信息被违规违约处理或错误处理时所享有的删除权和更正权。2021年9月起施行的《数据安全法》是我国在数据安全领域的首部基础性立法,界定了数据处理的内涵,将数据的收集、存储、使用、加工、传输、提供、公开等环节统一纳入数据处理范畴;要求数据处理主体要在遵守法律法规、符合伦理道德的前提下开展数据处理活动,特别提出了国家机关在对一般数据和政务数据进行处理时的职权范围和监督义务;建立了风险评估制度、行政许可准入制度、安全审查制度等,为规制数据处理搭建起制度体系。2021年11月起实施的《个人信息保护法》提出了处理个人信息的合法、正当、必要、诚信、公开、透明原则,再次强调了信息处理者的义务和信息主体的权利。较为突出的是,该法特别提出了对敏感个人信息处理时的严格保护原则,细化了政府有关部门在个人信息保护中的职责,增加了违法记录记入信用档案并予以公示的处罚手段。

　　总体而言,我国法律制度始终以安全保障为中心,重视数据的安全性,多通过为数据处理者设定义务、为数据主体设定权利的方式实现双方的平衡。但要想实现数据保护与自由流通的双赢,还应当关注数据处理者之间的关系,进一步明晰权责,做好监督管理,激发市场活力。

(四) 数据产权

　　产权包括物权、债权、股权和知识产权等各类财产权。[①] 实际上,产权是经济学名词,后在法学领域也多有使用。李爱君教授认为,完善的数据产权制度应表现为产权的归属明确、产权的内容法定和产权的保护严格。[②] 我国当前的数据产权制度仍在初期探索阶段。自数据成为新的生产要素以来,我国便加快了针对数据要素的研究,并将数据产权的研究提升至战略高度。2020 年 4 月,中共中央、国务院发布了《关于构建更加完善的要素市场化配置体制机制的意见》,强调应当"研究根据数据性质完善产权性质"。2021 年 3 月,《中华人民共和国国民经济和社会发展第十四个五年规划和 2035 年远景目标纲要》中再次提出要"加快建立数据资源产权、交易流通等基础制度和标准规范"。

　　在法律层面,我国现有法律中暂无针对数据产权问题的具体规定,并且对于数据之上的法律利益仅规定为权益,并未上升为一种数据权利。有部分地方立法对于政务数据的产权问题做出了探索性的规定,如:《福建省政务数据管理办法》规定,"政务数据资源属于国家所有,纳入国有资产管理";《广东省政务数据资源共享管理办法(试行)》规定,"政务数据资源所有权归政府所有"。但相关规定仅局限于政务数据这一种数据类型,且存在着立法效力层级不够、规定不一等问题。

　　当前,北京、上海、浙江等地相继开始试点数据交易所,但数据产权仍是各交易所面临的主要痛点。司法实践中,以《中华人民共和国民法典》《中华人民共和国反不正当竞争法》来保护数据法益的思路,也难以实现对各类数据权利主体合法利益的完整保护。随着培育数据要素市场步伐的加快,应当看到当前数据权属不明确、权利范围不清晰等问题,这些问题增加了数据交易成本,加大

---

① 参见《中共中央关于完善社会主义市场经济体制若干问题的决定》。
② 参见李爱君:《加快完善数据产权制度》,《经济日报》2021 年 12 月 14 日。

了数据流动的不确定性与法律风险,不利于数据要素市场的有效运行与良性发展。

(五) 数据安全

相较于欧盟,我国关于数据安全的立法起步较晚,最初主要关注个人数据保护,后来才将重要数据纳入保护范围,通过完善法律规范、出台部门规章、制定行业标准等方式,推动协同治理机制的形成,大力保障数据安全。

2000年4月发布的《计算机病毒防治管理办法》中,首次从计算机病毒方面对个人数据造成的威胁进行规范管理。其后出台的《中华人民共和国电信条例》《全国人民代表大会常务委员会关于维护互联网安全的决定》《互联网电子邮件服务管理办法》《互联网网络安全信息通报实施办法》等,都为个人数据保护提供了法律依据。2016年,《网络安全法》出台,作为我国首部全面规范网络空间安全管理问题的基础性法律,该法进一步确立了保密、合法、正当、必要等对个人数据进行处理的原则。较为亮眼的是,该法首次提出了"重要数据"这一概念,建立了个人信息和重要数据的境内存储以及出境安全评估制度,限制重要数据的境外流动,保障国家的数据安全。2021年《数据安全法》是我国数据安全领域的首部基础性法律,在全球也具有首创性的意义。相较于以往的法律法规,该法更加着眼于对数据本身的安全保护,在提出个人数据处理时必须遵循合法、正当原则的同时,推动了重要数据的管理制度的形成。该法要求国家制定重要数据目录,推动数据分级分类,加强了对数据安全治理工作的统筹;规定重要数据处理者应当明确数据安全负责人和管理机构,定期开展数据风险评估。多措并举,填补了数据安全保护立法的空白,为个人数据和重要数据保护构建了坚实的安全屏障。2021年颁布的《个人信息保护法》则紧紧围绕个人信息保护,从个人信息处理规则、个人信息跨境提供的规则、个人在个人信息处理活动中的权利、个人信息处理者的义务、法律责任等方面构建了完整的个人信息保护框架。

在规范性文件层面,我国在《中华人民共和国国民经济和社会发展第十四个五年规划和2035年远景目标纲要》《促进大数据发展行动纲要》等多项文件中指出,要将保障数据安全放到重要位置,加强涉及国家秘密、商业秘密、个人隐私的数据保护,明确提出了保护数据安全、构建数据秩序的发展导向。在数据安全标准层面,我国组建了全国信息安全标准化技术委员会,通过研究信息安全标准体系、跟踪国际信息安全标准发展动态、分析国内信息安全标准的应用需求等，组织开展国内信息安全有关的标准化技术工作，发布了多项数据安全国家标准，为行业提供规范性指导。

（六）数据监管

前期，我国主要通过制定规范性文件，将个人数据作为网络空间安全的一部分进行规制。2000 年《全国人民代表大会常务委员会关于维护互联网安全的决定》赋予了相关部门在网络空间范围内对个人数据资料处理进行监管的权力。2012 年《全国人民代表大会常务委员会关于加强网络信息保护的决定》首次以个人数据保护为核心构建法律制度，要求有关主管部门依法打击网络信息违法犯罪行为，总体规定较为笼统。2013 年《信息安全技术公共及商用服务信息系统个人信息保护指南》是我国首个个人信息保护国家标准，创新性地提出了引入第三方机构对个人数据保护状况进行测评的监督机制。

随着数据经济的快速发展，数据安全问题频发，规范性文件逐渐落后于时代发展，我国将目光转向基础法律的制定。作为我国首部专门规范网络空间管理的基础法，《网络安全法》确立了由国家网信部门负责统筹协调，国务院电信主管部门、公安部门和其他有关机关依法负责职责范围内的监督管理工作的两级协调监管机制。《数据安全法》注重宏观安全，在数据监管方面取得了新的进展：一是建立了行业数据监管机制，强调在两级监管之外，工业、电信、交通、金融等主管部门也需承担行业领域的数据安全监管职责，加强对数据监管的统筹。二是关注对重要数据、核心数据、政务数据的监管，推动建立国家层面的数据安全风险评估机制，严格落实监管。三是加大对违法行为的处罚力度，通过提高罚款上限、设定刑事责任等手段，对企业数据合规提出了更高要求。《个人信息保护法》关注个人数据保护，对一般数据和敏感数据进行分类监管，要求落实从事前合规审计到事后救济处罚的全程监督。在这三大基础法的框架之下，2022 年 6 月 30 日，国家互联网信息办公室起草了《个人信息出境标准合同规定（征求意见稿）》，提出个人信息处理者向境外提供个人信息前，应当开展个人信息保护影响评估，推动着我国数据跨境流动监管机制的完善。

（七）数据交易

近些年来，我国一直重视数据交易的发展。在 2015 年国务院出台的《促进大数据发展行动纲要》中，就提纲挈领地提出应当"鼓励产业链各环节市场主体进行数据交换和交易,促进数据资源流通,建立健全数据资源交易机制和定价机制,规范交易行为"。2022年1月出台的《"十四五"数字经济发展规划》《要素市场化配置综合改革试点总体方案》更是进一步明确了构建数据要素市场、推动数据交易发展的重要性与相关方案。

在政策的引导与市场需求的推动下,各地陆续建立大数据交易所。从2015年全国首家挂牌运营的贵阳大数据交易所,到2021年陆续成立的北京国际大数据交易所、上海大数据交易所,我国数据交易机构又迎来了一轮新的建设浪潮。当前我国的数据交易机构主要是提供集中式的数据交易场所与服务,整合数据资源,从而撮合交易。对于确权估值、资产管理、数据标注等服务尚在探索与建设之中。由于数据确权难、定价机制不完善、数据标准不一,总体而言各大交易所的交易规模和数额不高,未能达到预期的效果。

正因当前数据交易所建设尚不完备,难以满足数据市场的需求,使得部分数据交易在场外进行,即企业之间自发进行点对点的交易,并签订合同。2022年生效的《上海市数据条例》第五十六条规定:"市场主体可以通过依法设立的数据交易所进行数据交易,也可以依法自行交易。"由此可见,该条例肯定了场外交易的合法性。但由于缺乏统一监管,场外交易面临着数据安全风险、中小企业交易成本高、数据流动有限等问题。

(八) 数据跨境流动

当前,我国数据跨境流动治理体系初步形成。在国内法律制度层面,由《网络安全法》《数据安全法》《个人信息保护法》等法律对数据跨境流动作出顶层设计,《地图管理条例》《征信业管理条例》等行政法规对特定行业的数据管理作出具体要求。其中,《网络安全法》第三十七条第一次明确提出了个人信息和重要数据"境内储存、出境评估"的制度,为我国的数据跨境流动治理指明了原则与方向。值得注意的是,2022年7月7日,国家网信办公布了《数据出境安全评估办法》。该部规章对数据出境安全评估提出了具体要求,进一步明确了重点数据的定义、数据出境安全评估的流程、重点评估事项等内容,为数据跨境流动提供了规则指引。

在国际规则方面,中国于2020年正式签署《区域全面经济伙伴关系协定》(RCEP),与日本、韩国、澳大利亚等国家就数据跨境流动达成了一致协议,为促进区域内数据跨境流动奠定了良好基础。2021年,中国又陆续申请加入《全面与进步跨太平洋伙伴关系协定》(CPTPP)与《数字经济伙伴关系协定》(DEPA),积极参与全球数据跨境流动规则的制定,不断加快与国际接轨的步伐。

总体而言,我国目前数据跨境流动法律法规体系已形成基础性框架,但仍有待继续完善。例如,数据安全管理方面的《网络数据安全管理条例(征求意见稿)》正在制定中,尚未出台。而新出台的《数据出境安全评估办法》内容较为精炼,有待于在实践中细化和落实。

(九) 数据垄断治理

2007 年,我国通过了《中华人民共和国反垄断法》,提出健全统一、开放、竞争、有序的市场体系,鼓励公平竞争,禁止违法实施限制竞争行为,禁止滥用行政权力,排除、限制竞争等四项原则,起到了重要的调节作用。随着数据成为新的生产要素,数据经济体现出高虚拟性、高技术性、非实体性等区别于传统经济的特点,垄断行为更具隐蔽性,《反垄断法》中对企业滥用优势地位、推行经营者集中等垄断行为的判断标准失灵。

为顺应数据经济发展潮流,我国不断出台相关政策性文件,推进数据垄断治理。2019 年,国家市场监管总局公布《禁止滥用市场支配地位行为暂行规定》《禁止反垄断协议暂行规定》,增加了对互联网等新经济业态经营者市场支配地位的认定,将相关行业竞争特点、掌握和处理相关数据的能力等因素均考虑在内,初步探索了数据垄断的治理方式。同年,国务院办公厅出台《关于促进平台经济规范健康发展的指导意见》,要求依法查处互联网领域滥用市场支配地位限制交易、不正当竞争等违法行为,针对互联网领域价格违法行为特点制定监管措施,引导企业合法合规经营。2021 年,国务院反垄断委员会发布《关于平台经济领域的反垄断指南》,针对平台经济的特点,细化了对相关市场界定、垄断协议、滥用市场支配地位等垄断行为的判定标准,强化了数据经济方面的反垄断执法。2022 年 6 月 24 日,全国人大常委会通过了《反垄断法》的修订,增加了对于互联网领域经营者市场支配地位认定的额外考量因素,提高了对于垄断协议和经营者集中等违法行为的处罚标准,体现了国家对数据垄断治理的关注。

目前,我国主要承袭了传统的垄断治理模式,对数据垄断的规制仍然存在不足:一是立法缺失。没有针对数据垄断的专门立法,主要依赖于各类规范性文件进行调整,尚未深入研究数据经济的组织、技术等特点,对数字合谋等新兴垄断行为关注较少,无法为实践中的难题提供治理依据。二是数据聚集。互联网平台对于数据的掌控较为牢固,其通过利用资源聚集效应和平台规则,以抬高服务费率等手段,在不触犯法律的前提下实现获取高额利益的目的,造成市场震动。三是监管滞后。我国对于数据垄断的监管仍处于起步阶段,存在技术困境,无法实时检测各大互联网平台动态,只能以事后惩戒为主,致使垄断行为难以根治。为促进我国数据经济的有序发展,抢占国际数据竞争中的有利地位,必须尽快对数据立法做出调整,积极探索数据经济中的反垄断问题的解决对策。

第三节　我国 5G 安全面临的风险与挑战

一、5G 发展引发的监管风险

（一）数据垄断可能带来的问题

1. 破坏市场公平竞争

数字经济纵深发展背景下,数据作为新型生产要素发挥着重要的经济驱动作用。数据在市场中本意是赋能公平竞争,在以开放为精神内核的互联网环境中市场主体通过数据提升企业产品与服务的质量,但一旦经由数据聚集和网络效应等形成数据垄断,就将破坏市场的优化资源配置和提高生产效率等功能,造成对市场公平竞争的破坏,这种破坏表现于市场竞争中的多个环节。由于5G 环境下的数据特征催生数据垄断的形成,且数据垄断呈现出隐蔽性和广泛性等特点,占据数据优势地位的企业间达成垄断协议、拥有数据优势的超级平台通过对数据的控制施加对平台内的经营者差别对待等,形成对经营者进入市场的困难与数据屏障,通过限制数据使用产生数据的封闭与不公,造成市场主体在市场竞争中的机会不平等。拥有优势地位的企业利用优势技术获取数据,不断增强数据优势并优化其产品与服务,相应的,处于弱势地位的企业则受限于数据劣势而形成产品或服务质量差距,逐渐导致用户流失。超级平台则以强制数据不兼容、数据封闭与断流等措施使新兴市场主体与弱势市场主体在市场中经营成本加大、用户规模减少,从而被迫退出,最终的结果是限制甚至破坏市场竞争,降低市场多元化程度,并使得优势企业继续加强垄断地位,形成恶性循环。

2. 损害消费者合法利益

垄断行为的直接和最终受害者都是消费者，5G 数据垄断也不例外。具有数据垄断优势的企业将在获取垄断地位中的消耗成本转嫁于消费者，使得消费者花费更多以换取服务，从而导致整体消费成本增加。而且一旦数据垄断导致市场环境缺乏竞争，经营者就将追求自身利益最大化而忽视消费者利益，其所提供的产品和服务可能会出现质量减损。此外，市场主体在市场经营中利用所获取的数据为消费者提供个性化推荐、个性化搜索等服务，而一旦演化过度将形成个性化定价的价格歧视，基于对数据的控制和算法的运用来实现隐蔽并且精准的不正当定价，通过对用户数据分析形成对消费者需求和消费意愿的预测，从而改变商品或服务的供应和价格，形成大数据"杀熟"，剥夺消费者的公平交易权和选择权，通过技术手段形成对消费者经济利益的实质损害。

数据垄断还将带给消费者个人信息和隐私受到侵害的风险。用户消费者在享受平台企业所提供的产品和服务的前提是将其个人信息和隐私提交给平台，"以隐私换服务"成为一种商业模式与行业惯例，在企业收集和利用用户的信息时，需要花费成本以防止用户的个人信息和隐私泄露，这种针对隐私的保护能力实质上构成了市场主体的竞争优势，但当发展到数据垄断阶段，占据数据优势的企业将拥有一家独大的局面，从而瓦解竞争机制形成的互相监护的约束机制，数据垄断企业或将放弃基于数据保护形成的竞争优势，甚至是不正当处理消费者数据来获取利益。

3. 侵害平台经济相关主体利益

第一，企业层面。竞争对于企业来说，既是压力，也是动力。5G 是新一代工业技术革命通信基础，将突破目前平台经济发展中的传输速率较慢的痛点，为平台经济发展提供重要的基础条件。在充分竞争的市场中，企业有足够的动机充分接触 5G 技术，这有助于企业获取发展新动能，积极进行内部创新，形成新质生产力，提升企业综合实力。在经济全球化成为不可逆转的趋势的今天，这将极大地助力企业在国际竞争中的表现。但当平台经营者开展垄断行为以排除或限制竞争时，企业就会丧失创新动力，沦为体制僵化、外强中干的"僵尸企业"。基于此，《国务院反垄断委员会关于平台经济领域的反垄断指南》第三条明确"激发创新创造活力"为其监管的基本原则之一，旨在维护平台经济领域公平竞争，引导和激励平台经营者将更多资源用于技术革新、质量改进、服务提升和模式创新。另外，违规成本也是企业要为垄断行为付出的代价。垄断行为一旦暴露或被监管机关发现,企业就将面临民事纠纷及严厉的行政处罚,这也是对企业名誉、企业实力的致命打击。

第二,行业层面。平台经济已经成为我国国民经济的重要组成部分。在《2020世茂海峡·胡润中国500强民营企业》中,6家为平台经营者。5G时代,平台经营者的垄断行为所带来的危害绝不仅局限于对企业自身。当企业垄断平台经济市场,所谓的"5G赋能平台经济"只能沦为天方夜谭。鉴于平台经济在我国经济中的重要地位,这种后果不可谓不严重。此外,充分的市场竞争还会促使平台经营者积极探索5G技术及其利用技术,倒逼5G技术发展,如阿里达摩院成立的XG研究所等。平台经济领域的垄断也将剥夺5G技术发展的这一动力。

第三,政府层面。党的十九大以后,我国经济从高速度发展转向了高质量发展。高质量发展概括起来可以理解为"两个提高"和"六个方面":"两个提高"是指提高全要素生产率和提高人民福祉;"六个方面"是指高质量发生必须具有高效率、有效供给、中高端、可持续、绿色、和谐等特点。这些本质上符合五大发展理念的内在要求。5G技术与平台经济的融合将提高平台经济运营效率,降低平台经济运营成本,这符合党的十九大精神。同时,5G正在成为大国科技竞争的制高点。从技术层面来讲,未来更加先进的人工智能、大数据、物联网、云计算等都将围绕5G产生变革,而5G也将实现真正的万物互联。充分市场竞争条件下,平台经济本身能为5G发展提供反哺动力。然而,5G技术背景下平台经济领域的垄断会同时对二者造成打击。不论是从我国自身发展战略上,还是从国际竞争角度,这都是必须避免的。

(二)各领域数据治理存在的不足

1. 卫生数据治理的不足

尽管我国在卫生数据建设上取得显著成就,但在对其治理上,也遇到了许多问题。这些问题中,有的与欧盟类似,有的则具有中国特色。

首先,卫生数据共享程度与利用程度不足。2016年,在第五届中国医院临床专科建设与发展论坛上,HIMSS全球副总裁兼大中华区执行总裁、JCI首席顾问兼大中华区咨询主任刘继兰指出:"中国电子病历的发展速度很可能会超过美国,当务之急是实现信息和数据的互联互通,以及在使用中医务人员的获得感。"武汉大学人民医院原副院长万军在接受采访时说道:"我们医院每天的数据量应该超过深交所。"他认为,医疗行业的数据与 AI 有高度的契合,目前这些数据还在沉睡,正在被唤醒,有待进一步挖掘。由此可见,卫生数据只有在互联互通、充分共享的情况下才能释放发展动能,助力中国卫生事业进步。然而,在这一步上,我国还有很大的进步空间。

其次,卫生数据与 5G 技术的结合不足。目前,通信行业对 5G 的研究热情高涨,集中资源优先发展 5G 通信技术,但是医疗、教育、制造业等领域并没有同通信行业一样全力投入 5G 技术的应用实现与发展中。

再次,医疗数据产权不明确。根据《欧盟数据治理法案》可知,欧盟明确区分数据持有人与数据使用人等概念,有着较为明确的数据主体体系。我国在这方面却尚未明确,这会给后续医疗卫生数据的共享、利用施加障碍,带来司法纠纷。

最后,数据隐私保护有待进一步完善。随着互联网与医疗的结合,世界各国医疗数据泄露的事件屡见不鲜,我国公民也深受医疗卫生数据泄露的困扰。尽管国务院办公厅印发的《关于促进和规范健康医疗大数据应用发展的指导意见》明确指出加强健康医疗数据安全保障。国家卫生健康委也发布了《国家健康医疗大数据标准、安全和服务管理办法(试行)》,但成效甚微。

2. 交通运输数据治理的不足

首先,与 5G 技术相结合的智慧交通系统在为用户提供便利的同时,也带来了个人信息安全隐患。2020 年 11 月 16 日,《新京报》报道了圆通多位"内鬼"有偿租借员工账号,40 万条公民物流信息被泄露一事,引起大众对于个人隐私安全问题的重视[①];高精度的交通检测系统也引发人们对个人隐私的忧患。其次,我国智慧交通系统对于数据的收集、转移、储存、应用却至今仍缺乏相关标准。这既不利于行业合规,也不利于数据利用。再次,交通运输行业数据整合程度不高。交通运输行业层次复杂、从业人员众多,如何在公开、透明的情况下实现政府数据资源整合是个难题。2018 年前后,广东省交通厅即已反映,著名网约车品牌滴滴不仅在广东,而且在全国也拒绝将数据接入政府部门监管,不肯提供详尽的驾驶人员和运营车辆数据[②]。建立数据共享平台与交通运输行业数据库对于智慧交通系统的建成而言是必不可少的。

---

① 参见新华网:《圆通泄露 40 万条个人信息　隐私保护新法欲竖监管屏障》,http://www.xinhuanet.com/fortune/2020-11/19/c_1126757442.htm。

② 参见《广东省交通厅:滴滴在全国拒绝将数据接入政府监管》,https://www.guancha.cn/society/2018_08_28_469958.shtml。

3. 环境数据治理的不足

我国在环境数据建设方面还存在一定问题。例如,我国部分数据统计的口径不一致,在资源整合时带来分歧与矛盾。同时,部分环境数据,如水文数据的开放程度尚不够,因而也未得到较好的应用。在环境数据市场方面,尽管我国政府一再鼓励社会组织与企业根据需要对环境数据进行收集、处理,但产品成本上升等问题仍在抑制市场发展。

4. 农业数据治理的不足

我国农业数据治理存在着数据质量不高、共享开放不足、开发利用不够等问题。相关学术研究也表明,当前我国农业数据在收集阶段、处理阶段都存在着较大的问题。由于我国幅员辽阔,地形气候多样,农作物种类丰富,农业经营较为分散,因此在农业数据收集方面存在着成本过高、收集难度大、数据不准确等问题。在农业数据处理方面,由于数据形式繁杂、数量巨大、分布分散、缺少统一标准,因此多源农业数据融合与挖掘面临技术难题。另外,当多个主体参与数据收集处理时,数据所有权归属问题也未解决。

5. 公共行政数据治理的不足

目前我国公共行政数据治理面临三大难题:第一,系统孤岛多,数据集中难,行政监管存在重叠,内部系统与网络环境复杂,技术多种多样,缺乏规划,这为数据的收集与处理带来障碍。另外,在认识到数据的价值性之后,部分存在业务重叠的部门往往缺乏数据共享的主动性,这也为数据的收集与处理加大了难度。第二,标准不统一,数据质量差。数据标准不统一实质上是政府部门"数据孤岛"现象的直接表现。由于数据碎片化、数据标准不统一,这为数据清洗带来阻碍。同时,数据冲突、一数多源的问题也十分突出。第三,数据模型少,应用创新难。数据分析以简单数据聚合为主,缺少行业数据模型积累,难以支撑政府应用创新;政府数据开放度不够,无法有效支撑公共服务应用,数据价值难以呈现。

除技术层面外,欧盟面临的公共行政数据的安全问题同样困扰着我们。尽管《中华人民共和国政府信息公开条例》第十五条明确规定:"涉及商业秘密、个人隐私等公开会对第三方合法权益造成损害的政府信息,行政机关不得公开。但是,第三方同意公开或者行政机关认为不公开会对公共利益造成重大影响的,予以公开。"但这仅仅在信息公开时对政府权限做出限制,要想在充分利用公共行政数据的同时保卫公共行政数据安全,这是远远不够的。

（三）网络监管风险

1. 立法存在盲区

（1）5G 标准的法律跟进不足

5G 标准构建的目的和作用是在 5G 发展进程中提升开发效率、促进技术合作和扩大应用范围等，它着眼于技术性层面而对技术之外的尤其是法律层面的问题不具有规范性。法律规范的制定与出台，能够在实体和程序方面将 5G 发展纳入法治化轨道，且 5G 自身所具有的利益需要保障，它所支持的网络空间及应用带来了较之以前更大的安全和治理难题，数据安全、个人信息和隐私保护面临严峻挑战，这些建立在技术进步之上的问题需要法律规范的跟进来加以解决。

《中华人民共和国电信条例》为 5G 发展奠定了法律标准，其对电信市场、电信服务、电信建设和电信安全及相应的法律责任等内容加以规范，内容较为全面，但为适应日新月异的技术发展及 5G 技术给社会带来的巨大变化，以及考虑到《电信条例》的不足，我国《电信法》的制定与出台已经提上日程。此外，《网络安全法》《数据安全法》《个人信息保护法》等相关法律业已出台。总体来说，我国已认识到 5G 发展中技术标准之外的法律标准的重要性，在法治轨道下推动 5G 技术进步。但仍需注意的是，首先 5G 技术发展迅速与迭代性强，而立法具有滞后性，因此应当首要考虑将问题纳入现有法律中加以考量与解决。其次，不断充实与完善保障 5G 发展的法律体系，对法律缺失和不适及时进行更新，以体系化的法律规范应对 5G 的技术风险与安全挑战。最后，立足我国实际情况，在 5G 发展中把握政策和法律法规、国家与地方政策法规的衔接，以此防范与治理 5G 中的安全问题，在技术标准和法律标准的协作下促进 5G 的健康发展。

（2）6G 技术相关立法空白

近年来，我国网络立法顺应时代的发展，先后颁布了《个人信息保护法》《网络安全法》《数据安全法》等，监管工作相较于之前也取得了巨大的进步，但是目前这些法律还有很多待解读的部分，还未完全应用到 6G 技术的规制上来。随着 6G 技术的发展，数字孪生已成为大势所趋，对于数字孪生构成的虚拟世界该赋予怎样的法律定位也会成为立法需要解决的问题。值得注意的是，研究 6G 技术已经成为各国抢占科技高地的核心手段，因此立法还要对有效规制利用 6G 技术进行的违法活动和不妨碍技术正常发展作出平衡。

2. 网络管控难度加大

数据加持下的 5G 数据垄断加大了政府的反垄断监管难度，旧有的市场和垄断内容出现适用上的局限,主要表现在对数据垄断的相关市场和垄断行为的认定上。在相关市场方面,基于产品价格、销售渠道等因素的认定方式出现难题,譬如在平台经济中用户多可以免费获取和使用平台提供的产品服务从而使得产品价格因素失去功能空间。就5G数据相关的垄断协议而言,具有数据优势的经营者之间基于数据与算法达成的垄断协议逃避监管从而加大认定难度。在滥用市场支配地位的垄断行为方面,数据垄断形成的市场支配地位及其滥用因为数据的模糊性和隐秘性而难以界定。在经营者集中上,缺乏对数据因素的考量从而让数据垄断从传统经营者集中审查标准中逃逸,基于市场力量和价格竞争因素的审查难以涵盖数据垄断中的非市场结构和非价格竞争因素。上述数据垄断行为的认定难度或将致使数据垄断在现行法律的运行模式下难以规制,从而引发对主体责任、损害后果的判断困境。

互联网内容的传播必然要经过网络平台来呈现,未来6G技术将会运行更加纷繁复杂的业务,互联网平台往往会出于规避监管考虑而对信息传输进行加密,无形中也加大了政府解析数据进行监管的难度。而且终端设备的大量增加会让过去的单一用户认证接入变为群组接入,给监管中溯源取证工作造成极大困难。同时,6G时代互联网虚拟化、卫星化趋势不断加强,给我国网络管控带来了一定难度,尤其是对新时期网络关防建设,提出了更高要求。而对于网民权益保障而言,6G技术作为一项新兴的技术,给人们带来便利的同时,也容易沦为自我监管意识薄弱的网民谋取私利的工具。

二、5G发展面临的法律挑战

(一)隐私权领域立法不足

1. 对隐私权属性界定困难

传统意义上的隐私权不能直接等同于"数字人权"中的隐私权。在数字时代,对隐私权的准确界定是十分困难的,尽管法律对隐私权有所规定,但是随着网络技术的发展,基于原本的文义解释已不能满足保护公民信息诉求的需要。总的来说,目前有关网络隐私权所有的法律条文更多地把隐私权界定为一种人格权。当然不可否认的是,隐私权侵权事件中对于人格的侵犯现象时有发生。但是值得注意的是,越来越多的针对隐私权的侵犯行为与对财产权的侵犯联系在一起。数字时代的隐私权已经超过了传统隐私权作为人格权的含义,出现了前所未有的财产权属性。面对这样一种兼具人格性和财产性的新型权利客体，还没有相对完善的社会制度和法律法规对其进行定义和保护，数字时代隐私权保护的缺失是亟须解决的社会问题。

2. 经济发展和隐私保护难以兼顾

人工智能时代的到来，有关个人行为、偏好的数据被应用得越来越广泛，掌握大数据技术已经成为各大企业提升市场竞争力及市场生存能力的关键，随着大数据技术发展水平的逐步提高，各企业一定会因数据采集、数据分析而对个人隐私数据有所涉及。尽管法律确实应该回应群众对于利用法律来保护其个人隐私的需要，但也要考虑当前我国发展建设的中心仍然是推进经济建设，法律也要为经济发展提供一定的自主空间。除此之外，未来大数据的发展一定会经过更多的技术变革，新技术的发展趋势都具有一定的不可控性，如果过早地确定网络隐私权的保护范围，反而会让后续大数据技术的应用难以运行。所以，要对隐私保护和经济发展二者的关系进行平衡，适时推进网络隐私权保护工作的开展。

（二）在线教育的法律问题

与传统的线下教育相比，在线教育不再局限于特定的时间与地点，让学习可以随时随地进行。新冠肺炎疫情暴发之后，线上教学既保障了师生的身体健康，又保障了全国各个年龄段的学生都能顺利上学，这是我国教育史上史无前例的、具有里程碑意义的在线教育伟大实践。但是要明确的是，在取得突破性进展的同时，我国的在线教育也暴露了不少问题。

1. 版权保护

相较于传统的教学方式，在线教育更需要电子图书、电子资源的支撑。但是在线教育又不仅仅是将传统教育搬运到网络上，而且对教育资源进行了整合，形成类似幕课（MOOC）、超星这种形态复杂、多种多样的数字版权资源。在线教育涉及学校、学生、教师、平台等多个主体，教师借助电子资源设计出来的课件往往又会经过学校和平台的加工再处理，学生之间的分享又会扩大作品的传播范围。正因如此，才难以界定在线教育作品的性质与权属，这也会导致即使权利人主张在线教育作品版权侵权，却也很难通过司法途径来维权。不可否认的是，数字版权资源便捷性、共享性的特点在给社会生活带来便捷的同时，也增加了数字版权保护的难度。

2. 信息安全

近年来，以人工智能、大数据为代表的信息技术被广泛运用于个性化的在线教育之中,通过回答在线教育平台上的一系列问题,人们获得了适合自身情况的教育课程,但同时也让平台更进一步地掌握了使用者的个人信息,教师和学生的个人信息、使用记录都被记录和存储,加剧了信息被泄露的风险。而且教育平台凭借其稳定性和公益性,很难引起用户对个人信息和隐私泄露的警惕,也因其不会导致直接的经济损失,信息泄露的成本较低,故无法引起学生、学校的重视。虽然《个人信息保护法》在一定程度上解决了在线教育信息安全问题,但如何营造更优的数据安全使用环境,在未来很长一段时间仍然具有一定的研究价值。

3. 教育的均衡发展

我国宪法第四十六条确立了受教育权是我国公民的一项基本权利。随着九年义务教育的普及,新阶段我国教育事业的目标已经变成了发展更优质、更公平的教育。这不仅是教育改革的目标,更是教育信息化的追求。在线教育作为一种新的教育形式,在我国东部发达地区率先发展。发达地区拥有着大量稳定安全的关键基础设施,从基础层保障了数字时代受教育权的实现;发达地区的教育理念较先进,教师信息化能力较强,可以应用不断革新的信息化产品去探寻新的教学模式。但是我国中西部欠发达地区受到经济条件的限制,有一些地区还没有接入网络,或者网络信号不稳定、网络设施不齐全,导致这些地区的线上教育常常面临网络卡顿、网络延迟等问题,进行教学的教师们对在线教育的平台使用尚存在问题,更何谈利用信息技术去创新教学模式。中西部地区和东部地区之间在教育信息化水平上的差异,导致了我国的数字教育鸿沟进一步拉大,而这与我国公民追求更公平、更优质教育的目标背道而驰。诚然,大力发展在线教育是教育信息化建设必不可少的一环,但更应该注意到的是,不管是在线教育还是教育信息化,其根本目的都是实现公民的受教育权,所以在信息时代我国公民教育的均衡发展问题亟待解决。

三、西方国家在 5G 领域对我国实施遏制

(一)遏制我国 5G 产业发展

1. 美日两国联合其盟友多渠道遏制我国 5G 产业

美国智库型研究机构国家亚洲研究局发表文章《赢得与中国的 5G 技术竞赛——美日合作阻绊竞争、快速发展、解决问题的制胜策略》,为美日赢得与中

国的 5G 技术竞赛提供了相应策略。

总体而言,该文章所提出的策略可以分为内外两方面。

就国内而言,美日两国遏制中国 5G 产业发展的态度更加嚣张,手段日益多样化。一方面,美日两国以供应链为核心全面遏制中国 5G 发展。为限制中国企业的市场准入,美国和日本采取了切断中国相关企业进入关键市场、阻断 ICT 技术投入与人才培养、收紧外国投资审查程序以阻断资本渠道等多种方式以达到在 ICT 市场阻碍中国 5G 技术发展的目的。并且美日政府手段更加强硬,越来越多地限制或禁止政府部门或私营企业与中国企业合作。另一方面,美国与日本以产业政策为重点,正在积极投资安全和有弹性的 5G 技术,并将其作为通向 6G 解决方案的桥梁,同时利用出口促进和发展融资工具,并将这些技术在第三国市场传播,以激发其国内 5G 市场活力并提供中国 5G 通信技术的替代方案。

就国外而言,美日两国联合其盟友制衡中国 5G 发展。一方面,除要求盟友同时限制中国 5G 企业的市场准入等方面外,美国在国际社会还大肆渲染中国 5G"威胁",抹黑中国采取 IP 盗窃、补贴及贷款优惠等不公平的经济行为来实现华为和中兴等企业的竞争优势。另一方面,美国与日本以所谓数据隐私保护之名,行主导标准制定之实,施展政治外交手段,试图联合包括欧盟、印度、韩国、英国以及中国台湾等国家及地区,共同制定支持和推广受信任的 5G 技术战略。该文章也进一步建议美国与日本制定其自身的国家技术战略,为信息和通信技术规范建立基础广泛的支持机制。不难看出,美国维持全球霸权和主导全球网络空间的野心更加明显,"保护数据隐私,维护技术安全"的背后实质上是美国对于丧失自身领先地位的焦虑和维护全球霸权的战略决心。

综上所述,美日针对中国的 5G 竞争战略的具体措施手段多样化且态度更加嚣张,联合盟友主导网络空间的野心也愈发凸显。除此之外,美国当前针对 5G 的系列政策已将 5G 技术作为一个整体视为保护其所谓国家安全、维护其全球霸权的关键环节,将技术议题上升到了国家安全的程度,可见 5G 技术竞争在中美大国博弈中的关键作用。

2. 将安全影响因素强加于我国企业

2019 年 5 月,以美国为首的 32 个西方国家的代表在捷克首都布拉格召开 5G 安全大会,会后与会各国还发布了《布拉格提案》。布拉格大会的参与方,美、德、英、日、韩等国对 5G 安全问题的考量不一,因此没有形成有约束力的成果,对与会各国的 5G 既定政策暂时不会产生重大影响。但这一大会的成果并不仅在于一纸没有约束力的"提案",对大会及各方后续动作都应加大关注。

此次大会的参与方是欧盟、美、日、韩等发达国家,这些国家在国际上的能量和话语权有目共睹,对这一圈子"抱团取暖"的行动必须予以重视。各方虽然对 5G 安全问题和商业化成本有自己的考量,但拥有许多共同的利益诉求,一旦在同盟内部达成妥协而采取一致行动,就有可能利用其影响力对 5G 安全相关看法和建议进行扩散,吸纳其他国家共同签订具备约束力的 5G 安全协议,形成大范围的"攻守同盟"。另外,欧洲各国由欧洲煤钢共同体发展至今日的欧盟,在吸纳各方力量掌握强大话语权上经验丰富,对此不得不防。

美国游说其盟友封杀华为等中国企业的行动见效不大,原因之一就是没有足够的证据,仅靠空洞的国家安全说辞并不足以动摇盟友从自身利益出发的决定。此次大会将 5G 安全定义为涉及法律、国家政策等问题,相当于把众多原本与华为无关,且对安全影响不大的因素强加于华为,增加了攻击华为的理由。虽然华为在会后第一时间进行回应,指出网络安全本质上是技术问题,技术问题要靠技术手段来解决,但大会显然并不同意这一观点。此外,作为大会的主要推手,美国在会后于白宫官网发表声明,支持《布拉格提案》,并"计划将该提案作为指导,以确保美国的繁荣和安全"。美国并非将提案作为一纸空文,其后续如何出招值得继续关注。

3. 渲染中国企业"威胁"论

长期以来,美国方面一直抹黑中国企业的网络设备,渲染这些设备具有"间谍活动"和"网络攻击"的威胁。2019 年,英国表态或将授予华为公司访问 5G 部分网络权限,美方又老调重弹。2019 年 10 月 31 日举行的一场参议院国土安全和政府事务委员会听证会上,多名美方政客宣称华为和中兴等中国企业对美国国家安全"构成了威胁",特别是在 5G 领域。2019 年 10 月 28 日,美国官方电信监管机构——联邦通信委员会主席阿吉特·帕伊拿出了一份提案,计划将华为和中兴列为"国家安全威胁",禁止美国企业使用联邦基金中的资金采购两家企业的设备。而后,英国表态允许华为参与 5G 建设,欧盟发布的有关 5G 网络安全风险的报告中也忽略了美国对禁用华为设备的呼吁,并未单独提到中国和华为。因此,美国或将继续染中国企业"威胁"论,阻止欧盟国家与华为合作。

(二)遏制我国 5G 技术发展

1. 加大对我国高科技领域的打击

近几年,为阻击中国 5G 发展,美国国会密集出台各种法案,以安全风险为由,对美政府、企业等购买中国技术产品予以限制。同时,美国通过将美关切纳入多双边立场文件、以取消情报共享要挟盟国等手段,对华为、中兴等企业的产品进行全面封杀。总体来看,美国对华为等中国企业的打压目标虽然明确,但相关行动还是缺乏纲领,美国政府各部门之间也尚未形成完全的统一步调。美国一系列举措由美国总统、FCC、国土安全部、国家情报部门、司法部和国防部等共同制定,将对中国科技企业的打压上升到国家战略的层面。可以预见,美国今后对我国 5G 企业的打压将因具备战略基础而更具全面性、系统性。短期来看,华为、中兴在美国面临的制裁、诉讼案件等将因战略的出台而面临更为被动的局面。长期来看,我国高科技企业、科研院校甚至国家机关今后被美国列入"实体清单"的可能性将有所增加,我国对美国的技术投资将受到更多的限制,我国在 5G 的全球布局方面也将受到来自美国甚至是其盟国的外交、经济乃至军事等多方面的压力。

华为作为中国高科技领域具有代表性的企业,美国对华为的打压行动可以理解为美国试图在高科技领域遏制中国发展。英国的上述决定与美国的目的背道而驰,因此美国或采取措施让有关国家在该问题上"选边站队",使得华为"走出去"进一步受限。此前,美国政府考虑向华为主要对手伸出援手。美国政府官员已经暗示,可能向诺基亚和爱立信提供其所需的信贷补助,以帮助这两家通信商获得与华为同样的有利资金条件。美国通过向华为的主要竞争对手提供支援,以削减华为通信设备的市场占有率,进而进一步加大对我国高科技领域的打击,从而在中美贸易斗争中占据主动地位。

2. 中美围绕无线通信的科技战势必将长期化并延伸至 6G

尤需警惕的是,《美国保护 5G 安全国家战略》提出的各项目标和行动并非仅仅针对 5G,更是将目光放远到"未来几代无线通信",企图"毕其功于一役"。业界普遍认为,每一代通信标准的周期是 10 年左右的时间。因此,6G 的规模化使用,至少要在 2030 年之后。但目前美国已经明确要开展 6G 研发,并开放了 95 GHz 到 3 THz 频段供 6G 实验使用,这将对我国 5G 及未来无线通信技术的布局与发展形成更大挑战。有专家指出,现在还不能对 5G 的优势过于乐观,必须考虑 2030 年的未来网络,在网络方面如果不提前 10 年去研究布局未来的网络,就可能满足不了未来的需求进而落后。我国需要加快在 6G 网络架构及太赫兹方面的布局,否则我国 5G 的优势也只能维持五六年的时间。

3. 中美科技进一步"脱钩"

5G 已是大国科技主导权博弈的主战场,美国正在以"安全"为由,借助 IT 底层技术优势来遏制中国 5G 竞争力,在"去中国化"的同时构建全球移动通信生态主导权。一方面,美国将推动其自身 5G 实力,通过加大投资力度、扶持美国本土企业、优化制度,鼓励与盟国企业合作,开发能够替代中国 5G 产品的替代品,为 5G 部署扫清障碍,着力提升美国自身 5G 技术实力和部署。另一方面,美国还谋求 5G 领导权和标准话语权,鼓励美国企业和公共机构尽可能参与到标准化机构关于 5G 相关标准制定工作中,并与盟国在标准化机构中就 5G 标准协调立场、互通有无。因此,总体来看,美国进一步封杀华为等中国企业,推动中美科技脱钩的意图愈发明显。我国由于在芯片、操作系统等产业链薄弱环节多,发展科技的成本高、周期慢,短期内势必受到更多不良影响。

(三)威胁我国 5G 供应链安全

1. 进行"空芯"式打击

美国保持对中国企业实施"空芯"式打击的高压态势。2016 年 3 月,美国商务部对中兴通讯施行出口限制,禁止美国元器件供应商向中兴通讯出口元器件、软件、设备等技术产品,理由是涉嫌违反美国对伊朗的出口管制政策。2018 年 4 月,美国商务部宣布,未来 7 年将禁止美国公司向中兴通讯销售零部件、商品、软件和技术,直到 2025 年 3 月。2018 年 8 月,美国总统特朗普签订了一份法案,禁止美国政府和政府承包商使用华为和中兴的部分技术,禁止美国政府或任何希望与美国政府合作的人使用华为、中兴或其他多家中国通信公司的零部件。2018 年 8 月,美国商务部以国家安全和外交利益为由,将 44 家中国企业(8 家单位及其 36 家附属机构)列入出口管制清单,实施技术封锁。2019 年 4 月,美国国家安全局高级官员罗伯·乔伊斯表示,由美国、英国、加拿大、新西兰和澳大利亚组成的"五眼联盟"不会使用对国家关键基础设施构成威胁的国家的技术。2019 年 12 月,美国参议员汤姆·科顿提议国防法案中引入了一项条款,如果美国盟友使用华为 5G 技术,美国就将停止与其共享情报。2020 年 2 月,有外媒传美国政府正在考虑修改监管规定,从而能够阻止中国通信巨头华为的芯片供应链,其中包括台积电等华为的芯片供应企业。

此外,美国还与其他利益相关者共同呼吁建立全球供应链安全体系。2019 年 5 月,签署的《布拉格提案》,警告各国政府关注第三方国家对 5G 供应商施加影响的总体风险,不要依赖那些容易受国家影响或尚未签署网络安全和数据保护协议国家的 5G 通信系统供应商,中国和俄罗斯未获得主办方邀请参会。《布拉格提案》从政策、安全、技术、经济 4 个方面对 5G 安全进行了阐述,指出:5G 是未来社会的关键信息基础设施,社会的方方面面都将依赖于 5G 网络;因此,5G 网络建设的利益相关方不仅包括运营商和技术供应商,还包括所有依赖于 5G 的组织;关于 5G 网络建设的重大决定应当由所有利益相关方共同作出。《布拉格提案》突出了 5G 网络安全的重要性,动员国家、政府、企业等 5G 所有利益相关方共同维护供应链安全。《布拉格提案》签署后,2019 年 9 月 2 日,美国副总统彭斯与波兰总理莫拉维茨基签署"5G 安全声明"。该声明强调 5G 网络的重要性,称"所有国家都必须确保值得信赖和可靠的供应商参与网络"。2019 年 11 月 1 日,美国与爱沙尼亚发布《美国-爱沙尼亚 5G 安全联合宣言》,宣布希望加强双方在 5G 方面的合作。2020 年 2 月 27 日,美国与拉脱维亚政府签署《美国-拉脱维亚 5G 安全联合声明》,宣布加强双方在 5G 方面的合作。①

2. 构建新型体现美国优势的 5G 供应链体系

5G 产业链由上游基站升级(含基站射频、基带芯片等)、中游网络建设、下游产品应用及终端产品应用场景构成,包括器件原材料、基站天线、小微基站、通信网络设备、光纤光缆、光模块、系统集成与服务商、运营商等各细分产业链构成。② 当前,在 5G 无线接入网的四家主要供应商中,没有一项技术是基于美国技术的,供应链的脆弱性成为美国 5G 发展的软肋。根据《2018 年联邦采购供应链安全法》(Federal Acquisition Supply Chain Security Act of 2018),美国联邦采购安全委员会建立一个专门跨境机构,负责信息和通信技术供应链问题,该委员会能够建议国土安全和国防部长及国家情报总监在政府范围内发布信息,在必要时通过"移除订单"和"排除订单"处理供应链风险。

为重新构建能体现美国优势的 5G 供应链体系,美国将在 5G 供应链方面大做文章。就目前而言,美国通过两套政策用以管理 5G 供应链风险:一是确保美国公司能够继续创新和生产先进技术,二是与"志同道合"的国家合作推动5G 安全的共同规则。其基本思路是:以"五眼联盟"和北欧国家、日本以及与美

---

① 参见段伟伦、韩晓露:《全球数字经济战略博弈下的 5G 供应链安全研究》,《信息安全研究》2020 年第 1 期。

② 参见唐新华:《从频谱、供应链与标准看美国 5G 战略逻辑》,《中国信息安全》2019 年第 7 期。

国有共同关切的欧洲和亚洲其他国家为基础,建立更紧密的情报、技术和安全伙伴关系;以《布拉格提案》原则和草案为基础,制定全球电信设备和供应链的严格安全标准;通过对外援助资金鼓励一些发展中国家不要购买中国5G产品;支持西方电信基础设施公司合作研究和发展协定(CRADA)资助研发;联邦政府制定电信供应链安全战略;调整美国国内政策方向,强调技术竞争力,着眼于知识产权、反垄断、税收和基础设施投资等;美国对中国施行长期接触战略,强压中国遵守其设定的安全准则。

3. 双管齐下确保美国5G频谱频段领先地位

2017年,美国《国家安全战略》明确指出,获取频谱是实现经济活动和保护国家安全技术能力的关键组成部分。2018年10月,美国总统特朗普签署《关于制定美国未来可持续频谱战略总统备忘录》,指示商务部领导制定美国长期频谱规划。2019年5月,美国白宫科技政策办公室(OSTP)以及无线频谱研发机构间工作组(WSRD)发布《新兴技术及其对非联邦频谱需求的预期影响》和《美国无线通信领导力研发优先事项》的报告,分析了频谱对自动驾驶汽车、工厂自动化、远程手术等新兴技术发展带来的影响,并提出美国无线通信领域的三大优先研发领域:追求频谱弹性和敏捷性以使用更多的频段及波形、提高频谱实时感知能力、通过频谱安全自主决策提高频谱效率和效益。这些研究结论为美国频谱战略提供了决策参考。美国之所以在5G建设中如此重视频谱政策,其原因是美国5G商用频谱资源集中在高频段(毫米波),而全球主要国家大多采用Sub-6 GHz频段,这一"轨道差异"为美国5G发展带来很多障碍。

由于美国的大部分Sub-6 GHz频段是非民用和商用的,美国电信运营商和美国联邦通信委员会将毫米波频谱作为国内5G的核心,特别聚焦于28 GHz到37 GHz的频段。由于波长较短的毫米波产生较窄的波束,可为数据传输提供更好的分辨率和安全性,且速度快、数据量大、时延小。同时,毫米波的短波长和窄光束的特性限制其传播距离,毫米波网络需要遍布在基站覆盖的整个区域中并保持不间断连接,这带来很高的基础建设成本。由于其主要优势在高频段,美国在国际层面强调"全球协调频谱",并采用排他性使用许可政策,以维护其在5G频谱频段上的领先地位。

4. 借新冠肺炎疫情诱导5G供应链撤离中国

2020年以来,美国借疫情话题,持续炒作中国5G等领域的产品供应链存在安全风险,诱导本国及其盟国将供应链撤出中国。在美国的诱导下,2020年

4 月初,在英国首相约翰逊病情最严重的时候,英国议会出面干预,致使中国投资者被迫放弃了控制英国一家高科技公司 Imagination Technologies 的计划。4 月 7 日,日本政府宣布拨款 22 亿美元,协助日本制造商将生产线撤出中国或转移至其他国家,以恢复中断的供应链。4 月 8 日,德国联邦内阁决定修改《对外贸易和支付法》,旨在阻止遭受疫情打击的德国企业被外资趁机收购。该法规将经由德国联邦议会进行表决。外界认为这一法律修订,直接针对的就是中国最近几年在德国越来越多的并购活动。4 月 9 日,白宫首席经济顾问库德洛在电视节目中说,美国政府应该为希望撤离中国的美国企业提供全部的"搬家"费用。此外,美国司法部于 4 月 9 日要求美国联邦通信委员会撤销对中国电信美国分公司的运营授权,禁止其在美国的国际通信服务,因其涉及国家安全。4 月 14 日,英国议会议员戴维·戴维斯表示,英国政府应寻求一切办法,以防止 Imagination Technologies 的技术基地被转移到中国。

很显然,通过供应链撤离中国这种"硬脱钩"的方式来抑制中国 5G 技术发展,是美国当前采取的较为直接的打压中国的方法。此外,通过芯片"断供"等措施,迫使中国 5G 发展脱离于世界发展的主流,是美国采取相关措施的根本意图。

第五章
我国 5G 安全风险防控的对策建议

第一节　5G 安全战略的顶层优化

与美国等西方国家相比,我国以国家主导的决策过程,在战略技术的发展速度和投资规模方面具有若干优势。我国可以直接支持诸如华为和中兴这样的科技公司,并利用"一带一路"倡议等支持经济、技术的发展和国家安全政策目标的实现。在美国等西方国家也渐渐将 5G 提升到国家战略的层面的今天,我国需要坚定支持 5G 发展的战略目标。在制定产业政策进行扶持的同时,也需完善 5G 产业生态,促进 5G 产业数字化、网络化、智能化转型。加强 5G 产业与医疗服务、交通物流、工业互联、煤矿能源、公共事业等行业的融合,把握数字化、网络化、智能化融合发展的契机,最大限度地开发 5G 在社会发展与经济建设中的作用。

一、明确 5G 发展重点方向

(一)"双碳"目标与 5G 绿色发展

加快绿色 5G 建设,促进 5G 与传统高耗能行业深度融合,为能源行业的转型提供一定的支撑,并减少 5G 的能源耗损。例如新能源汽车作为互联网开放的重点领域,成为未来争夺先进技术主导地位的重中之重。5G 技术的赋能,有利于新能源汽车优化内部能源(即智能电池)的开发,助力"双碳"目标的实现。

首先,在政府的引领下,电信运营商首先要尽快形成全国的碳排放实时数据建设系统。包括建立信息通报与监管预警制度、建立风险评估和碳排放突发事件应急的处理机制,提前做好应急方案并且定期检查预演,建立统一高效的能耗评估机制、信息服务机制和风险报告机制,全天候、全方位感知碳排放状况。并且,在完善监测设备的同时配备相应的技术人员,布局碳交易的安全网络。目前,电信网络设备能效并未纳入节能认证环节,政府应当将能源耗用作为考核电信网络设备的一部分,优化能耗评级的标准,对于碳指标申请、碳交易等制定统一的行业规划。未来减排的规划不仅仅限于企业内部,而应当与其他碳排放的关键企业与部门合作,通过 DICT 技术形成实时的碳信息系统,实现数据中心和服务器云化而降低自身的能耗。

其次,要大力发展和使用 AI 技术实现节能效应。随着 AI 技术的发展,AI 在庞大的数据库分析和计算中占有得天独厚的优势,为 5G 网络的节能带来了更大的探索空间。从当前三大运营商的发展来看,基于 AI 技术的节能技术现状主要包括覆盖识别和配置识别。由于 5G 基站的覆盖面广泛,自身的规模与所处的环境都有较大的差异,而 AI 可以针对不同背景下的基站进行数据分析,比如基站所处的地理气候环境、不同时间段内的符合量以及配备的技术人员,最后选定适应于不同基站的节能方案。AI 技术通过分析数据、覆盖识别结果与结合历史信息进行大数据分析,锁定特定基站所处的位置,运用 AI 算法自动配置节能策略,实现不同基站的 AI 节能策略配置,让其可以在流量负荷变化时自动启动,在达到节能目的的同时保证网络性能正常运转。例如2021 年 5 月 4 日,中国移动召开"碳达峰、碳中和"与绿色 5G 技术峰会并联合十余个机构与企业发布《绿色 5G 倡议书》,致力于打造 5G 绿色发展之路。

再次,社会各界应当清除企业节能的障碍,确保各种规模的企业能够低成本便利化采购循环利用能源,帮助中小企业管理和减少碳足迹,提升碳排放的透明度。虽然国内尚未建立起统一的碳交易市场,但是经过十余年的试点,我国已经初步具备了碳交易市场的条件。电信运营商和企业,尤其是互联网巨头企业,应当主动承担应对节能问题的社会责任。例如苹果公司表示,其 75﹪的减排量将来自制造链,包括增加组件回收,提升能效并推动供应商使用可再生能源。剩余 25﹪减排量计划通过资助再造林等生态项目实现。[①]

最后,5G 基站的节能将是一个长期的过程,在全国乃至全球应对气候变化的背景下,5G 作为新兴的领军技术,"双碳"既是机遇也是挑战。挑战是指数字经济的发展带来通信网络的进一步扩张,机遇是指它推动了企业的数字化转型并利用数字化技术与网络赋能千行百业,助力"双碳"目标的实现。[②]

---

① 参见安琪:《企业引领碳中和的国际动向与启示》,《中国电力企业管理》2020 年第 28 期。
② 参见唐怀坤:《电信运营商实现碳达峰与碳中和路径分析》,《通信世界》2021 年第 14 期。

（二）推进 5G 网络建设

1. 提高 5G 在国家发展中的战略定位

2020 年 3 月 4 日,中共中央政治局常务委员会召开会议,强调要加快 5G 等新型基础设施建设进度。加快推进 5G"新基建",不仅是缓解新冠肺炎疫情对我国经济的冲击,更是增强我国在全球竞争力的战略部署。尤其是以美国为首的西方发达国家,通过各种手段打压遏制我国 5G 在全球的部署,并通过技术出口管制阻碍我国 5G 技术的应用和发展。5G 对于我国而言已经不仅仅是当前世界信息通信技术领域的"制高点",更是影响我国国家安全和发展的核心竞争力。[①] 因此,我国也需要制定 5G 国家战略,提高其战略定位。

早在 2013 年,科技部等三部委就联合成立了 IMT-2020(5G)推进组,对 5G 技术、标准、频谱等方面进行研究,并在《"十三五"规划纲要》《中国制造 2025》《国家信息化发展战略纲要》等文件中明确提出加快新一代信息基础设施建设。但 5G 作为如此重要的战略性技术领域,还需要一个更具前瞻性和创造性的专属战略规划,将 5G 摆在国家发展全局的核心位置。5G 国家战略应该由相互关联的安全性政策、竞争力政策和产业政策组成,涉及许多不同的经济领域。因此,建议推出国家战略与系列产业政策,构建 5G 规模化部署与产业化融合并行的政策体系,建立政、产、学、研四位一体的协同合作机制,构建开放和谐的 5G 生态圈。在设定战略目标时,不仅要加快 5G 网络的广泛部署,也要加大对无限研究领域的创新力度。[②] 此外,我国幅员辽阔,迅速实现 5G 网络全面覆盖难度较大。因此,应统筹布局,优先部署重点地区及热点区域,并加快 SA 商用,建设高品质 5G 网络。

2. 推动 5G 专网建设

5G 点燃了万物互联的火花,5G 专网的建设能为行业企业提供更加可靠和安全的定制化服务。5G 专网在垂直行业一旦建立,便能大大弥补国家因反垄断所带来的负面影响,促进 5G 生态的多元化繁荣。

首先,要加快推进网络切片建设。专网本身运营与公网消费者运营差别很

[①] 参见罗梓超、刘如、董晓晴:《韩国 5G＋产业发展计划:以 5G 为核心的全球信息产业发展促进——〈创新成长:5G＋战略〉解析》,《情报工程》2020 年第 5 期。

[②] 参见罗梓超、刘如、董晓晴:《韩国 5G＋产业发展计划:以 5G 为核心的全球信息产业发展促进——〈创新成长:5G＋战略〉解析》,《情报工程》2020 年第 5 期。

大,这必然导致 5G 产业链与以往通信模式有着不同的建设需求。特别是面向公众消费者提供的切片商城,各网络切片之间相互隔离,保证其获得独立的网络资源。网络切片满足了不同行业与企业追求特定个性化的需求,依据每个切片的不同特性为多样化的业务提供不同的解决方案。5G 网络切片是运营商进入垂直行业市场实现企业内转型的重要途径,在根本上优化了资源配置,降低企业的成本。

其次,可以采用核心网自建接入网的方式共建 5G 专网。有需求的企业可通过与运营商共建共享无线接入网,并且利用现有的网络资产,将建网的运营转移给运营商负责。共建 5G 专网既满足了企业对于 5G 的需求,也为运营商增加了资金的来源,实现企业与运营商之间的互利共赢。

最后,自建 5G 专网是 5G 专网实现中成本最高的途径。自建 5G 专网要求企业投入巨大的频谱成本,而频谱资源的稀缺导致了自建 5G 专网具有很大的局限性,欧美国家已经向市场开放了部分可供免费使用的非授权频谱资源,并正在探索专用频谱和共享频谱的实现路径。自建 5G 网络能给行业企业构建严密的安全网,在商家秘密与隐私上获得更加广泛的自控范围。

3. 国内 5G 网络建设方案的应对建议

(1)针对 5G 可能面临的安全形势

第一,强化等级保护。对影响国计民生的关键基础设施,加强安全等级保护要求。第二,增强全网安全态势感知和协同防护能力。5G 网络将承载众多垂直行业应用,建议加强包括各垂直行业应用在内的全网安全态势感知和协同防护能力。第三,加强打击网络犯罪行为。5G 时代,网络安全的危害程度加剧,建议加强对网络犯罪行为的取证和打击力度。第四,加强核心技术自主研发与掌控。5G 网络虚拟化和 IT 化,大量采用云化技术,需进一步加强云化技术、通用服务器、基础软件、芯片等核心技术和产品的研发与掌控。第五,建立以自动化监测为主并与传统手段相结合的应急机制。将基于 5G 的公共安全监测、应急通信等服务应用于相关领域的同时,强化监测设备和系统的安全检测、安全防护能力,并将自动化监测、控制机制与传统检测、控制手段有效结合,在自动化能力失效时提供应急处理机制。

(2)针对 5G 网络承载不同业务的安全需求及安全风险

第一,以"三同步原则"加强网络与信息安全保障。在建设阶段,同步规划、设计、建设 5G 网络与信息安全保障机制,确保上线运营网络和业务的安全性;

运营阶段,同步实施运作防御、监测、响应、预防一体化的防控体系,满足安全防护与管控要求。第二,构建统一管控、智能防御、灵活可扩展的5G安全体系,以满足多接入、不同场景的安全需求,提供差异化安全保护机制。例如,通过统一的安全管理、态势感知、协同防御能力建设,实现安全威胁智能协同防御;基于网络切片、安全功能模块化组合,通过安全功能按需灵活部署与编排,实施差异化安全防护机制,满足大带宽、大连接等不同场景安全需求;建立统一、可扩展的身份管理机制,采用轻量级认证、分布式认证等技术,满足包括物联网在内的各类终端的安全需求,并实现用户身份的统一管理、识别和溯源;基于统一中心平台与边缘计算能力,通过近源的安全防御能力部署,形成分布式安全防御能力,应对5G超大带宽、超大连接、MEC内容下沉等引发的安全威胁。第三,同步完善建设恶意代码、内容安全等5G安全监测设备、配套相关管理流程,提升监测发现能力;提升取证上报能力,启动联防联控机制,建设一键关停能力,提升网信整治能力;打造信息安全态势感知系统,建立信息安全监测预警体系,持续对安全威胁进行实时动态分析,自动适应不断变化的网络和安全威胁环境,并不断优化安全防御机制。第四,建立协同防御的安全生态。以安全能力和服务开放等形式,通过安全态势感知、安全协同能力建设,实现跨网络、跨行业的合作,为网络和垂直行业构建协同防御能力,共同提升应对网络与信息安全事件的能力。

(3)针对5G安全监管问题

需采用基于大数据的舆情监测分析技术,提升舆情监测能力;加强对物联网行业用户的监管,留存物联网终端身份标识记录、提供终端安全事件监测和溯源、取证能力。同时,应积极应对信息安全形势变化,并加强信息安全相关立法和监管。第一,有条件地将网络日志、网络记录等电子记录作为法律证据。5G时代,个人活动被大量记载在网络记录中,在大部分网络应用后台实行实名制的情况下,电子记录尤其是不同应用之间的关联,具有很强的可信度,建议在实名认证的基础上,将符合一定条件的上网日志、应用记录等电子记录形成的证据链作为法律证据。第二,自动控制与远程控制设备的安全与责任立法。无人机、无人驾驶等自动控制、远程控制设备,可能发生较大损失的安全事故,需要明确这类设备使用的安全准则、发生事故时的责任界定。第三,网络攻击行为取证、入侵或网络服务不当导致的人身伤害和虚拟经济损失认定。网络攻击或者网络服务提供者的不当服务,不仅可能给个人的虚拟网络利益造成损失,还可能涉及现实世界的损失,甚至人身伤害,对于网络攻击、入侵行为的取证,以及导致的虚拟经济与现实伤害和损失的认定,需要由相关法律进行界定。第四,数据的隐私保护问题。个人信息和网络活动记录在不同系统的留存设备中,可能成为大数据分析个人隐私的重要信息,虽然孤立信息的获取未必直接造成损失,但经过关联分析等加工处理后,可能泄露个人重要隐私,成为网络诈骗甚至现实犯罪的重要信息。建议加强打击泄露包括上网记录、网络活动记录等隐私信息各环节的行为,保护网络空间安全。

(三) 加强各领域数据治理

1. 公民层面

第一,对于卫生数据与交通数据方面,公民应当提高维权意识,坚决抵制非法获取、转移个人卫生数据的行为,运用法律武器保卫自身合法权益。与此同时,也不必过于紧张,成为"惊弓之鸟"。公民应当及时关注国家在个人信息方面的相关政策动向,建立数据信任,在合理的情况下允许他人基于公共利益使用自身数据;坚信国家的治理能力,坚信自己作为数据用户提供数据的成本将被更广泛地获取和使用数据所产生的价值以及新服务的市场所抵消。

第二,在环境领域内,"绿水青山就是金山银山",环境权益关乎所有公民的切身利益。建设我国环境数据库,应当发挥公众力量。2016 年,环境保护部办公厅印发《生态环境大数据建设总体方案》,要求完善信息公开督促和审查机制,规范信息发布和解读,传递全面、准确、权威信息。不断扩充部长信箱、12369 环保举报热线、微博、微信等政民互动渠道,及时回应公众意见、建议和举报,加大公众参与力度。公众在及时向政府反映意见、建议的同时,也应当积极配合各地环保部门,充当热心的志愿者,进行数据收集工作。

第三,农业方面,不论是食品安全,还是粮食安全,农业与民生息息相关。农业从业者应当明确建设农业大数据的战略高度,自觉提高自身素养,助力数据共享。一方面,农业从业者应当提高自身科学素养,积极主动掌握 5G 技术等相关技术,以更好地收集、分析、应用、共享农业数据。另一方面,农业从业者应当真实地提供农业数据,避免主观上隐瞒信息或者提供虚假信息的现象出现(例如刻意隐瞒农药的使用量或农作物的产量)。而对于非农业从业者的其他公民而言,也应当充分发挥自己的主人翁意识,为我国农业数据的建设建言献策,添砖加瓦。

第四，助力智慧政务建设，公民首先要明确数据的利用不会使行政与社会、公益脱离。新冠肺炎疫情防控期间，健康码的应用就是最有力的证明。在人民当家做主的社会主义国家，公共行政数据的应用服务的是智慧政务的建设，智慧政务的建设服务的是广大人民群众。曾有学者将便民原则作为行政法的基本原则，可见公共利益在政府行政过程中的重要地位。为更好地开展公共行政数据建设，公民应当树立理论自信与制度自信，相信我国政府是全心全意为人民服务的政府；应当发挥主人翁意识，积极主动与政府部门及权力机关代表沟通，建言献策，行使监督权。

2. 政府层面

第一，在医疗卫生数据领域，国家与政府应当坚持以人为本、创新驱动，有效保护信息安全与个人隐私；坚持规范有序、安全可控，建立健全医疗卫生数据开放与保护等相关制度，维持行业平稳业态；坚持开放融合、共建共享，鼓励公民、企业及其他组织基于社会公益而分享数据，释放数据红利，促进我国医疗卫生事业的蓬勃发展。同时，国家与政府应当坚持改革开放，及时学习借鉴域外经验（如欧盟的数据治理经验），参与区域数据治理建设（如亚太经合组织隐私框架），为我国医疗卫生数据事业的光明未来努力奋斗。

第二，在交通数据治理领域，推动5G技术的发展与应用关系到民族复兴的伟大事业，为此，政府应当大力发展5G技术，采取各类手段推动5G技术与交通运输行业的交叉融合，着力构建5G技术下的智慧交通系统。同时，政府也应当促进行业内各部门之间的信息共享，加强数据整合，促进数据流动，释放数据红利，为交通运输行业发展赋能。当然，在此过程中不得本末倒置，侵害公民的基本权利。政府应当坚持以人为本，有效保护信息安全与个人隐私。

第三，在环境数据治理领域，政府应当坚持规范有序、安全可控原则，建立健全环境数据开放与保护等相关制度，维持行业平稳业态；坚持开放融合、共建共享原则，鼓励公民、企业及其他组织基于社会公益而分享数据，释放数据红利；应当补足当前数据短板，为环境数据建设提供政策支持；可以考虑建立健全相应的知识产权保护机制，激励公民、法人及其他组织进行环境数据建设。同时，国家与政府应当坚持改革开放，及时学习借鉴域外经验（如欧盟的数据治理经验），参与区域数据治理建设（如进行亚洲环境数据库建设乃至全球环境数据库建设）。

第四，在农业数据治理领域，政府首先应当加快农业数据立法，建立完善数据要素参与农业生产经营成果分配的制度，调动农业从业者建设农业大数据的积极性。在此方面,《欧盟数据治理法案》中的数据利他主义制度或可借鉴。其次,要建设国家农业数据中心,加强农业数据共享。社会主义的制度优势意味着强大的国家力量。应当以建设全球农业数据调查分析系统为抓手,推进国家农业数据中心云化升级,整合政府、科研机构、市场三方数据,建设综合农业数据云平台。再次,构建完善"三农"大数据权属、公开、交易、共享等规则和机制,促进数据标准化、数据资产化、数据交易增值化,将社会主义市场经济制度扩展到农业数据领域。最后,应当加强数据安全管理,加强病毒防范、漏洞管理、入侵防范、信息加密、访问控制等安全防护措施。

第五,在公共行政数据治理领域,政府要积极整合内部数据,推动开放共享。推进政府部门内部数据沟通渠道建设,避免数据孤岛与数据鸿沟,打通数据壁垒,实现各部门、各层级数据信息互联互通;推进政府内部数据标准建设,加强数据标准性和可用性;适当实行政府信息公开,增强人民群众对政府数据运用的信赖;合理运用市场力量,为智慧政务建设添砖加瓦;推动 5G 技术发展及 5G 与智慧政务相结合,通过通信技术发展带动智慧政务发展新飞跃;加强数据安全保护,开展等级保护定级备案、等级测评等工作,建立各方协同配合的信息安全防范、监测、通报、响应和处置机制。

二、发展 5G 技术助力行业发展

(一) 5G 技术赋能推动行业和产业融合发展

未来的技术竞争将会是技术集群的竞争。5G 技术与场景和其他技术的结合方可以实现 5G 的智能应用,而结合行业"know‐how"(技术诀窍)才能实现全产业的 5G 智能。5G 技术正在不断演进中,其下游应用场景与商业模式尚未成熟。参考其他高科技技术的成长路径,我们猜测,中美竞争的路径都会经历从 5G 技术的完善,到技术落地部署,实现具备区位或者场景的试点,然后落到特定场景下应用产品的推出,最后逐步开始影响行业和产业链上下游的过程。

我国唯有充分发挥 5G 技术赋能作用,加快推动融合发展,才能打破美国对我国 5G 的遏制。在技术层面上,我国 5G 企业需要以美国限制的技术清单为指引,不断加强技术自研,减少对美国的单方依赖,最终以技术的发展与独立来应对技术的风险和危机。网信部门作为互联网行业的牵头主管部门,应进一步整合社会力量,巩固 5G 技术,加速 6G 研发,联合产学研各方力量与产业链各方资源参与,打好技术提前量,积极参与相关国际标准制定,保持住我国在 5G 领域的优势,从而树立先发优势。

5G 的竞争背后是制度的竞争。这种制度包括硬性规范和柔性惯例所形成的全套制度体系。在明确的制度预期之下,5G 技术研发、场景落地等才会有明确的激励,才会更有利于 5G 的整体发展。以 5G 无线电频谱分配为例,在行业的初创期,尤其在 5G 这种天然带有大国博弈色彩的行业中,资源的聚集和合理分配是首先需要考虑的内容。美国的完全市场竞争一度导致美国国内企业的相互内耗。惨烈竞争后所获得的无线电频谱资源反倒成为一项"垄断资源",提升了 5G 发展的基础成本。这与大飞机产业的"举国优势"颇有一些相似之处。对于中国 5G 产业的领军企业来说,2018 年到 2019 年的时间带给他们超出以往的曝光率,他们被无数次地放置在聚光灯下。这也标志着 5G 的脚步在逐渐加快。在国内,基站与终端、应用齐头并进;而在国外,即使面对打压我们也依然相信,中国 5G 网络也能获得应有的商业尊重,而且会用中国的"以和为贵"的标准影响全球。

(二)分类应对 EAR 许可例外制度

1. 受到 EAR 管控的 5G 企业

受到 EAR 管控的我国 5G 企业主要是基于美国恶意限制,而被纳入 EAR 的实体清单中。对于这些企业而言,从美国进口、转让、买卖特定物项前需要满足相应的审查条件以获得 BIS 颁发的许可证。而在多数情况下,在对此类实体的许可证进行审查时,BIS 都会采取"拒绝推定"的方式,这意味着除非申请人能够提供足够的证据推翻"拒绝推定",否则将直接拒绝申请,且这种情况下一般不得适用许可例外。一旦许可证的申请被拒绝,则无法进行指定的交易,而这样的后果,结合 5G 企业技术要求高、全球合作性强等特征,将会对受到管控的实体造成供应、生产和服务等多方面的困境,严重者将面临破产等危机。对于这类 5G 企业,许可证申请看似是解决难题的一种选择,但在美国刻意针对的管控下,这实则只是"走个过场"的程序。受到管控的 5G 企业在短期应着眼于"临时许可"的申请,以获得生存和调整的时间,在中期需要做好从实体清单中移除的改善准备,尽可能减少损失代价,在长期则是要加强自身技术建设,以摆脱美国出口管制政策的限制。

2. 未受到 EAR 管控的 5G 企业

BIS 认为,与受到 EAR 管控的任何实体从事交易都具有一定危险,因此对美国企业和使用美国技术的他国企业从事此类交易有严格要求。因此,未受 EAR 管控的企业是许可证申请的主要主体。对未列入管控名单的我国 5G 企业而言,为了自身生存与发展,一方面需要熟悉掌握 EAR 许可证申请的相关内容,同时积极了解与我国相关的特别规定,在与被管制的实体进行交易前要充分做好许可申请工作,在从被管制的实体进行买进卖出物项的交易之前,应当进行充分的调查,以明确所购买或卖出的物项是否为美国原产或含有美国技术的属于 EAR 管控的物项,若属于则按照要求应进行相关许可证的申请。另一方面是做好内部合规建设,避免因许可证申请的事宜违反 EAR 的相关规定而被纳入管制序列,为自身交易增加困难。在发现自身存在违反管制规定的风险时应按照规范妥善处置,如主动披露真实情况等。通过上述内外两个层面来帮助未被列入 EAR 管控的我国 5G 企业做好许可申请方面的风险规避。

(三) 根据 EAR 许可例外制度做好合规建设

企业应把握国外对我国的管控规则。如 EAR 许可例外制度涉及多达十七项许可例外,可谓数量庞大、内容繁多,且其中使用量最大的许可例外,如"加密商品、软件和技术""设备及零部件维修和更换"等,多与 5G 等高新技术相关,因此容易对我国 5G 企业获得技术和产品供应方面造成影响。鉴于我国 5G 企业的技术研究和商业发展需要进口大量美国的高新技术产品,把握 EAR 许可例外制度就显得尤为重要。在应对美国的技术和产品的出口和再出口管控时,如何获取、使用、管理、销售受控技术和产品,如何在受控时适用许可例外等问题成为我国 5G 企业在研究美国出口管控时必须面对的问题。把握好美国出口管控规则,第一时间了解规则变化,识别受控物项和行为,正确申请许可与适用许可例外,这样才能更有利于我国 5G 企业的生存与发展。

5G 企业内部需要根据 EAR 许可例外制度做好合规建设,建立与完善包含对外承诺、风险评估、合规培训、违规审查、违规上报、整改措施等多个规范步骤的合规管理体系,密切关注出口管制合规要求及变化,从制度层面防范出口管制违规风险。在管理层面上,针对军民融合的受管制原因进行交易内容梳理,5G 企业需要评估管控政策给本企业带来的风险,排查与避免潜在危机,如若符合受管制条件,则应通过企业结构调整、改良供应关系和丰富供应渠道等措施提前应对美国出口管制影响。在法律层面上,5G 企业要加强海外市场的合规体系建设,在交易前要熟知管控政策,并在受管控后能够合理利用诉讼等法律手段,通过司法途径来维护自身合法权益。对内,5G企业应关注军民融合、高新技术等行业自身与许可例外都涉及和受到重视的关键点,解决出口管制中体现的现存问题,并针对隐藏风险建立健全防范机制,及时调整相关业务。对外,5G企业要不断构建营造出口管制合规信誉,获得管控物项的采购优势和先机,并不断学习与借鉴本国与其他国家类似企业的合规管理体系,科学有效地保障有关供应和贸易活动的顺利进行。

三、 全面提升5G相关产业的抗风险能力

我国的科技兴国战略、"中国制造2025"、"一带一路"倡议,主要是通过产品进步来提振国内经济。实际上,这是国际惯例,多国都制订了类似计划。不料这却严重刺激了美国当局,美国借此对中国发动贸易战。对此,我国应以美国针对中国实施打压的一系列手段为契机,优化我国产业结构,完善相关战略,全面提升我国相关产业的抗风险能力。

(一) 保持战略定力稳步开拓5G市场

价格战短期内可以实现快速发展用户的目的,但这并不是长久之道。我国的5G终端与韩国相比具有款式多、价格低的优势,50余款5G入网终端中,已有手机价格下探到2 000～3 000元之间,用户选择多样,换机成本相对较低。我国运营商应提供优质的差异化服务吸引用户,避免恶性价格竞争。当前,随着用户的欣赏水平不断提升,对于沉浸感和交互体验的需求越来越大,运营商应充分挖掘用户对文娱类视频应用需求,与VR、AR、超高清视频的内容制作平台合作,尽快推出形态多样的5G终端和丰富的高质量应用,为用户提供优质的差异化服务。

同时,我国需保持战略定力稳步开拓5G市场。对于中国而言,一方面,我们要高度保持战略定力,秉承5G引领的战略方针,按照自己的节奏推动5G的发展;另一方面,要从政策引领、业务示范、规模发展、商业模式变革等维度,引导运营商制定成熟的5G发展策略。同时,要站在"一带一路"倡议的高度,以沿线国家为重点,将5G纳入国家战略,推动5G相关产业链尤其是华为、中兴等网络设备厂家拓展海外市场。[①]

---

① 参见宋永军:《美国政策是否会倒逼中国5G加速》,《通信产业报》2019年4月19日。

（二）促进 5G 垂直市场和行业发展

5G 技术的产生主要初衷及目的是促进制造业提升以及城市智慧化、智能化升级，因此具有较强的产业关联性、社会深度融合两大特征，这也是 5G 未来应用的主要场景及目的。在 5G 技术及产业促进过程中，应充分考虑将与社会融合度较高的技术作为抓手，确保 5G 商用化后与社会产业形成良好的衔接效果，保障 5G 后期应用技术推广，产业优化能撤销，避免 5G 与社会及产业脱轨。①

5G 在垂直市场和行业的应用，将对未来的 5G 供应市场产生重大影响。垂直市场正在进行的深刻数字化转型，如工业 4.0 和制造业、汽车和运输等可以为 5G 供应创造一个转型机遇。因此，我国应当加快 5G 融合应用，加强企业与政府、电信运营商、关键领域和重要行业用户的协同，推动 5G 与制造业、农业、服务业、教育、医疗等行业深度融合，扩宽 5G 应用空间，带动经济政治发展。目前，我国 5G 应用已在工业互联网、车联网、医疗健康、智慧教育等方向进行积极探索。在"绽放杯"5G 应用征集大赛中，运营商、设备商、科研院所和行业用户已经深度参与 5G 应用建设。一批 5G 应用在新冠肺炎疫情防控中初试身手，在医疗健康、应急防控、数字化治理等领域凸显技术优势。未来应继续鼓励 5G 应用的孵化和推广，推动制定垂直行业 5G 应用标准，加快新兴应用领域法规制度建设，为融合应用的创新发展构建良好环境。

（三）保障供应链安全

对于西方国家主导的以"安全"为名在 5G 领域对我国采取的打压政策，我国要保持定力，保持自信，不慌不乱，稳健发展经济，要持续加快高科技建设，加快产业升级，重点发展受美国制约的芯片等高科技和高端制造业。只有国内经济发展了，只有科技创新突破了，才能持续增强国力，才能打破美国在高科技领域对中国的围剿，才有实力建设能够打赢现代化战争的国防体系，才能在美国的压力下保持社会、经济和政治稳定。

1. 完善我国 5G 发展及供应链安全战略

我国 5G 的发展依赖全球供应链的运作，涉及监管机构、执法机构、运营商、设备制造商、芯片企业，以及其他国内外合作伙伴等，必须保护我国 5G 全球供

① 参见张启文、王岚、董晓晴：《韩国 5G ＋战略的经验及启示》，《科技导报》2020 年第 22 期。

应链的连续性,加强我国5G全球供应链系统建设,这样才能促进我国数字经济的发展。针对各国的5G发展和供应链安全战略,全球5G发展的产业布局在不断调整,新的产业链、价值链、供应链正在形成。我国应积极制定5G发展及全球供应链安全战略,有力支持我国网络强国战略。从国家、产业、城市、企业等层面,构建我国5G发展和供应链安全系统,做好5G的可持续发展,构建有弹性、持续的5G供应链,以应对且能够承受不断变化的威胁和危害,在发生5G供应链中断时可迅速恢复供应能力。需要系统化地识别各个环节的风险,划分5G全球供应链风险类别,有针对性地实施有效的措施。例如,需要识别可能带来需求中断、研发中断、供应中断、生产中断的风险,基于中断的来源,区分由自然事件和人为事件引发的供应链中断,针对供应链安全事件发生的环节和造成的影响,针对性地采取相应措施,包括刺激或扩大需求、恢复供应商、恢复交通运输、恢复通信设施、完善立法和制度等。[①]

2. 不断增强自主创新能力

由于技术水平的差距,我国网络安全和信息化领域关键技术仍然受美国掌控,我国5G提供商存在着依赖半导体进口的核心弱点。在中美5G技术竞争日益加剧的背景下,我国掌握核心技术的需求更加迫切,我国只有不断增强自主创新能力,才能够妥善应对美日带来的5G威胁。一方面,我国需要加强科技创新人才培养,为5G自主创新提供充足的人才储备,以应对美日限制ICT人才回流中国的举措。另一方面,我国需要促进核心产业技术的研发,摆脱对外国ICT技术组件等技术产品的依赖,真正实现自主创新,在国际科技竞争中占据制高点。我国应坚持自主创新,填补我国产业供应链短板,构建5G供应链安全体系。具体而言,我国需通过网络技术创新牵引芯片研发需求;通过对5G全网络性能、整机系统指标提升带动芯片设计水平和能力提高;并加强投入,着力提升我国芯片厂商的竞争力和抗风险能力,以此提升我国芯片自给自足水平。

3. 做好风险预判保障供应安全

当下,我国的5G供应链在全球范围内可以说是最完整的,但仍然存在诸多问题与不足,且极易受实体清单的影响。被列入实体清单对我国5G供应链的

---

① 参见段伟伦、韩晓露:《全球数字经济战略博弈下的5G供应链安全研究》,《信息安全研究》2020年第1期。

主要影响即是中断风险,这种风险在严重依赖他国材料、设备及技术的企业中更加明显。对此,我国 5G 企业在熟悉 EAR 许可例外制度等相关规定之余,应做好技术和产品原料的供应替代方案和供应受限应对预案,积极拓展供应来源,以供应多样化来化解企业供应链潜在危机。同时,主动对供应链进行抗压评测,评估 EAR 许可例外制度的存在与修改对供应链中来自美国或第三方的必要原材料的影响,在评估中提前做好风险研判和应对措施,将影响降到最低,以确保供应安全和稳定。具体来说,我国 5G 供应链应当采取积极的应对措施。

首先,无论是已被列入实体清单的实体,还是与实体清单中实体有业务往来的其他企业,都需要充分了解 EAR 实体清单的规则和运作步骤,提升风险防范意识,规避与降低交易过程中的风险和损失。其次,5G 供应链各端尤其是被纳入实体清单的企业要做好危机管理,积极通过与政府监管机构的沟通交流,最大限度地降低被列入实体清单的影响,妥善处理因被列入实体清单而产生的与商业合作伙伴之间的商业纠纷,这有利于企业从实体清单被移出或寻求其他救济。再次,5G 供应链要积极拓展供货来源,优化结构使得原料、技术的进口多元化,在美国管制出口背景下设计物项替代方案,从国内或第三国寻找替代供应。最后,不断加强技术积累与资金投入,加快技术研发步伐,深化在芯片、光器件、射频器件等方面的技术研发,并在面向全球市场扩展技术来源的过程中,实现关键技术的独立自主。

第二节　5G 安全风险的防控策略

一、5G 安全风险管理

风险管理是指在特定环境下识别威胁和风险并采取行动预防或减少这些威胁和风险的过程,5G 安全风险管理也不例外。必须承认的是,完全消除 5G 安全风险是不可能的,尤其是在复杂的、多方面依赖的技术活动中。相反,我们面临的挑战是设定一个现实的风险承受能力或可接受的风险水平,并制定最有可能支撑这种风险承受能力的缓解方法(通常涉及人员、过程和技术)。网络风险管理决策从根本上取决于对组件和基础设施安全性的信心程度。

与任何复杂的网络一样,5G 网络也存在很多网络漏洞。由于需要定期更新,运营商经常将网络访问权授予第三方。原始网络组件以及软件更新是复杂且难以追踪的国际供应链的产物,组件来源的多元化增加了5G网络设备的安全风险。5G网络中的安全漏洞可能有多种来源,网络运营商不良的网络设计和运营可能会导致安全方面的漏洞,这些漏洞会被一些威胁行为者利用。在更复杂的范围内,威胁行为者可以利用这些漏洞发动网络攻击,去影响特定技术的工作方式,以及提取数据。如果修改产品的源代码,再将其部署到客户处进行利用,则会产生进一步的潜在风险。

毫无疑问,软件总是有意外的缺陷,其中一些会造成网络安全漏洞。通常来说,发现这些漏洞后,公司会提供补丁程序。如果一个已知的漏洞故意不去修补,它就变成了一个漏洞门(bug door)。另一方面,如果一个漏洞被故意插入而未被公开,它就被称为后门(backdoor)。无论漏洞的来源是故意还是意外,它都可能使网络暴露在渗出、中断或破坏的风险中。漏洞门和后门之所以受到关注,是因为恶意行为者不必花费时间寻找它们。相反,他们已经知道该漏洞的存在。此外,5G软件的使用量的增加带来了额外的挑战。在前几代通信网络中,由于组网相对简单,运营商有足够的替换部件来快速修复网络。然而,5G对软件的依赖性不断变化,这改变了运营商提高弹性和构建网络安全性的方式。此外,5G网络向虚拟化的过渡还可能会导致运营商缺乏管理经验等新问题。

(一) 弹性网络架构

运营商和监管机构必须做好任何设备都可能发生故障或者容易受到网络攻击的心理预期,保护5G网络就是要确保单个组件的故障(或者来自单个供应商的多个组件)不会影响整个网络。5G网络的设计应当有深度防御并强调弹性,网络分段和冗余是两个重要的考虑因素。网络分段(或隔离)是确保现有网络弹性的一种公认措施,虽然运营商不能保证他们阻止了攻击者在网络层之间移动,但他们使攻击更困难、更耗时、更耗费资源。此外,攻击者在网络层之间移动障碍越大,最终找到攻击者的可能性就越大。冗余能够确保没有功能依赖单个组件或一组组件,如果网络的一部分发生故障,则网络的另一部分仍可以执行预期的任务。例如,如果恶意行为者能够关闭市区内一个供应商的所有基站,则来自另一供应商的基站将能够接收该流量。冗余可确保网络的一致可用性。供应商多元化还增加了冗余度,因为一系列设备不太可能同时发生故障。

长远来看,政府应考虑如何培养更多的供应商以增加网络多样性,这可能要求政府制订有针对性的投资计划,并确保供应链的多元与安全。

(二)访问控制

为了确保 5G 网络的安全,运营商必须严格监管供应商对网络的访问权限,软件更新机制(尤其是当供应商具有远程访问权限时)是主要的攻击媒介。在某些情况下,提供维护或修补支持的公司是最初的产品供应商。或者,运营商可以自行维护或将其外包给分包商。访问控制可以包括监督供应商在网络中的情况,并限制供应商访问网络的时间。对许多人而言,网络访问是禁止设备信心不足的供应商的最有力理由。如果运营商对流程进行严格控制并使用适当的协议和程序,任何人都应该能够在不损害网络的情况下进行访问。无论哪种情况,一定程度的访问监管都是 5G 网络安全的重要组成部分,这种控制将大幅度降低供应商滥用授权访问以利用现有漏洞或插入后门的风险。

(三)测试和监控

测试和监控是 5G 网络安全的关键保障措施,这为任何想安装后门或留下漏洞的人制造了又一个障碍。由于基于软件的网络频繁修补,测试必须贯穿组件的整个生命周期,这可以防止后门程序或意外漏洞。由于不可能对每台设备都进行详尽测试,尤其是在发布补丁时,因此测试必须是随机且连续的。除测试外,运营商还必须监控网络活动。尽管技术上具有挑战性,但监控有助于查明可能是恶意活动的异常行为。有人认为,用于监管 5G 系统的工具未能跟上技术本身的发展步伐。但是,5G 的好处之一是由于它已被虚拟化,因此可以利用其他领域的高级测试和监视工具。无论如何,运营商都应继续投资改进可用于监控、测试和管理 5G 网络的工具,因为技术还将不断发展。

整体而言,新冠肺炎疫情是 5G 技术发展中的一个插曲,5G 技术长远发展的大势不会发生变化,后疫情时代,5G 技术发展仍是我们需要关注的重点,而安全则是 5G 技术发展需要持续关注的话题。据此,基于风险防控的视角来观察、分析和治理 5G 安全,则是后疫情时代背景下确保 5G 技术长远发展的重要内容。

二、5G 安全风险防控的技术优化

(一)重视核心基础技术的安全及其积累

5G 技术是众多通信技术、标准的商用化集合。无论是何种类型的应用场景,最终的实现均依靠落地后的终端、基站、承载网、核心网等设备。目前以华为、中国移动等为代表的中国企业,从 2012 年起便积极参与了 5G 标准规范的制定及产品基础研发,积累了一定数量的核心技术,掌握了部分标准话语权。我国应当在未来继续重视这些掌握核心技术企业的情况,确保我国的 5G 基础设备和技术的安全可控。5G 时代的到来,如智能网联汽车、VR 辅助医疗、大规模传感器网络等多类型的海量数据将会汇入各大运营商的 5G 承载网中。5G 承载网必定成为对人民群众乃至国家安全具有重大影响的关键信息基础设施。这对 5G 承载网络的安全防护提出了更高的要求。

北京邮电大学互联网治理与法律研究中心认为,5G 安全和隐私问题与 Trend Micro 公司对 5G 连接的研究相呼应,强调了在实施 5G 时采用网络安全策略的重要性。实际上,5G 满足了用户对带宽、一致性和速度的需求。5G 还为使用它们的企业提供了灵活性:它主要由软件定义,因此其用户可以重新编程或配置其 5G 网络以满足自身要求,从而帮助他们简化业务运营。此外,5G 的动态特性同时也是它的表面缺陷。例如,通过 5G 收集、处理和解读的大量数据可能会使划定和检测恶意网络流量中的合法数据变得困难,尤其是当成千上万的 IoT 设备被威胁者破坏,从而成为僵尸网络的一部分而被纳入方程式时。由软件定义的网络不仅构成了攻击的载体,同时它们还需要能够操作和保护它们的专业人员。尽管 5G 提供了可扩展性以简化企业的运营,但在简化该组织(以及用户)向 5G 适应的转变过程和最大限度发挥其价值的进程中,仍需要安全策略、专业技能和其他技术。正如 Trend Micro 公司研究所述,可以帮助缓解安全风险的安全措施包括在系统中被称为安全协调器的 5G 机器学习(5ML)和商业导向的机器学习规则。可以通过标准规范制定和持续进行基础技术研发,牢牢把控行业话语权和核心知识产权,进一步加强芯片、软件和应用等核心技术和产品的研制,广泛开展跨行业协同创新,鼓励社会积极尝试新型业务应用模式。

(二) 优化 5G 网络安全的技术标准

采取强有力的网络安全政策和实践,是保护 5G 网络的基本组成部分,这适用于研发 5G 技术的公司以及运营该技术的网络安全专业人员。但除此之外,一些基本的网络安全原则需要有效实施,相关网络安全标准需要进一步被明确,例如有效的 IT 资产管理、不断更新补丁程序、部署有效防火墙等保护和检测措施、雇佣具备实施网络安全技能的员工等,这些是 5G 安全保护的基础。而这些都需要各级网信部门进一步出台相关规则,不断完善 5G 网络安全的技术标准。

当前,无论是国内层面,还是国际层面,都出台了一系列 5G 安全的技术标准。从立法的角度来说,技术先行、规则滞后的情况非常普遍,难以避免。尤其是对于处于高速发展下的 5G 技术,立法滞后现象更为突出。技术标准反映了现实需求中对于 5G 发展在技术层面的专业要求,但只是行业内予以遵守,其效力范围与效力位阶都较为受限,难以对社会形成有效的规制。对于现行 5G 安全技术标准进行归类,提炼出立法需求,明确相应的立法标准。

在国际标准层面,目前,3GPP 已完成了 R15 独立组网 5G 标准,并于 2019年底发布 R16 标准。R16 标准在 R15 的基础上,进一步增强网络支持 eMBB 的能力和效率,重点提升对垂直行业应用的支持,特别是对 uRLLC 类业务以及mMTC 类业务的支持。在国内标准层面,现有 5G 行业和国家标准的主要内容基本与对应的国际标准一致,旨在指导 5G 移动通信网络设备的研发,并为运营商和监管机构在 5G 安全方面开展工作提供技术参考。以上标准均是从技术层面指导 5G 移动通信网络设备的研发,并为运营商和监管机构在 5G 安全方面开展工作提供参考。[①] 我们需要加以分析归类,在技术监管层面提取出行业监管的政策需求,以期完善 5G 安全法律治理的政策体系。

(三)强化对境内数据资源的控制

进一步加快 5G 网络的部署,强化对境内数据资源的控制,这对于保护我国经济主权甚至国家安全至关重要。为此,应采取以下措施:

一是系统性、差异性的安全保护。系统性,即以用户数据安全为中心,在数据从产生到传输至终端的完整生命周期中,不仅要注意 5G 本身的安全防护,还要针对云、终端等进行系统的、完整的防护。差异性,即 5G 的最大优势之一是可以根据用户的业务需要,灵活地进行数据保护选项的启用,这就导致不同用户、不同业务的安全防护策略不同。因此,在安全方案设计的开始,就要注意根据用户的业务进行设计,差异化地实现安全防护。

二是统一的端到端的身份认证。以 5G 提供的更安全的用户身份认证为基

---

① 参见杨红梅、赵勇:《5G 安全风险分析及标准进展》,《中兴通讯技术》2019 年第 4 期。

础,引入区块链、去中心化身份识别系统等新技术,加上云和端的认证方式,形成统一的认证链和权威的数字身份体系。从终端到云到运营商网络到基站,都进行完整的身份认证,以过滤掉大部分的非法用户和非法入侵,并防止如木马等网络病毒的传播。

三是利用 5G 开放的安全能力。5G 以接口的形式开放了其网络能力,以方便不同的行业和用户根据自身的业务需要进行定制化的服务开发。为满足定制化的安全需求,5G 将其安全能力进行抽象、封装,使用户可以按需动态地定制灵活、差异化的安全能力。

四是利用 AI 技术实现智能防御。人工智能为 5G 提供了智能的攻击检测和防御手段。通过人工智能技术,可以持续地收集网络中的流量和各种日志,进行识别、归类、分析、联动,一方面把需要重点关注的安全攻击识别出来,另一方面为防御提供决策源和方法,联动系统中的各种防御手段,下发防御策略,做到有针对性的防护。

三、5G 安全风险防控的规范体系构建

从理论层面分析风险社会视域下 5G 安全法律治理标准确定的影响因素,在政府监管层面、政府与民众权益再分配层面以及国家利益层面,立足平衡论来确定我国 5G 安全法律治理标准制定的整体思路。在治理体系的构建上,从三个维度确定 5G 安全法律治理的具体标准:在主体义务维度,自监管到业务层面的三级主体,均明确各相关方责任,重构各方义务;在内容安全维度,进一步明确安全等级,确立从一般到特殊的安全层级要求,并在相应的立法内容中予以明确;在隐私保护维度,构建从个人信息保护到信息安全防护再到风险社会防控的三层隐私标准体系,在法律制度上明确相关义务,确保 5G 安全可管可控。

(一)主体标准:明确各相关方责任,重构各方义务

设备供应商层面:在法律层面明确 5G 设备供应商在产品提供、不得设置恶意程序、漏洞补救等方面的义务,明确其应承担的责任。运营商层面:进一步细化《网络安全法》第二十一条关于网络安全等级保护的规定,进一步强化运营商在处置 5G 系统漏洞、网络病毒、网络攻击等方面的义务,并完善运营商在承担通报、信息共享等方面的合作义务。行业、监管机构层面:通过法律建立和完善

5G 网络安全标准体系,推动相关部门根据各自的职责,组织制定并适时修订有关 5G 网络安全管理以及 5G 产品、服务和运行安全的国家标准、行业标准。

(二)内容标准:逐次递进,全面保障 5G 安全

一般安全要求:制定内部安全管理制度和操作规程、采取预防性技术措施、监测网络运行状态、重要数据备份和加密、缺陷补救和报告等。更加严格的安全维护义务:设置专门的管理机构和负责人、对负责人和关键岗位人员进行安全背景审查、定期对从业人员进行教育培训和技能考核、对重要系统和数据库进行容灾备份、制定网络安全事件应急预案并定期组织演练等。特殊的安全保障义务:网络产品和服务应当通过国家安全审查、安全和保密义务与责任、境内存储、安全评估等。①

(三)隐私标准:强化 5G 风险治理,完善用户个人信息保护

个人信息保护层面:通过细化规则,明确敏感数据的范围,并确认其归属权;要求数据收集者与使用者对数据妥善管理,并承担管理不善的责任;确立个人信息在收集与使用过程中数据主体的选择权、获取权、知情权、修改权。信息安全防护层面:出台相应的 5G 终端产品安全技术标准;在多信任域共存的边缘计算环境下,研究不同信任域中各信任实体的身份问题,在实现身份认证的同时兼顾认证功能性和隐私保护特性;不同信任域之间的多实体访问权限控制;动态数据安全与细粒度隐私保护。风险社会治理层面:通过设定相关制度保护个人数据隐私、安全及相关权益,抵御可能发生的集体风险,维护国家安全、公共安全及社会稳定,在个人数据权益保护和社会自主创新之间实现平衡。

四、5G 安全风险防控之数据垄断规制

(一)优化反数据垄断监管

基于 5G 环境下数据及数据垄断的特征,需要从多个视角综合考量权衡以优化反数据垄断监管,以应对数据垄断的严峻局势。首先,明确反数据垄断监管的思路,以企业发展和反数据垄断平衡为原则,妥善处理企业发展创新保护和反数据垄断之间的冲突。垄断是市场发展的必然趋势,垄断行为才是政策法规需要规制的违法行径,反数据垄断过程可能会对企业的发展以及对相关市场

---

① 参见朱莉欣、李康:《网络安全视野下的 5G 政策与法律》,《中国信息安全》2019 年第 9 期。

的竞争秩序等造成一定影响。因此,监管机构需要准确定性与把握数据垄断行为,采取适当措施并在合适时机进行适度监管。其次,针对数据垄断的表现形式,考量其中的数据因素,契合数据垄断特点来构建反垄断执法新模式,并对传统垄断执法模式加以吸收借鉴,在结合现有反垄断规则和数据特征基础上完善对有数据相关的垄断协议、滥用市场支配地位和经营者集中的反垄断执法。例如,在各种垄断协议中经营者之间的合谋是核心要件,因此需要优化对经营者合谋的认定,将经营者通过数据和算法形成的协同确定为具有限制或排除竞争的合谋行为。最后,推进反数据垄断与数据领域监管的协同合作。数据垄断作为市场垄断在数字经济时代的新兴产物,它多涉及跨领域问题并需要跨部门协同合作,对反数据垄断中可能涉及的网络安全、数据保护等问题,需要通过《网络安全法》《数据安全法》等法律法规确定的原则、规则与权责主体加以解决。

(二)鼓励企业自我监督

市场本身有能够进行竞争和自我调节的机制,但因市场主体在数据的获取与利用过程中形成垄断地位,进而破坏市场的自由竞争环境并突破市场自我调节功能。因此,可采取措施完善市场调节机制以应对会场主体的数据垄断,这种市场的自我调节需要通过行业与企业的自我监督来实现。在市场主体形成垄断局面并将进行垄断行为时,应当充分考量自身对数据的利用方式并谨慎察觉是否可能存在数据垄断及垄断行为,认清数据垄断可能带来的危害及反垄断监管的惩罚力度,及时纠正自身的垄断行为。同时,发挥行业引导优势,鼓励建立行业对企业或企业间相互的监督机制,对可能存在的垄断行为进行行业内自审自查与企业间的监督提醒,从而营造良好的市场公平和自由竞争环境。最后,企业要积极响应政府部门的反数据垄断监管,配合监管措施以完善自身发展,并按规范与要求采取措施来保障数据安全和消费者个人信息与隐私权益,从企业自身层面应对数据垄断挑战。

(三)加强消费者权益保护

在对企业数据垄断进行规制时需要加强消费者的权益保护,注重在经营者数据处理过程中对消费者的选择权和交易权的保障。例如,通过建立规范的价格监管机制,以监督经营者利用数据分析和预测进行数据"杀熟"等价格歧视。通过对数据垄断的规制形成良好的市场竞争秩序,就是在保障消费者的合法权益。当数据优势企业能够全面地提供消费者所需信息,使得消费者能真实地了解商品和服务的供给和价格情况,从而实现消费者的自由选择与公平交易。此外,要加强在数据收集和利用过程中的消费者个人信息和隐私保护。一方面,要严格规范经营者对用户消费者数据的收集行为,当经营者向消费者提供产品或服务需要获取相应的必要信息时应当明确告知获取、储存和使用信息的方式和权限,并赋予用户同意与否的选择权,不得以强制性的获取数据条款强迫消费者同意经营者获取其信息。另一方面,明确消费者对其个人信息的删除权,《个人信息保护法》中已明确个人对其信息享有删除权利,在满足时效等相应条件后可主动要求信息处理者删除其个人信息,个人信息处理者在符合相应情形时也需要承担主动删除义务。具有数据优势的市场经营者应当主动落实对消费者个人信息删除权的保障,以保护消费者的个人信息和隐私权益。

第三节　5G 安全风险防控的立法优化

一、隐私权法律保护体系的完善

不可否认,数字时代的到来,对整个世界的生产生活都起到了积极的推动作用,在利用个人信息去促进经济的发展、服务人类的同时,也让每个人都处在了被"监控"的状态,令个人隐私面临着更大的泄露风险。除此之外,也正是由于数字时代的到来,侵犯公民隐私权的手段变得越来越多样化,这给本就具有一定滞后性的隐私权立法工作造成一定的阻碍。对此,我们应努力予以补漏。

(一) 隐私权保护范围的拓展

在人工智能时代,传统隐私权的概念已经无法涵盖所有涉及个人隐私被侵犯的情形。因此,只有适当进一步拓展隐私权的内涵,扩大隐私权保护的范围,才可以顺应时代的变化,实现隐私权保护的目的。

传统隐私权的保护主要集中在民法层面,但大数据时代,侵犯隐私权的行为不仅让受害人难以察觉,而且也会让受害者面临难以取证、难以维权的困境,仅靠私力救济已无法满足隐私权保护的需要。因此,隐私权的公法保护亟须完善。首先,应在宪法中将隐私权上升为公民的基本权利,如果说《民法典》中设立隐私权是为他人在其个体隐私权受到侵犯时提供救济,那么在宪法中确立隐私权就是由公权力在个体隐私权受到侵犯时对其提供救济。除此之外,还要在行政立法中对于公民隐私权的行政权力进行规制,将宪法中确立的基本权利转化为更切实可行的行政法保护规范。对隐私权的保护不仅要体现在由私法向公法的转变上,还要体现在对隐私权内涵的拓展上。

(二)构建完整的隐私权法律监管体系

在数字时代,侵犯隐私权的案件往往具有行为隐蔽、影响范围广、后果严重等特点,正是这些特点,导致现阶段的隐私权救济已经远远超过了个人自力救济的范围。所以,政府在面对不断更新的人工智能技术时,应该更新执法理念,以原有的事后救济为基础,继续做好事前预警和事中监督,构建完整的隐私权法律监管体系。首先,要大力推进数字时代隐私权独立监管机构的建设。为了让行政执法在保护隐私权中的作用真正发挥出来,需要构建具有独立办公场所和资金的监管机构,以确保执法工作可以不受干扰地独立开展;行政执法部门还要赋予独立监管机构监督权、裁决权及处罚权,充分赋权可以让侵犯网络隐私权的行为得到及时处理,并给予行为人相应的行政处罚。其次,要加强执法监管队伍建设,在没有专门的隐私权执法队伍的情况下,要将有人工智能经验的技术骨干集合起来,充分发挥现有执法队伍的优势,要对执法人员定期进行培训,不断提高执法人员的执法水平,以此构建出一支技术合格、素质过硬、能力较强的隐私权保护执法队伍。

(三)加强隐私权普法

个人隐私权保护,不应仅在立法和执法层面进行努力,作为隐私权保护对象的个人及企业也应当积极参与隐私权保护。对公民个人来说,正是由于其隐私保护意识薄弱,个人隐私信息才会被滥用,人们在网络中发送的定位、图片,甚至是平常不会引起他人注意的被人随手丢弃的快递盒,都会在无形中暴露自己的个人隐私。所以,公民应当加强隐私意识,认真阅读应用程序的使用协议,了解自己个人信息的用途,政府及相关单位应该通过宣传教育的方式来提高公民对于个人信息的防护意识。当然,仅让公民意识到自己的隐私权很重要还不够,还要提高公民的维权意识,公民应主动关注个人信息的使用情况,一旦发现自己的隐私遭到了非法获取或非法利用时,就应及时地运用法律来维护自己的权益。对各大企业来说,作为隐私数据的管理者及受惠者,应该主动承担起个人隐私权保护的责任,提高企业对个人隐私权保护的重视程度。只有政府、企业、个人之间构成多元的协作体系,隐私权保护才能真正落到实处。

二、数据安全基础法律的制度优化

（一）《个人信息保护法》的优化

1. 做好《个人信息保护法》与其他数据立法的衔接

《个人信息保护法》在其起草说明中就已明确要处理好其与有关法律的关系，做好与《网络安全法》《民法典》和《数据安全法》等法律的衔接。作为全面规范网络空间安全管理方面问题的综合性立法，《网络安全法》已为数据安全保障奠定了基础。依据《网络安全法》，国家互联网信息办公室发布的《数据安全管理办法（征求意见稿）》为数据安全构建了具体制度。《民法典》在人格权编中列入个人信息保护内容，确立个人信息民事权益保护机制，《个人信息保护法》以此为基础，丰富了对个人信息权益的保护。相较于《个人信息保护法》对个人信息的保护，《数据安全法》从总体国家安全观角度，对国家利益、公共利益和个人、组织合法数据权益给予全面保护。上述立法在数据安全方面都作出规范，但侧重点并不相同。在衔接方面，若出现内容冲突，则采用"新法优于旧法"等原则加以解决，对已确立的网络和数据安全监管措施等内容旧法已有规范，《个人信息保护法》作为新法无须再做规定。在不断细化立法衔接上，为 5G 数据安全构建更为完备的法律保障体系。

2. 完善数据安全法律保护技术和技术保护的配合

在法律法规提供 5G 数据安全保护之前，作为移动通信技术的 5G，其自身也具有保障数据安全的技术能力。利用数据脱敏技术对 5G 中的数据进行处理，既可实现敏感隐私信息的可靠保护，又可满足 5G 对敏感信息的合规利用。数据防泄露技术通过数据库加密、数据库防火墙、深度内容识别技术等手段实现对数据内容的识别、加密、阻断等功能，从而实现对数据信息尤其是敏感信息的界定和保护。网络切片技术是 5G 及未来通信网络中的一项关键技术，以按需组网的方式，面向多连接与多样化业务，适应多种网络环境需求，实现 5G 对各类垂直应用的支持，以适应不同场景下的数据安全保障需要。边缘计算技术的应用程序在边缘侧发起，以此产生更快的网络服务响应，在 5G 物联网的场景下，满足终端计算不断增长的需求，使得控制和处理过程能够在本地边缘计算层完成，在提升处理效率与减轻云端负荷的同时，减少数据的传输或存储，从而实现对数据安全的保障。在立法不断完善数据安全保障体系的趋势下，要充分利用上述技术保护措施,明确技术性标准,以二者的配合,充实与完善对5G环境下数据安全保护措施。

(二)《数据安全法》的优化

1. 立足整体布局,完善结构体系

从整体布局上把握《数据安全法》是理解和运用的逻辑前提,《数据安全法》保障数据安全的整体布局和体系仍有待完善。一方面,"数据安全和发展的并重"是《数据安全法》的一大立法亮点,《数据安全法》强调数据安全和发展是"你中有我,我中有你"的关系,但在具体章节上并未做到协调统一,主要体现为涉及"发展"的篇幅较少,应当就"发展"内容作出细致规定,更好地利用数据这一生产要素来促进发展。另一方面,《数据安全法》第五章为"政务数据安全与开放",政务为数据的一种应用场景,政务数据为数据分类的一种,《数据安全法》单章讨论政务数据,它在整体结构上略显局限和突兀,既不能适用于其他数据类型,也不利于金融等各类行业数据的平等保护,建议删去,并以单独的行政法规加以规定。

2. 细化数据制度,明确具体内容

在制度层面,为进一步提升《数据安全法》的实操性,需要明确和具体规定,而不能只是"一个条款甚至一句话就是一个制度"的简单描述,应当就相应制度进行专章规定,增加程序性规范,从主体、条件、方式、对象、救济途径等多个方面进一步细化规则。在数据分类分级保护中,对重要数据的概念、数据分级分类标准和界定方式应当更加明确。在数据安全监管中,对数据风险评估、安全审查、应急处理应当明确其主体,以防主体不明导致权力扩张或权力放任的现象出现。在数据交易管理中,欠缺对数据交易制度的交易双方、交易行为等具体规定,制度障碍将影响到数据现实交易。因此,《数据安全法》中相关制度的细则还有需要商榷和补充之处,只有明确具体措施内容,才能更好地维护和不断提升国家数据安全保护能力,有效应对数据领域的安全风险与挑战。

3. 落实保护责任,强化处罚力度

对于数据安全和发展这一立法目的的实现,需要通过规定权利义务与法律责任加以实现。《数据安全法》从篇幅上来看,其政策性规范远远多于权利义务及法律责任的规定,从而造成《数据安全法》的可实施性不强。因此,应当就现实中存在且迫切需要的数据安全威胁问题进行梳理总结,形成更具针对性和操行性的权利义务内容,并落实各方主体的法律责任。同时,《数据安全法》中存在罚则条款数量及种类偏少、处罚力度不够和实质内容泛化等问题,导致数据违法成本难以震慑违法行为,并在法律实施中造成主体可能不愿自我规制。因此建议加大处罚力度,丰富处罚种类,以信用管理和从业限制等规定对有违法先例的主体加以规制,以更高违法代价改善"要么坐牢、要么没事"的立法漏洞,消除数据活动主体的侥幸心理,促使其以良好的内部合规体系进行自我规制。

三、数据市场法治建设的要素优化

（一）加强数据市场法治建设

欧盟作为数据规范方面的领先者,其制定的数据规范不仅为欧盟单一数据市场构建了全面的法律制度体系,甚至走出欧盟,在世界范围也产生了一定影响。对于欧盟的经验,我国需要结合自身实际国情与发展目标,有所取舍地辩证吸收,走好构建数据要素市场的中国道路。

第一,须完善与数据要素市场配套的法律法规体系。目前我国缺乏数据市场的相关立法,主要依靠中央政策与地方实践推动其建设。数据确权、数据安全等问题都缺乏明确的法律规范,数据要素市场亟须法治助力。第二,须强化数据要素市场的统一性。我国各省市之间数据流通存在较大阻碍,"数据孤岛"现象显现。欧盟通过制定统一数据治理法规框架,提高数据的互操作性,从而消除各国之间的数据壁垒。欧盟强化市场统一性的思路值得借鉴。第三,须探求数据保护与数据流动的平衡点。欧盟坚持以数据高保护为前提,但也因此丧失了一定的发展机遇。我国应在数据保护与数据流动之间找到更合适的平衡点,在保证数据安全的同时,实现数据最大限度的流动与利用。

（二）建立健全数据采集规范细则

作为数据市场的前置环节,数据采集是构建整个市场的逻辑起点。如果数据采集出现纰漏,则对数据存储、数据交换等后续环节均会产生负面影响,不利于我国数据经济的发展。因此,在数据采集方面提出以下建议:

首先,国家应当以《数据安全法》为中心,遵循政策文件要求,构建完整的法律体系。通过立法为数据采集制定规范细则,明确采集的目的、手段、范围,做好数据主体的个人信息删除权、知情同意权、数据使用获利权等权利的保障和侵权救济,推动公平信息实践原则的适用,使得数据收集有法可依。其次,要做好数据采集监管,形成数据控制者自查、行政机关监管、数据主体监督的管理模式。数据控制者要建立风险评估体系,规避潜在风险,做好自我监督;政府要厘清职能权限,将责任落实到具体部门,打击非法采集数据行为;数据主体应提高数据保护意识,重视数据使用范围,主动维护自身权益,避免数据泄露。最后,数据控制者应当设置有关数据采集的内部章程。在数据采集前,要做好采集合规平台的搭建工作,为依法合规参与数据市场做好准备;在数据采集时,要提高采集能力,创新采集手段,在海量数据中精准采集有效数据;在数据采集完成后,要做好数据采集保障工作,通过建立安全数据库、对系统资源访问实行授权制等方式,降低数据泄露风险。

(三)理性划定数据处理权益边界

首先,要坚持经济效益与社会效益相平衡的指导思想。在挖掘数据中所蕴含的商业价值的同时,要意识到数据本身所具有的较强的人身依附性,不能将其作为公共资源随意进行开发,必须为数据处理划定边界,在合理范畴内开发数据,减少经济效益与社会伦理之间的冲突。其次,要明确企业责任与权益边界,规范数据处理者的权利义务关系。一方面要保障企业参与数据处理的权利,禁止数据垄断等不正当竞争行为,保持市场开放,打通数字壁垒。另一方面要求数据处理者承担相应义务,建立内部管控制度,限制数据处理行为的目的、方式、手段,依法合规开展数据处理活动。再次,要颁布切实可行的数据处理实施细则。在《数据安全法》设定的统一标准下,出台强制性技术法规,对采集数据的程序、处理数据的算法等具体操作行为制定明确标准,并对违反标准的处理行为所应承担的法律责任做详细规定,让顶层设计最终能够落实到实践管理当中。最后,要引导社会力量对数据处理进行监管。可以借鉴美国模式,鼓励企业联合成立数据管理协会等自律组织,制定符合法律要求的行业标准,激发行业活力,引导行业自律,使其成为国家监管的有益补充。

(四)构建数据产权制度

在中央政策积极引导数据产权制度构建的大背景下,构建数据产权制度,有助于数据要素市场的有效运行。在此背景下,提出以下建议:

第一,对产权的理解不应局限于所有权,而应在法益上做扩大化解释。数据具有无体性、非排他性,数据的效益在于流动而非独占,以上特性使传统的排他的所有权模式难以为继。我国数据产权制度应该考虑各类数据相关主体的需求,构建包含数据使用权、数据控制权、数据公平利用权等相关权利在内的完整产权制度。第二,针对不同类型的数据进行分类分级管理。对于公共数据而言,产权制度也许并非最优解。基于公共数据的公共属性,其目的在于最大限度地开放与利用数据,使全社会共享数据福利,过分强调产权问题反而会阻碍其流动。而对于企业数据而言,则应当考虑产权的保护与利用,以激励和促进企业生产,为企业提供确定的市场预期。对于个人数据,更应侧重其中的个人信息保护问题。第三,实践先行,立法总结。在我国对于数据要素的研究尚不深入、暂未构建起完善的数据要素市场的背景下,不应贸然推动数据产权立法。产权制度不仅要在法律上加以规定,还需要考虑在社会层面如何去执行。因此,可以让市场主体先行探索,立法仅做兜底性规定,并在司法中积累一定裁判规则,最终确定符合我国实际的数据产权制度。

(五)织密数据经济的安全"保护网"

数据安全与国家安全、个人安全息息相关。经济全球化带来了数据的全球化,但在高频的数据流动之下,数据泄露事件屡屡发生。织密数据经济的"保护网",是世界各国共同面临的重大命题。对于我国而言,可以从以下三方面做起:

第一,完善现有立法,健全数据安全法律体系。当前《网络安全法》《数据安全法》《个人信息保护法》三部基础性法律尚存在原则性强于实践性、规制领域交叉、法律适用冲突等问题。为最大限度实现立法目的,应当分别聚焦网络安全、数据安全、个人信息安全,尽快制定实施这三部基础性法律的配套措施,形成互相衔接、重点突出、相互配合的数据安全法律体系。第二,做好数据分类,推进数据治理精细化。通过出台专项法律,对个人敏感数据或与国家安全、经济发展以及公共利益密切相关的数据进行分类保护,通过提高重要数据采集的门槛、严格管控特殊数据流通、加强关键信息基础设施运营者监管等措施,细化、落实对重要数据的安全保护。第三,促进技术创新,强化企业数据安全防护能力。鼓励企业从身份认证、数据隔离、访问控制、加密储存等方面入手,深入研究全同态加密、批量和流式数据处理、交互式数据查询等关键技术,构建数据安全技术保护屏障,不断强化数据资源全生命周期安全保护。

(六)加强数据监管,安全塑造数字未来

随着通信网络、数据和设备被大规模使用,社会的数字化转型不断加快,信

息不对称、数据泄露等数字系统所存在的问题逐渐暴露,作为法治和民主社会的基石,隐私和数据保护必须得到更广泛的重视,唯有加强数据监管,才能塑造更安全的数字未来。

第一,立足我国实际,优化国内立法。借鉴欧盟的数据保护官制度,要求企业设置数据监督专员,赋予专员在企业内部开展数据保护评估、处理数据主体的权益诉求等权利,完善数据处理者的自我监管;学习欧盟二级监管模式,设置全国层面的监管机构,对各省市大数据管理局进行统一管理,发挥国家与地方"1+N"的监管力量。第二,建立健全制度,注重立法落地。一是对现有立法的部分原则性条款进行细化,完善数据分类分级保护、数据安全风险评估机制等制度的表达,提高执行效率。二是重视已有立法在基层实务部门的落地,出台配套法律法规,细化地方与部门的数据安全保护、数据处理监管等责任。三是根据现有法律框架完善部门之间的职能衔接,避免"九龙治水"的混乱局面,优化行政资源配置。第三,占领舆论阵地,做好对外发声。完善国内立法,加快形成国内规则并推向世界,在保障数据主权的同时,利用多边对话机制开展国际交流合作,参与数据领域的国际规则制定,积极宣传中国数据治理主张。

(七)完善数据交易市场规则,激活数据要素价值

当前我国的数据交易现状,呈现出场内交易与场外交易并行的样态。对于尚不成熟的数据要素市场而言,应当给予市场主体更多的自主探索空间。可以借鉴欧美的部分经验,探索适合我国国情的数据交易模式。

第一,建立数据交易配套机制。发展智能合约、区块链、人工智能等高新技术,构建数据确权、数据定价、登记结算、交易撮合等配套机制,保障数据交易全流程高效运行。做到:交易事前阶段,数据权属明确,数据价格清晰;交易过程中,精准交易撮合,高效信息对接;交易事后阶段,增进数据可信,实现可持续稳定交易。同时可以考虑借鉴美国的数据经纪人制度、欧盟的数据中介制度,探索适合我国发展需求的数据中介机构、数据信托机构。

第二,完善数据交易市场规则。出台市场数据标准规范,保障数据入市前合法合规,产权明确。完善数据分类分级交易制度,依据数据的敏感程度、重要程度进行分类分级,对于敏感但可交易的数据,在交易完成后要及时追踪售后,维护数据安全。制定数据市场主体准入标准,明确数据中介机构、数据审计机构等主体的资质要求。完善数据交易纠纷处理规则与解决机制,规范处理数据

交易纠纷的有关规定。

第三，强化数据交易多元治理。一是要落实《个人信息保护法》《数据安全法》《网络安全法》等现有法律，加强对数据安全的保护力度，规范数据交易过程中各主体的权利和义务关系。二是可以参照欧盟《数据法案》中提出的不公平合同条款测试，保护处于弱势地位的中小企业，打破数据垄断与数据壁垒，鼓励数据交易与流动。三是加强数据交易行业自律，形成政府监管的有效补充，维护数据交易秩序，推动行业标准的提升。

（八）促进数据跨境流动多元治理

跨境数据流动在推动数字经济与国际贸易发展的同时，不可避免地涉及个人隐私保护、产业发展需求、国家安全维护等多重利益的冲突与平衡。为此，建议从以下三个方面完善我国的数据跨境制度体系：

第一，完善国内法律制度，构建数据跨境流动多元治理方案。对国家而言，进一步完善我国数据跨境流动的有关法律制度是实现跨境数据治理的基础。应进一步明确《网络安全法》《数据安全法》规制的数据范围，对于重点数据和个人数据应分类采取不同的规制标准，降低企业合规成本。对行业而言，应加强行业自律，结合我国互联网行业发展水平，建设数据跨境行业指南与标准。对企业而言，则应培育自身数据合规意识，提高数据保护水平，防控风险。第二，加强高新技术研发，提高全流程监管能力和保护水平。法律规则监管能够对事前的风险进行评估，对事后的责任进行追究，但无法对数据跨境全流程进行监管，存在一定的滞后性。针对数据跨境中存在的系列安全风险，应加大高新技术研发力度，依托区块链、同态加密等技术手段，加强风险防控能力与数据安全事件处理能力，提高跨境数据流动的监管能力和安全保护水平，实现数据安全的可监测、可管控、可追溯。第三，坚持合作共赢原则，积极参与跨境数据流动规则制定。跨境数据流动规则影响着各国之间的国际贸易。随着《全面与进步跨太平洋伙伴关系协定》和《数字经济伙伴关系协定》的确立和亚太经济合作组织项下的跨境隐私规则体系的建立，各国在数据跨境流动的国际规则制定上博弈加剧。我国应更加主动参与有关国际规则的制定，提出数据跨境流动的中国方案，真正提高我国数字经济的国家竞争力，保障数据主权。

（九）加快数据垄断治理，创造公平竞争数字环境

中国人民大学竞争法研究所等发布的《互联网平台新型垄断行为的法律规

制研究》指出，随着互联网企业规模的不断壮大，其会利用自身高黏性、海量的流量分配和调控。通过"打压"或"扶持"等策略，构建起基于流量的垄断行为，此类现象会阻碍创新、扭曲资源配置，损害市场竞争秩序，造成极大的收入不公平，从根本上损害消费者福利和社会利益，唯有加快数据垄断治理，规范数字市场秩序，才能促进数据经济的可持续发展。

第一，完善法律制度，发挥护航作用。针对数字经济特点，立足当下难题，以《反垄断法》为基础，做好法律法规与现有政策文件的衔接，对经营者集中、滥用市场支配地位、算法合谋、排他性访问等热点问题作出回应，设置互联网平台垄断治理的独立条款，并依据司法实践细化具体制度，出台专门的数据经济反垄断指南，提高对垄断行为的惩罚标准，震慑不正当竞争行为，待时机成熟后可以学习欧盟，针对数据垄断问题单独进行立法。第二，明晰权责义务，打破巨头垄断。突破原则性立法，明确数据经济从业者尤其是互联网巨头的权利、义务与法律责任，严厉打击隐形垄断行为。明确数据资源的主权归属，鼓励从业者开放共享数据，打破数据壁垒，为中小企业提供参与竞争的机会。出台相关政策支持中小企业发展，激发行业内生动力，利用行业发展创新打破寡头垄断。第三，落实监管责任，补齐滞后短板。一要打破当前以事后惩罚为主的静态监管模式，细化现有政策文件中的监管原则，实现事前调查、事中追踪、事后追责的全过程动态监管，重点关注事前、事中监管，从源头防治垄断。二要培养技术人才，提升专业水平，充分利用数字化手段对垄断行为进行判断，提高反垄断效率。三要充分调动社会公众的监督力量，鼓励市场从业者自我监督，形成反垄断的社会氛围，实现高效监管。

第四节 5G 安全国际规则的完善与应对

一、5G 安全国际规则的完善

尽管中美之间的博弈确实存在，但却未必如外界所解读得那么严峻。从辩证的角度来看，机遇与挑战必定是共存的，会议设定了条条框框未必是坏事。比如，布拉格会议肯定了多样化和充满活力的通信设备市场和供应链对于安全和经济复苏至关重要。根据会议要求不难看出，在经济提案部分更多强调了市场的公平和透明，如此一来，对于全球供应商的技术能力、安全能力和准入资格的审查必将更严,但可以激发中国企业发展 5G 技术的内生动力。此次大会势必也将促使我们输出中国的规则,协调中外立场,在极力满足各方利益的同时,推动国际法律和规则的制定。

(一)实现与欧盟 5G 政策的互动协调

欧盟与我国在 5G 等相关产业领域存在一定的互补关系,任何一方的网络安全关切都属于正常,且不应也不会成为禁锢对方的障碍,实际上双方在未来 5G 应用场景方面将各自有大量的优势产业涌现,5G 的很多安全问题也需要各方合力解决。5G 的复杂网络可能导致的架构安全需要进行全周期的持续透明度安排,以消除和澄清技术背后的隐患。在透明度安排上,应统合技术与安全标准、立法(包括各方的安全审查制度)进程,并从企业、ITU 到政府层面保持沟通管道的畅通。此外,要从中欧战略发展的高度,寻求在 GDPR 等专门领域的协商与谈判机制,为更高标准和更高技术层面的数据流动和产业发展提供政策指引和机会。

我国行业标准可以与欧盟接轨。5G 作为一项前沿技术,5G 监管的行业标准至关重要。目前部署在 4G 网络上的安全措施可能并不完全有效或不够全面,5G 运行方式的根本差异还意味着无法缓解已确定的安全风险。5G 网络将由大量的虚拟设备组成,这些虚拟设备可以在整个网络中进行远程访问。如果由第三方供应商进行网络维护,则该漏洞将变得更加严重。在企业方面,电信公司需要加强内部安全控制和补丁管理,同时还要加强网络安全人员的培训。在政府方面,建议尽快制定一揽子行业标准,加强对新一代网络安全风险的评估,制定网络防护的等级以及网络设备准入标准、网络数据保护协议,建立一套适应新的网络安全形势的应急防控体系和技术解决方案。此外,欧盟“工具箱”的出台可以看作是在 5G 网络安全防护、标准制定以及解决措施上提出了规范性、统一性的规定。我国也可参考出台适用于我国的 5G 安全规范“工具箱”,给 5G 建设指明方向,提供有操作性的安全措施。另一方面,出台我国的“工具箱”也可与欧盟的“工具箱”进行接轨,使得我国的通信企业在国内开展 5G 项目建设的时候就可以提高 5G 安全保护标准,以更好地去适应欧盟的严标准和高要求。

(二)输出中国规则以推动国际法律规则制定

1. 衔接国际 5G 标准

移动通信技术标准在历史演进的进程中一直存在标准的衔接问题。3G 时代的主要标准有欧洲提出的 WCDMA、美国提出的 CDMA2000 和我国提出的 TD-SCDMA,在国内,三个标准分别由中国联通、中国电信、中国移动加以落地。4G 时代的标准相较前代数量上更加丰富但应用上更加集中,包括 LTE、LTE-Advanced、WiMax、HSPA＋、WirelessMAN-Advanced,其中以 LTE 的 FDD-LTE 和 TD-LTE 为主导,FDD-LTE 在国际中应用广泛,而 TD-LTE 在我国较为常见,不同标准间需要通过软硬件的更新与更换才能实现对接。

吸取标准演进中的经验和出于 5G 技术的应用性与效率考量,5G 时代下 3GPP 标准成为唯一标准,但是 5G 的安全、承载及应用标准等仍有差异,我国的 5G 标准主要由 CCSA 研究制定,具体的标准可由相应的技术单位负责起草,在与国际标准的对接中因政策要求、技术发展、应用现状等因素不可避免地会存在差异。国际 5G 标准的构建由 3GPP 主导,是各成员间竞争与妥协的结果。在此过程中,各国就 5G 标准中的部分内容提交自己的技术方案,经由程序认可成为最终标准的组成部分。由本国提交并最终成为标准的技术方案在标准成熟后适用于本国的具体应用场景时,具有更高的适应性,即便此方案的采用符合技术发展趋势和多数成员的利益需求,但依旧可能在其他国家存在标准上的衔接不当问题。对此问题,建议国家大力支持我国的 5G 标准制定工作,积极促进我国标准和技术方案走出国门,提升在国际 5G 标准制定中的话语权,助力提升我国 5G 产业的国际竞争力。

此外,通用标准和开放规范是影响 5G 未来发展的关键趋势之一。3GPP 规范的发布与进展,以及标准基本专利,可能进一步促进制定 5G 通用标准协议。通用标准可以向较小的硬件与解决方案供应商或初创企业开放供应市场,进一步促进 5G 供应市场参与者的多样性。因此,我国应不断完善 5G 供应链标准体系:一方面,应加强国内供应链安全标准研究;另一方面,应加强国际协作,提升我国在 5G 供应链安全标准制定方面的国际影响力,推进国际 5G 供应链安全标准体系建设。

2. 竞争 5G 标准构建主导权

我国具有 5G 发展优势,在充分利用技术优势、规划实现大规模商用的同时,更应加速标准规则和相关方案的制定,以在全球行业治理方面抢占先机。目前,我国在下一代网络技术标准以及安全评估方面仍然存在短板,企业在参与行业发展与标准制定中发挥的作用较小。建议我国尽快加强新一代网络技术安全标准的制定,积极参与国际网络安全标准的制定和风险技术防范研究,进一步巩固互联网治理国际话语权。

在推动 5G 标准化进程并追求上述正面效应之余,5G 标准建构面临着国际主导权竞争问题。5G 标准化建构是全球产业共同团结协作的成果,我国在 3GPP 主导的 5G 标准制定中以公平竞争的方式积极贡献自己的力量,包括中国移动、华为在内的运营商、网络设备商、终端厂商等企业均发挥重要作用,2020 年 8 月赛迪智库发布的《中国 5G 区域发展指数白皮书》的数据表明,在冻结的 R16 标准中,我国主导的技术标准达到 21 个,占比超 40%,位居全球第一。但我国在公平竞争环境下取得的科技成果令长期占据全球科技尖端位置的美国感到威胁,它始终妄图主导 5G 标准制定,并持有 5G 标准制定属于"零和博弈"的观点,采取的主要措施就是以国家安全和外交政策为理由从而对他国 5G 企业进行制裁,拒绝与之合作。美国即便在 2020 年 6 月 15 日同意本国企业在 5G 标准制定方面与华为合作,其目的也是"不放弃全球创新领导者的地位"和"鼓励美国业者全面采用和提倡美国技术成为国际标准,来保护美国国家安全和对外政策利益"。

实际上,5G 标准本就是各国及企业参与标准制定过程的竞争结果,是其技术实力和影响力的一种体现。竞争是市场拓展和技术发展的重要推动力,是激发主体追逐利益和保障其权益的规则手段,但在竞争中既要体现"竞争性",充分激发主体活力,又要维护"公平性",使得竞争在多数竞争者认同并遵守的规则中进行。因此,在 5G 标准构建的过程中,理应提倡充分且有序的公平竞争,以此促进 5G 的健康发展。5G 标准组成部分的选择,看中的是提交标准主体的技术实力和市场潜力。霸权对 5G 标准建构介入的趋势,最终将导致对全球技术标准秩序的破坏。在 5G 标准构建的竞争问题上,应当通过发展 5G 技术和把握专利话语权等正当方式,极力反对不正当的主导权诉求,推动营造 5G 发展的良性竞争环境。

3. 制定必要反制措施

（1）警惕美国联手欧盟国家对我国企业 5G 供应发难

欧盟仅建议各成员国建立 5G 风险评估,并未提及禁止华为一事。华为是全球最大的电信设备供应商,其在欧洲的市场份额预估在 35%～40%之间。而且,华为的 5G 技术、成套设备及后续服务的综合竞争力与性价比在全球居首,欧盟如希望在 5G 规则和市场竞争中占据领先地位,理应避免将华为挡在门外。欧盟各国都在准备拍卖 5G 牌照,这对华为、中兴等中国 5G 供应商来说是机遇也是挑战。仍需警惕欧盟国家出于政治立场受美国威胁,对我国企业5G供应发难。此前,有美国官员暗示,如果德国允许华为参与其5G网络建设,那么他们将停止和德国分享部分情报。美国国务卿在访欧时还明确指出,使用华为设备会让美国"更难"与他们合作。

（2）利用美欧不同立场积极布局

针对中国5G安全问题,部分境外媒体大肆渲染所谓中国5G安全漏洞,建议相关部门认真研判,针对欧盟成员国中可能存在的怀疑,以及由舆论所诱发的"二次怀疑",进行有效释疑工作。建议密切观察华为相关表态与华为在欧工作推进程度,避免出现政策推进不协调、口径不一致等问题。建议加强同欧洲部分国家在5G项目上的"先试先行",如以意大利等国家为5G推广"锚点",通过一段时间的有效对接和工作推进,在欧盟成员国中形成有效的示范效应,通过实际工作推进释疑工作,有效瓦解美国在5G问题上对我国的技术封锁和舆论攻势。

中国在提升自身5G实力的同时,也应储备必要政策工具,制定政策反制措施以应对美国针对性5G竞争政策。一方面,通过政治、外交等多重手段收集美国政府与企业"不友好"或"不安全"行为的证据,为向美国进行反击做必要准备;另一方面,利用国际舆论,披露美国违反国际经济规则、威胁国际市场秩序、在国内外网络空间治理理念和规则上实行"双重标准"的负面信息,从而对美国适当施压,占领网络空间问题的道德制高点,提升中国在全球网络安全治理领域的话语权。

二、加强国际交流与合作

世界正在进入以信息产业为主导的经济发展时期,在中美战略竞争不断加剧的今天,5G技术竞赛已成为一个重要维度。而随着中国在信息通信技术领域实力的增强和综合国力的提高,必然会遇到美国等西方国家的遏制措施。中国应理性看待西方国家针对中国所提出的5G技术竞争战略,并在此基础上积极应对中国与西方在科技领域的竞争,在战略博弈中不断发展壮大,化解对方攻势并维护自身利益,促进我国5G发展。中国应坚定实施5G发展战略,努力拓展同其他国家在科技领域的合作空间,这样才能在大国博弈中维护自身利益,发展本国产业并寻求大国共处之路。

（一）深化科技外交

1. 夯实技术领先地位

不断完善 5G 技术标准、采购规则等技术层面细则,继续领跑 5G 研发。欧盟这次提出的政策建议和风险评估建议更像是基本法或总纲,而未涉及技术标准、公共采购规则等技术层面的细化方案。韩国为争取 5G 主导权,第三次提交了 5G 技术标准申请。而在决定全球通信技术标准的 5G 方案大战中,华为以绝对优势击败欧美列强,主推的 Polar Code 成为 5G 短码最终方案。由此可见,我国在 5G 建设技术研发领域仍处在世界前列。在全球各国都想要在 5G 战场取得主动权的环境下,我国应该不断完善相关技术标准、采购规则等技术层面的细则,将 5G 研发工作做实做细,夯实 5G 技术研发领先地位。

关于 5G 安全标准、规则制定及治理政策,是国际社会普遍关注的重大议题。将中国排除在外的小圈子会议,关于 5G 标准及规则的科学性是值得怀疑的。通过这样的排他性议程安排所诞生的标准规范与治理政策是没有说服力的,也是不能被接受的。但布拉格 5G 安全会议将对全球范围的 5G 治理政策产生重大影响。我们需要加快评估这次会议的影响以及欧洲各国对此次会议和《布拉格提案》的反应。这是我们制定应对策略的前提和基础。

2. 提前谋划做好防控布局

西方国家对我国 5G 持续打压,反映了西方国家既不愿意放弃与中国合作,又对其在关键基础设施和敏感领域使用中国设备而担忧的矛盾心态。为此,我们要先易后难,优先在中东欧、意大利等推广阻力较小的国家和地区开展 5G 项目走出去的"先试先行"工作,以实际成效在西方国家中形成示范效应。同时,要关注国家舆论中出现的恶意炒作和抹黑行为,并进行有针对性的回应和反击。要加强企业对外发展布局的政策统筹指导,及时表明我国国际网络安全观,合理有效地利用网络平台把握网络舆论引导的效果,突破美国政策封锁。同时,要拓宽通信网络技术发展渠道,继续加强国际技术交流,提高我国网络通信技术竞争力,加强国际网络通信领域合作。此外,还要提前布局,谋定后动,充分汲取西方国家在 5G 安全评估及其未来相关工作计划中的有益经验,提前谋划 5G 安全防控布局体系。

3. 加强与西方国家科技领域合作

美国与日本联合其盟友遏制中国 5G 发展的全球攻势大多依靠威胁与强迫

等手段,且在该问题上各个盟友的反应不一。一方面,倾向于禁止使用中国5G产品与美日联盟的国家大多与美国意识形态相近,美日与其国际同盟的基础也大多侧重于共同抵御威胁、保护数据安全等方面。美日污名化中国5G技术,为其扣上"危害国家安全与数据安全、侵犯人权"的帽子,才使得美日获得可乘之机。因此,中国应通过拓展第三方科技合作空间,努力消除美国消极言论对中国所造成的负面影响。另一方面,相对较低的价格和领先全球的技术水平使得中国5G在更多国家都具有经济优势和技术优势。中国5G企业也可以凭借"一带一路"倡议等开拓国际市场,促进各国信息互联互通,加强与他国交往并深化科技领域的合作。

(二)加强中欧数字经济合作

虽然欧盟出台了一系列政策、法律及建议,但在成员国层面协调各国立场还是存在一定难度。而且,5G网络的推出主要取决于成员国的决策。某些成员国可能出台限制华为参与其5G网络发展的法规,但其很难做到完全禁止华为进入欧洲市场。尽管欧洲对华为有很多担忧,但在短时间内完全替代华为尚无明确办法。英国华为网络安全评估中心监督委员会2019年3月发布的一份报告指出,与华为部分设备相关的"重大技术问题"可能会给英国公司带来安全漏洞,然而该报告并没有出示任何证据表明华为故意代表中国政府进行任何类型的间谍活动;比利时网络安全中心发布的一份报告也没有指出华为设备可用于间谍活动的证据;荷兰国家情报机构调查华为是否正在使用秘密后门来访问客户数据,但也没有完全限制华为;德国政府已表示要对外国电信供应商提出更高更严格的标准。为了在2020年推出商业5G网络,法国计划举行频谱拍卖,并表示将根据安全性、价格和性能做出决定,不会将任何公司排除在流程之外。还有一些成员国,包括奥地利、波兰、拉脱维亚、立陶宛等均表示愿意与欧盟协调立场。因此,受限于各成员国之间存在不同的声音,欧盟对华5G政策在成员国层面落地存在难度。

正当全球主要国家聚焦5G技术主导权大战正酣的时刻,欧洲国家并没有听从并屈服于美国的游说与政治压力,这就证明了欧洲国家并不会单纯地"选边站"。相反,这恰恰证明了欧洲国家愿意在保证其国家安全的大前提下,接纳中国5G技术给其带来的巨大经济社会效益。欧洲国家在经历了冷战时代后已经意识到,如今美国的零和对抗思维并不能给欧洲带来生机,极不情愿被美国绑上对抗中国,走向新一轮冷战的战车。相反,从以上对欧盟及北约的几个官方文件的解读不难得出这样的结论:虽然欧洲国家在美国的游说下确实对中国 5G 发展产生了不少疑虑和担心,但是欧洲国家一致秉持务实原则,对和中国在未来 5G 领域的合作仍然抱有希望和信心。欧洲的务实原则可以作为中国进一步开创 5G 对外合作新局面的突破口。中国需要向欧洲国家抛出更加透明、更加有保障、更加具有吸引力的 5G"橄榄枝",从更为宏观的视野布局我国 5G 发展战略,不断消除欧洲国家对华 5G 发展的恐慌,加深美国对欧洲施加的压力后二者在 5G 议题上的意见分歧,反向推进中国和欧洲国家的 5G 合作,从而实现破局。

尽管在欧盟构建"数字主权"与中美战略竞争加剧的背景下,中欧面临许多挑战,但中欧在数字经济领域仍然存在合作空间。中欧均在 5G 领域取得了较大成果,5G 技术水平的发展为双方打下了良好的合作基础。5G 是数字经济建设的基础支撑,因此中欧双方应当更加积极地技术合作,共同促进经济数字化进程。具体而言,中国与欧洲各国应该在全球范围内推动 5G 技术发展,加强各领域与信息技术融合,开展数字经济的"蓝海"版图。中欧还可以在协调数据规则、探索 5G 如何赋能传统产业共同推进经济数字化进程等方面加强合作。

(三)加强中国-东盟数字经济合作

在"人类命运共同体"理念的驱动之下,中国应持续加强与东盟之间的数字经济合作,在帮助东盟各国度过疫情危机的同时进一步扩大共同利益和合作空间。正如原中国驻东盟大使邓锡军所言:"潮平两岸阔,风正一帆悬。"中国与东盟应不断深化战略互信和睦邻友好,加强合作,共同绘制双方关系发展新蓝图,携手构建更加紧密的中国-东盟命运共同体。

结　语

本书从 5G 的技术特点与具体标准着手,详细刻画了 5G 发展的图景。尽管 6G 计划已在全球范围内提上了议程,但这并不意味着 5G 发展已完全成熟。相反,部分 5G 安全问题已成为数字经济发展的阻碍,无论是供应链与攻击面防范难度的进一步升级,还是供应商与市场竞争的规制不足,都反映出安全约束和监管仍需持续发力。

互联网起步较早的欧洲,率先进行了数字治理与监管的制度建设,在数据隐私、交易、跨境流动及反垄断治理方面均已有较为完善的立法,而其区域内多元国家的特点也为我国数字规则的协同治理提供了借鉴方案。同时《欧洲数据治理法案》作为《欧洲数据战略》的第一步骤,在顶层制度设计上为欧盟国家发展数字经济揭开了序幕,其中对多领域数据的开放、享有、限制划定了较为清晰的界限。尽管当前我国开展了涉及 5G 发展的互联网制度建设,但仍暴露出许多数据壁垒与隐私安全问题,欧盟方案为我国智慧城市与产业集群建设提供了一定的可借鉴路径。

相较于欧洲,美国在 5G 发展上则施行相对更为严格的内促外收的安全政策,其对美国管辖内的国家安全问题的高度重视以及对华政策倾向,也足以说明其对 5G 技术与安全掌控的势在必得,更传递出一个信号——电信业与人工智能技术发展的核心仍然是安全与话语权问题。深度剖析美国 5G 战略的具体内容与做法,对丰富我国本土实践有着重要的现实意义,而如何处理安全与发展的关系,解决长期的卡脖子问题,也依旧是摆在我国互联网监管制度上的一道难题。

早已蓄势待发,想在全球数字经济发展中占据一席之地的东盟,近年来蓬勃发展并已成为一股不可小觑的力量,尽管受限于区域经济发展滞后、基础设施建设薄弱等问题,东盟仍然有序、稳步地向前发展,并计划全面激活数字服务、贸易、市场。我国"数字丝绸之路"为东盟国家安全基础建设提供的有力支持与帮助,不仅为我国在全球数字发展大局面下国家间合作互助提供了行动模板与战略参考,也为我国解决东西部区域间发展不协调不充分问题提供一定的借鉴。

目前,我国5G产业蓬勃发展,与之相关的各行各业也正朝纵深推进基础设施建设。在安全规制上,我国确立了对数据监管主体、产权、采集、处理、流动、交易、监管、治理等关键点的法治保障,然而现实依旧面临着难题与挑战,如分级分类管理、反垄断治理、关键技术攻关,甚至在域外合作中碰壁,面临话语权不足等诸多问题。而我们也必须承认,技术在辅助人类的同时,也创造了更多的问题,无论是个人、社会还是国家都在面临着技术转型期的不适与阵痛。当下主义者忧心忡忡,焦虑着技术的未来走向与发展;而未来主义者则昂扬澎湃,展望美好的生活与智慧化普惠的愿景。面对时代的洪流,如何拥抱变革并守卫安全也并非本书能全面概括的,仅希望以一言为开拓中国思路贡献一份力量,为不确定的未来投一粒问路之石。

书稿的两位作者,一位长期工作于实务界,长于对策设计;另一位长期耕耘于理论界,长于深邃思考。二者相互协作,促成了本书的最终成稿,幸之幸之!书稿最终得以出版,需感谢江苏省社科基金的资助,感谢国家互联网应急中心江苏分中心各位领导、同事的关心与支持,感谢分中心科技委的鼎力支持,尤其要感谢分中心互联网信息处各位同仁的多方协助,感恩在心,此处就不一一列明。此外,还要感谢东南大学法学院博士生宋凡、广西民族大学法学院硕士生瞿绪琳及湖南工业大学法学院硕士生孙灼昕的辛勤付出,本书得以出版,有你们浓墨重彩的一笔。毫无疑问,作者的家人对于作者的成长给予了大量的支持与关爱。你们,是作者最为强大的后盾!

参考文献

一、专著

[1] 贝克.风险社会[M].何博闻,译.南京:译林出版社,2004.

[2] 陈志刚.可信任的治理:以数字政府推进国家治理能力现代化[M].北京:北京联合出版公司,2023.

[3] 黄奇帆,朱岩,邵平.数字经济:内涵与路径[M].北京:中信出版社,2022.

[4] 李爱华,王虹玉.环境资源保护法[M].北京:清华大学出版社,2017.

[5] 梁坤.数据主权与安全:跨境电子取证[M].北京:清华大学出版社,2023.

[6] 汤珂,熊巧琴,李金璞,等.数据经济学[M].北京:清华大学出版社,2023.

[7] 扬西蒂,拉哈尼.数智公司:AI重新定义企业[M].罗赞,译,北京:机械工业出版社,2022.

二、期刊

[1] 艾渤,马国玉,钟章队.智能高铁中的5G技术及应用[J].中兴通讯技术,2019,25(06):42-47,54.

[2] 陈骞,张志成.个人敏感数据的法律保护:欧盟立法及借鉴[J].湘潭大学学报(哲学社会科学版),2018,42(03):34-38.

[3] 陈美,何祺.开放政府数据的隐私风险关键影响因素识别[J].图书情报工作,2023,67(08):40-49.

[4] 程琳琳.欧盟28国限制但不排除中国企业参与5G建网[J].通信世

214

界,2020(03):9-10.

[5] 董宏伟,程晨,袁卫平,等. AI 与 5G 的共生之道[J]. 中国电信业,2020 (04):58-61.

[6] 董宏伟,刘志敏. 5G 商用后,6G 还有多远?[J]. 中国电信业,2019 (12):52-55.

[7] 董宏伟,张冰,苗运卫. 5G 安全风险防控应未雨绸缪[J]. 中国电信业, 2020.(03):77-80.

[8] 董宏伟. 从全球 5G 态势看中国发展之路[J]. 中国电信业,2019(11): 58-60.

[9] 杜璞. 移动边缘计算环境下 5G 通信网络数据安全与隐私保护技术研究[J]. 长江信息通信,2022,35(10):211-214.

[10] 段伟伦,韩晓露,吕欣,等. 美国 5G 安全战略分析及启示[J]. 信息安全研究,2020,6(08):688-693.

[11] 段伟伦,韩晓露. 全球数字经济战略博弈下的 5G 供应链安全研究[J]. 信息安全研究,2020,6(01):46-51.

[12] 段颖龙. 2018 年网络安全需要解决 3 个问题[J]. 计算机与网络, 2018,44(06):54.

[13] 范为. 大数据时代个人信息保护的路径重构[J]. 环球法律评论,2016, 38(05):92-115.

[14] 方俊棋,董宏伟. 最大程度发挥网络安全立法在政府监管中的作用[J]. 中国电信业,2023(01):67-71.

[15] 方俊棋. 第三方支付平台的规范发展[J]. 中国电信业,2022(10): 36-39.

[16] 方琰崴. 5G 核心网安全解决方案[J]. 移动通信,2019,43(10): 19-25.

[17] 高富平,余超. 欧盟数据可携权评析[J]. 大数据,2016,2(04)102-107.

[18] 高富平. 个人信息保护:从个人控制到社会控制[J]. 法学研究,2018, 40(03):84-101.

[19] 关欣,李璐,罗松. 面向物联网的边缘计算研究[J]. 信息通信技术与政

策,2018(07):53-56.

[20] 韩文婷,邵晓萌.5G网络设备安全评测护航"新基建"[J].通信世界,2022(07):42-43.

[21] 何隽.大数据知识产权保护与立法:挑战与应对[J].中国发明与专利,2018,15(03):29-33.

[22] 胡世良.实施5G"三化"策略 加快5G规模化发展[J].通信世界,2022(15):23-25.

[23] 胡业林,孟子筠,陈华亮,等.基于AHP-FCE的通信系统风险评估[J].科学技术与工程,2022,22(28):12460-12467.

[24] 黄道丽,原浩.我国关键信息基础设施网络安全应急响应的法律保障[J].中国信息安全,2020(03):42-43.

[25] 黄群慧,贺俊.未来30年中国工业化进程与产业变革的重大趋势[J].学习与探索,2019(08):102-110.

[26] 姜冠男,施琴.从《芯片和科学法》看美国高科技领域标准化发展趋势[J].质量与标准化,2022(11):36-38.

[27] 缴翼飞,赵子健.四大运营商共议5G生态建设[J].宁波经济(财经视点),2022(09):44-45.

[28] 解楠楠,张晓通."地缘政治欧洲":欧盟力量的地缘政治转向?[J].欧洲研究,2020,38(02):1-34.

[29] 李宬蓁.数据交易法律问题研究[J].法制与经济,2020(07):87-89.

[30] 李良.5G时代电信运营商的商业模式创新研究[J].数字通信世界,2022(09):148-150.

[31] 廖其耀,李若虹.等级保护与三同步的过程结合[J].数字通信世界,2019(05):246.

[32] 刘国荣,沈军,蒋春元.5G安全风险与影响及对策探讨[J].中国信息安全,2019(07):77-79.

[33] 刘栋,孟宪民,李阳.5G安全及网络监管问题探析[J].国防科技,2020,41(03):76-79.

[34] 刘三江,刘辉.中国标准化体制改革思路及路径[J].中国软科学,2015(07):1-12.

[35] 卢丹.欧盟5G网络安全举措浅析[J].中国信息安全,2019(06):40-42.

[36] 卢光明.欧盟实施《通用数据保护条例》以及我国对欧出口企业的应对措施[J].网络空间安全,2018,9(04):16-20.

[37] 吕欣,岳未祯.国别视角下关键信息基础设施安全防护指数研究[J].网信军民融合,2022(S4):11-16.

[38] 马遥.5G环境下网络等级保护工作策略研究[J].通信电源技术,2020,37(05):212-213.

[39] 裴宜春.5G时代网络信息安全问题及对策研究[J].无线互联科技,2022,19(05):9-10.

[40] 皮勇,吴勃.人工智能应用对个人信息保护的挑战及其对策[J].保密工作,2019(10):52-54.

[41] 申卫星,刘云.数字中国建设需要一部"数据资源法"[J].数字法治,2023(03):8-12.

[42] 申怡旻,戴宇欣,谭娜.美国在未来产业的行动及标准化研究[J].标准科学,2022(09):25-29.

[43] 沈玲.国际关键信息基础设施安全保护之新趋势[J].现代电信科技,2014,44(10):1-5.

[44] 唐新华.从频谱、供应链与标准看美国5G战略逻辑[J].中国信息安全,2019(07):63-65.

[45] 王光宇.5G时代传统通信运营商如何推进数字化转型[J].数字通信世界,2022(07):4-7.

[46] 王建英,吕俟林,李文江.5G网络安全监测预警机制浅析[J].通信技术,2020,53(11):2780-2785.

[47] 王良民,刘晓龙,李春晓,等.5G车联网展望[J].网络与信息安全学报,2016,2(06):1-12.

[48] 王庆扬,谢沛荣,熊尚坤,等.5G关键技术与标准综述[J].电信科学,2017,33(11):112-122.

[49] 王融.关于大数据交易核心法律问题——数据所有权的探讨[J].大数据,2015,1(02):49-55.

［50］吴靖.精英控制互联网议程的机理分析:资本裹挟下的网络公共领域"单极化"［J］.人民论坛・学术前沿,2013(12):19-28.

［51］吴庆升,李晓敏.未来终端安全防护的发展方向［J］.信息与电脑(理论版),2019(16):208-209.

［52］肖红军,张丽丽,阳镇.欧盟数字科技伦理监管:进展及启示［J］.改革,2023(07):73-89.

［53］熊菲.5G国际发展态势及政策动态［J］.中国信息安全,2019(06):31-33.

［54］闫新成,毛玉欣,赵红勋.5G典型应用场景安全需求及安全防护对策［J］.中兴通讯技术,2019,25(04):6-13.

［55］杨红梅,林美玉.5G网络及安全能力开放技术研究［J］.移动通信,2020,44(04):65-68.

［56］杨红梅,赵勇.5G安全风险分析及标准进展［J］.中兴通讯技术,2019,25(04):2-5,18.

［57］姚力,王凤娇.美国ICT供应链安全管理新政观察［J］.保密科学技术,2019(05):22-26.

［58］姚伟,周鹏,王铮,等.从数据开放到数据动员:数据原复力的价值进阶［J］.情报理论与实践,2023,46(06):71-78.

［59］袁卫平.5G专网在垂直行业的应用现状与政策研究［J］.江苏通信,2020,36(03):23-25,39.

［59］张滨.构建"5G+"安全生态提升工业互联网防护水平［J］.安全与健康,2020(03):35-37.

［60］张冰,董宏伟,程晨.5G安全如何实现从监管到技术的系统性保障?［J］.通信世界,2019(24):11-13.

［61］张传福.5G网络安全技术与发展［J］.智能建筑,2019(11):21-23.

［62］张国梁,李政翰,孙悦.基于分层密钥管理的云计算密文访问控制方案设计［J］.电脑知识与技术,2022,18(18):26-27.

［63］张桦.欧盟5G网络安全风险评估报告解读及启示［J］.网络空间安全,2019,10(11):79-86.

［64］张启文,王岚,董晓晴.韩国5G+战略的经验及启示［J］.科技导报,

2020,38(22):9-16.

[65] 张远晶,王瑶,谢君,等.5G网络安全风险研究[J].信息通信技术与政策,2020(04):47-53.

[66] 周士新.试论东盟智慧城市网络建设[J].上海城市管理,2019,28(04):34-39.

[67] 朱莉欣,李康.网络安全视野下的5G政策与法律[J].中国信息安全,2019(09):94-96.

[68] 朱诗悦.数字经济背景下运营商数字化转型问题及策略研究[J].商业经济,2022(09):154-156.

[69] 朱雪忠,代志在.总体国家安全观视域下《数据安全法》的价值与体系定位[J].电子政务,2020(08):82-92.

[70] 庄小君,杨波,杨利民,等.面向垂直行业的5G边缘计算安全研究[J].保密科学技术,2020(09):20-27.